解説
食品リサイクル法

農林水産省食料安全保障課長、元食品環境対策室長　末松　広行●編著

大成出版社

はじめに

　平成12年5月30日、第147国会で成立し、平成13年5月1日より施行された「食品循環資源の再生利用等の促進に関する法律」（いわゆる食品リサイクル法）は、法施行から5年目の見直しの時期を迎え、関係審議会等での審議を経て、「食品循環資源の再生利用等の促進に関する法律の一部を改正する法律」が平成19年6月6日、第166国会で成立し、平成19年12月1日より施行された。

　編者は、法律の策定作業に従事するとともに、国会審議、施行事務に携わってきたが、法律に関する資料の整理、考え方の整理をしておくことが適当と考え、この本を作成することとしたものである。

　もとより、法律の制定・改正作業には多くの方々が関与しており、編者がその全貌を承知しているものではないため、一面的な部分も多いと思うが、食品のリサイクルに関心を持つ方の参考になれば幸いである。

　本書の具体的な執筆は、末松のほか、中世古を中心に次の各人が分担した。

加藤、戸田、武藤、瀬戸
（以上農林水産省総合食料局食品環境対策室）

末松広行（元食品環境対策室長）

改訂版の発刊に当たって

　平成12年に第147回通常国会で成立し、平成13年5月より施行された「食品循環資源の再生利用等の促進に関する法律」（食品リサイクル法）は、法施行から5年が経過して、見直しの時期を迎えた。関係審議会における議論や検討の結果を踏まえ、第166回通常国会に提出された「食品循環資源の再生利用等の促進に関する法律の一部を改正する法律案」は、国会における議論を経て、平成19年6月6日に全会一致で可決・成立し、平成19年12月1日より施行されている。

　本書は、食品リサイクル法の制定時に、関連する資料や考え方を整理し取りまとめたものを基本としつつ、今回の改正に係る内容を新たに加え、再編集を行ったものである。

　今回の改正においても、法制定時の理念は本質的に変わるものではなく、本書の内容は、「改訂」と称するよりは「追加・拡充」と呼ぶに相応しいものとなっている。

　食品リサイクル法が施行されてからこれまでの間に、食品循環資源の再生利用等の取組は着実に進展し、最近では、新たなビジネスモデルの構築を目指す動きも見られるところである。

　本書が、既に食品リサイクルに取り組む関係者のみならず、食品リサイクルに関心を持つ多くの方々の参考となれば幸いである。改訂版の内容は、今次制度改正に携わった以下の者が整理したものである。

［西野豊秀、瀬戸一美、島津久樹、増井国光、清水正雄、
　清水経太、小原啓吾、橋本力、尾崎卓也、落合和彦］

　　　　　　　農林水産省総合食料局食品環境対策室長　谷村栄二

〈改訂〉解説　食品リサイクル法　目次

第1編　総　論

1　食品リサイクル法制定の経緯
   - 1－1　廃棄物問題の深刻化 …………………………………………3
   - 1－2　農林水産省における検討 ……………………………………5
   - 1－3　循環型社会形成推進基本法 …………………………………9
   - 1－4　循環型社会形成推進関係各法 ………………………………10
   - 1－5　成立、施行までの日程 ………………………………………11
   - 1－6　食品リサイクルの今後の課題 ………………………………13

2　食品リサイクル法改正の経緯
   - 2－1　食品循環資源の再生利用等の取組 …………………………15
   - 2－1－1　改正前の再生利用等実施率目標 …………………………15
   - 2－1－2　再生利用等の取組状況 ……………………………………15
   - 2－2　検討に当たっての審議会の開催 ……………………………17
   - 2－3　成立・施行までの日程 ………………………………………19

3　食品リサイクル法の概要
   - 3－1　総論 ……………………………………………………………24
   - 3－1－1　目的（法第1条）…………………………………………24
   - 3－1－2　食品廃棄物等、食品循環資源（法第2条）……………24
   - 3－1－3　基本方針等（法第3条）…………………………………24
   - 3－2　食品関連事業者によるリサイクル等の推進 ………………25
   - 3－2－1　食品関連事業者 ……………………………………………25
   - 3－2－2　再生利用等 …………………………………………………26
   - 3－2－3　判断の基準となるべき事項 ………………………………26
   - 3－2－4　再生利用等の実施率目標について ………………………26
   - 3－2－5　発生抑制 ……………………………………………………27
   - 3－2－6　再生利用 ……………………………………………………27
   - 3－2－7　熱回収 ………………………………………………………27
   - 3－2－8　減量 …………………………………………………………28

目次　i

3－2－9	取組の優先順位		28
3－2－10	定期報告等		28
3－2－11	指導・助言		28
3－2－12	勧告・公表・命令・罰則		29
3－3	関係者の役割		29
3－3－1	国の責務		29
3－3－2	地方公共団体の責務		29
3－3－3	事業者及び消費者の責務		29
3－4	登録再生利用事業者制度及び再生利用事業計画認定制度		30
3－4－1	登録再生利用事業者制度		30
3－4－2	再生利用事業計画認定制度		30

第2編 解　説

第1条関係 ……………………………………………………………35
食品リサイクル法の目的等
食品リサイクル法の目的及び概要について教えてください。………35

第2条関係 ……………………………………………………………36
食品廃棄物等の定義1
食品廃棄物等の定義について教えてください。………………………36
食品廃棄物等の定義2
食品廃棄物等は廃棄物に限定されているのですか。…………………37
食品廃棄物等の定義3
廃食用油、飲料等の液状のものは食品廃棄物等の範囲に含まれるのですか。……………………………………………………………………37
食品廃棄物等の定義4
食品工場等から発生する汚泥は食品廃棄物の範囲に含まれるのですか。……………………………………………………………………38
食品循環資源の定義
食品循環資源の定義について教えてください。また、食品廃棄物等との違いは何ですか。………………………………………………………39
食品関連事業者の定義1

食品関連事業者の定義について教えてください。……………40
食品関連事業者の定義2
社内に社員食堂を設置している場合、その設置者は食品関連事業者に該当するのでしょうか。……………41
食品関連事業者の定義3
企業等から委託を受けて給食事業を実施している給食事業者は食品関連事業者に含まれるのでしょうか。……………42
食品関連事業者の定義4
病院、学校、福祉施設などでは患者、生徒等に食事の提供を行っていますが、これらは、食品関連事業者の範囲に含まれるのですか。……43
食品関連事業者の定義5
沿海旅客海運業及び内陸水運業に該当する事業はどのような事業ですか。……………44
発生の抑制の定義
食品リサイクル法における発生の抑制とはどのような行為をいうのですか。……………45
再生利用の定義1
食品リサイクル法における再生利用とはどのような行為をいうのですか。……………46
再生利用の定義2
再生利用は食品関連事業者が自ら実施しなければならないのですか。……………47
再生利用の定義3
リサイクル業者等の第三者に食品循環資源を譲渡する場合も再生利用に含まれますが、この場合の譲渡は有償での譲渡に限定されるのでしょうか。……………47
再生利用の定義4
再生利用として認められる製品ついては、肥料、飼料、油脂・油脂製品及びメタンの他に、「炭化の過程を経て製造される燃料及び還元剤」、「エタノール」が追加されましたが、これ以外の製品の原材料として利用した場合は再生利用として評価されないのでしょうか。……………48

再生利用の定義 5
　再生利用に該当する肥料及び飼料の範囲について教えてください。……49
再生利用の定義 6
　再生利用に該当する炭化の過程を経て製造される燃料及び還元剤とはどのようなものでしょうか。……………………………………………49
再生利用の定義 7
　再生利用に該当する油脂及び油脂製品とはどのようなものでしょうか。……………………………………………………………………………50
再生利用の定義 8
　再生利用に該当するエタノールとはどのようなものでしょうか。………50
再生利用の定義 9
　再生利用に該当するメタンとはどのようなものでしょうか。……………50
熱回収の定義 1
　食品リサイクル法における熱回収とはどのような行為をいうのですか。……………………………………………………………………………51
熱回収の定義 2
　熱回収として認められる条件のうち、得られる熱の量又は電気の量はどのように把握するのですか。……………………………………………53
熱回収の定義 3
　熱回収を実施した場合、その記録を行う必要はありますか。…………54
熱回収の定義 4
　ゼロエミッションの観点から工場内で食品循環資源を焼却して熱源として利用する場合、食品リサイクル法の再生利用等との関係はどうなるのでしょうか。……………………………………………………………55
熱回収の定義 5
　メタン発酵して得られたメタンを燃やすことは熱回収となりますか。……………………………………………………………………………55
減量の定義 1
　食品リサイクル法における減量とはどのような行為をいうのですか。……………………………………………………………………………56
減量の定義 2
　発酵とは具体的にはどのような方法をいうのですか。………………56

減量の定義 3
炭化とは具体的にはどのような方法をいうのですか。 57
減量の定義 4
焼却は減量には含まれないのですか。 57
減量の定義 5
減量は再生利用のように事業場外の第三者に委託して行うことも可能なのですか。 57

第 3 条関係 58

基本方針 1
基本方針とはどのようなものですか。 58
基本方針 2
発生の抑制、再生利用、熱回収及び減量の実施について優先順位はあるのですか。 59
基本方針 3
再生利用において「飼料化」が最優先となっていますが、飼料化を重視する理由を教えてください。 60
基本方針 4
基本方針に定められた再生利用等の実施すべき量に関する目標について具体的に教えてください。 60
基本方針 5
基本方針における目標値の設定方法が大きく変わりましたが、その理由と目標値の根拠を教えてください。 61
基本方針 6
基本方針は何年後ごとに見直されるのですか。 61

第 4 条関係 62

事業者及び消費者の責務
食品リサイクルの推進について、消費者や事業者はどのような役割があるのですか。 62

第 5 条関係 63

国の責務
食品リサイクルの推進について、国はどのような役割があるのですか。 63

■第6条関係 ……………………………………………………… 64
地方公共団体の責務
食品リサイクルの推進について、地方公共団体はどのような役割があるのですか。……………………………………………………… 64

■第7条関係 ……………………………………………………… 65
判断基準1
食品関連事業者の義務内容について教えてください。…………… 65
判断基準2
「食品関連事業者の判断の基準となるべき事項」の内容について教えてください。………………………………………………………… 66
判断基準3
判断基準省令第1条で定めている「食品循環資源の再生利用等の実施の原則」について教えてください。…………………………… 67
判断基準4
判断基準省令第2条で定めている食品関連事業者が取り組む「食品循環資源の再生利用等の実施に関する目標」について具体的に教えてください。………………………………………………………… 68
判断基準5
基本方針に定められた「再生利用等の実施すべき量に関する目標」との関係を教えてください。……………………………………… 69
判断基準6
実施率の算定にあたり必要となる食品廃棄物等の発生量はどのように捉えるのでしょうか。………………………………………… 70
判断基準7
煮汁等の水分について事業場内で排水処理を行う場合、これら排水処理された部分は発生量としてカウントしなければならないのですか。……………………………………………………………… 71
判断基準8
再生利用等の実施率の算定にあたり発生抑制の実施量はどのように捉え、評価するのですか。………………………………………… 72
判断基準9
再生利用等の実施率の算定にあたり再生利用及び減量の実施量はど

のように捉え、評価するのですか。……………………………………72

判断基準10
再生利用等の実施率の算定にあたり、熱回収の実施量はどのように
捉え、評価するのですか。……………………………………………73

判断基準11
目標値の達成は事業所ごとに行うのですか。……………………………73

判断基準12
判断基準省令第3条で定めている「食品廃棄物等の発生の抑制」に
ついて教えてください。………………………………………………74

判断基準13
発生抑制の目標値は、いつ頃、どのような内容で公表する予定です
か。……………………………………………………………………75

判断基準14
判断基準省令第4条で定めている「食品循環資源の管理の基準」に
ついて教えてください。………………………………………………75

判断基準15
判断基準省令第5条で定めている「食品廃棄物等の収集又は運搬の
基準」について教えてください。……………………………………76

判断基準16
判断基準省令第6条で定めている「食品廃棄物等の収集又は運搬の
委託の基準」について教えてください。……………………………77

判断基準17
判断基準省令第7条で定めている「再生利用に係る特定肥飼料等の
製造の基準」について教えてください。……………………………78

判断基準18
判断基準省令第8条で定めている「再生利用に係る特定肥飼料等の
製造の委託及び食品循環資源の譲渡の基準」について教えてくださ
い。……………………………………………………………………83

判断基準19
判断基準省令第9条で定めている「食品循環資源の熱回収」につい
て教えてください。……………………………………………………84

判断基準20

判断基準省令第10条で定めている「情報の提供」について教えてください。……………………………………………………………………85

判断基準21
判断基準省令第11条で定めている「食品廃棄物等の減量」について教えてください。……………………………………………………86

判断基準22
判断基準省令第12条で定めている「費用の低減」について教えてください。…………………………………………………………………86

判断基準23
判断基準省令第13条で定めている「加盟者における食品循環資源の再生利用等の促進」について教えてください。………………87

判断基準24
判断基準省令第14条で定めている「教育訓練」について教えてください。……………………………………………………………………88

判断基準25
判断基準省令第15条で定めている「再生利用等の実施状況の把握」について教えてください。………………………………………89

判断基準26
判断基準省令第15条で定めている「再生利用等の実施状況の把握」について、記録を行う際の帳簿の様式などは定められていますか。……90

判断基準27
判断基準省令第15条で定めている「管理体制の整備」について教えてください。………………………………………………………91

第9条関係 ……………………………………………………………91

定期報告 1
定期報告制度の目的及び概要について教えてください。………91

定期報告 2
前年度の食品廃棄物等の発生量が100トン以上の食品関連事業者が報告の対象とされていますが、食品廃棄物等多量発生事業者であるか否かはどのように判断するのですか。………………………92

定期報告 3
定期報告の内容、報告時期、報告の方法、報告先について教えてく

ださい。……………………………………………………………………92

定期報告 4
定期報告しなかった場合はどのような措置が講じられるのですか。……93

定期報告 5
雑居ビルや百貨店から出る食品廃棄物等はどう取り扱われるのでしょうか（定期報告は雑居ビルの所有者や百貨店が行うことになるのでしょうか）。……………………………………………………………93

定期報告 6
フランチャイズチェーン全体を一体として捉える制度の目的及び概要について教えてください。……………………………………………94

定期報告 7
フランチャイズチェーンを一体として捉えた場合、本部事業者の発生量として含まれた加盟者の食品廃棄物等の発生量は、どのような取り扱いになるのですか。…………………………………………95

第8・10条関係 ……………………………………………………………95

勧告・命令等 1
食品関連事業者において、適切な食品循環資源の再生利用等の実施がなされない場合、どのような措置が講じられるのですか。…………95

勧告・命令等 2
食品関連事業者の再生利用等の実施の確保のための措置は具体的にどのような機関が行うのですか。………………………………………96

勧告・命令等 3
勧告・命令等の措置はどのような場合に行われるのでしょうか。再生利用等の目標を達成しない場合はすぐにこのような措置がとられるのでしょうか。……………………………………………………96

勧告・命令等 4
勧告・命令等の措置はすべての事業者が対象となるのですか。…………97

勧告・命令等 5
勧告・命令等の措置の対象となる100トンとは法人単位で捉えるのですか、それとも事業所単位で捉えるのですか。…………………97

勧告・命令等 6
フランチャイズチェーンへの勧告・命令等は、加盟者に対して個別

に行われるのか、チェーン本部に対して行われるのか教えてください。……………………………………………………………98
勧告・命令等7
前年度の食品廃棄物等の発生量が100トン未満のものは食品リサイクル法は適用されないのでしょうか。……………………………98

第11条関係 ………………………………………………………99
登録再生利用事業者1
登録再生利用事業者制度の目的及び概要について教えてください。……99
登録再生利用事業者2
登録の単位は事業者ごとですか。それとも事業場ごとですか。………100
登録再生利用事業者3
登録の対象となる再生利用事業の内容について教えてください。……100
登録再生利用事業者4
登録は義務づけなのですか。また、食品関連事業者は委託して再生利用を実施する場合は登録を受けたリサイクル業者に委託しなければならないのですか。………………………………………………101
登録再生利用事業者5
登録を受けるにはどのような要件を満たすことが必要なのでしょうか。………………………………………………………………102
登録再生利用事業者6
登録の申請について、具体的な申請方法を教えてください。…………104
登録再生利用事業者7
登録の申請先はどこになるのでしょうか。……………………………105
登録再生利用事業者8
登録の申請後、どれくらいの期間で登録が実施されるのですか。……105
登録再生利用事業者9
登録の変更及び廃止について教えてください。………………………106

第12条関係 ………………………………………………………107
登録再生利用事業者10
登録の有効期間及び更新について教えてください。…………………107

第13条関係 ………………………………………………………108
登録再生利用事業者11

名称の使用制限について教えてください。 ……………………108
■第14条関係■ ………………………………………………109
　登録再生利用事業者12
　登録の標識及び掲示方法について教えてください。 …………109
■第15条関係■ ………………………………………………111
　登録再生利用事業者13
　料金の届出及び公示方法について教えてください。 …………111
■第16条関係■ ………………………………………………112
　登録再生利用事業者14
　差別的取扱いの禁止について教えてください。 ………………112
■第17条関係■ ………………………………………………113
　登録再生利用事業者15
　登録の取消しについて教えてください。 ………………………113
■その他■ ……………………………………………………114
　登録再生利用事業者16
　登録等が行われた場合、その結果については、地域の廃棄物処理を
　所管する都道府県も知り得ることができるのですか。 …………114
　登録再生利用事業者17
　登録を受けた場合に適用される廃棄物処理法の特例について教えて
　ください。 …………………………………………………………115
　登録再生利用事業者18
　登録を受けた場合に適用される肥料取締法及び飼料安全法の特例に
　ついて教えてください。 ……………………………………………117
■第19条関係■ ………………………………………………118
　再生利用事業計画の認定1
　再生利用事業計画の認定制度が改正されましたが、制度の目的及び
　概要について教えてください。 ……………………………………118
　再生利用事業計画の認定2
　認定の対象となる再生利用事業の内容について教えてください。 ……119
　再生利用事業計画の認定3
　再生利用事業計画の作成は義務づけなのですか。 ………………119
　再生利用事業計画の認定4

再生利用事業計画にはどのような立場の者が参加できるのですか。 …120
再生利用事業計画の認定5
複数の食品関連事業者が同一の再生利用事業計画に参加することはできますか。 …………………………………………………………121
再生利用事業計画の認定6
再生利用事業計画の策定主体となる食品関連業者又は食品関連事業者を構成員とする事業協同組合その他の政令で定める法人の範囲について教えてください。 ……………………………………………122
再生利用事業計画の認定7
再生利用事業計画の策定主体となる農林漁業者等又は農林漁業者等を構成員とする農業協同組合その他の政令で定める法人の範囲について教えてください。 ……………………………………………123
再生利用事業計画の認定8
再生利用事業計画の認定の要件について教えてください。 ………124
再生利用事業計画の認定9
食品関連事業者が利用する特定農畜水産物等について教えてください。 …………………………………………………………………125
再生利用事業計画の認定10
食品関連事業者は、特定農畜水産物等をどれだけ利用する必要がありますか。 ……………………………………………………………126
再生利用事業計画の認定11
再生利用事業計画に参画する食品循環資源の収集又は運搬を行う者は、廃棄物処理法上の廃棄物の収集又は運搬の許可が必要なのでしょうか。 ………………………………………………………………127
再生利用事業計画の認定12
再生利用事業計画の認定について、具体的な申請方法を教えてください。 …………………………………………………………………129
再生利用事業計画の認定13
フランチャイズチェーン事業を行う者が加盟者分も含めた再生利用事業計画の認定を申請する場合、本部が一括して行うのか、それとも各加盟者が申請を行うのか教えてください。 ………………129
再生利用事業計画の認定14

認定の申請先はどこになるのでしょうか。 …………………… 130
　再生利用事業計画の認定15
　　認定の申請後、どれくらいの期間で認定が実施されるのですか。 …… 130
■第20条関係■ ……………………………………………………………… 131
　再生利用事業計画の認定16
　　計画の変更について教えてください。 ………………………… 131
　再生利用事業計画の認定17
　　認定の取消しについて教えてください。 ……………………… 132
■その他■ …………………………………………………………………… 133
　再生利用事業計画の認定18
　　認定等が行われた場合、その結果については、地域の廃棄物処理を
　　所管する都道府県等も知り得ることができるのですか。 …………… 133
　再生利用事業計画の認定19
　　認定を受けた場合に適用される廃棄物処理法の特例について教えて
　　ください。 ……………………………………………………………… 134
　再生利用事業計画の認定20
　　認定を受けた場合に適用される肥料取締法及び飼料安全法の特例に
　　ついて教えてください。 ……………………………………………… 136

第3編　法令等

　○食品循環資源の再生利用等の促進に関する法律（平成12年法律第
　　116号） ………………………………………………………………… 141
　○食品循環資源の再生利用等の促進に関する法律の施行期日を定め
　　る政令（平成13年政令第175号） …………………………………… 157
　○食品循環資源の再生利用等の促進に関する法律の一部を改正する
　　法律の施行期日を定める政令（平成19年政令第334号） ………… 158
　○食品循環資源の再生利用等の促進に関する法律施行令（平成13年
　　政令第176号） ………………………………………………………… 159
　○食品循環資源の再生利用等の促進に関する法律第2条第6項の基
　　準を定める省令（平成19年農林水産省、環境省令第5号） ……… 164
　○食品循環資源の再生利用等の促進に関する法律第2条第7項の方
　　法を定める省令（平成13年農林水産省、環境省令第2号） ……… 166

○食品循環資源の再生利用等の促進に関する食品関連事業者の判断の基準となるべき事項を定める省令（平成13年財務省、厚生労働省、農林水産省、経済産業省、国土交通省、環境省令第4号） ……167
○食品廃棄物等多量発生事業者の定期の報告に関する省令（平成19年財務省、厚生労働省、農林水産省、経済産業省、国土交通省、環境省令第3号） ……………………………………………………175
○食品循環資源の再生利用等の促進に関する法律に基づく再生利用事業を行う者の登録に関する省令（平成13年農林水産省、経済産業省、環境省令第1号） ………………………………………………190
○食品循環資源の再生利用等の促進に関する法律に基づく再生利用事業計画の認定に関する省令（平成13年財務省、厚生労働省、農林水産省、経済産業省、国土交通省、環境省令第2号） …………197
○食品循環資源の再生利用等の促進に関する法律第24条第1項及び第3項の規定による立入検査をする職員の携帯する身分を示す証明書の様式を定める省令（平成13年財務省、厚生労働省、農林水産省、経済産業省、国土交通省、環境省令第3号） …………………203
○食品循環資源の再生利用等の促進に関する法律第24条第2項の規定による立入検査をする職員の携帯する身分を示す証明書の様式を定める省令（平成13年農林水産省、経済産業省、環境省令第2号） ………………………………………………………………207
○食品循環資源の再生利用等の促進に関する基本方針（平成19年11月30日） ……………………………………………………………210
○再生利用等の促進に関する法律に基づく再生利用事業を行う者の登録事務等取扱要領（平成13年10月26日付け13総合第2815号、平成13・10・04産局第1号、13年環廃企第374号　農林水産省総合食料局長、農林水産省生産局長、経済産業省産業技術環境局長、環境省大臣官房廃棄物・リサイクル対策部長連名通知） ………225
○食品循環資源の再生利用等の促進に関する法律に基づく再生利用事業計画の認定事務等取扱要領（平成14年3月5日付け13総合第3533号、環廃企第55号、課酒1―7、健発0305001号、平成13・12・27産局第3号、国総観振135号　農林水産省総合食料局長、農林水産省生産局長、環境省大臣官房廃棄物・リサイクル対策部

長、国税庁審議官、厚生労働省健康局長、経済産業省産業技術環
　　境局長、国土交通省総合政策局長連名通知）……………………249
○各省地方部局一覧 ………………………………………………………268
○食品循環資源の再生利用等の促進に関する法律の一部を改正する
　　法律案に対する附帯決議（平成19年5月22日　衆議院環境委員会）…275
○食品循環資源の再生利用等の促進に関する法律の一部を改正する
　　法律案に対する附帯決議（平成19年6月5日　参議院環境委員会）…277
○法律・政令・省令（三段対照式）………………………………………355

第1編 総論

1　食品リサイクル法制定の経緯

まず、平成12年の食品リサイクル法制定に至った経緯について記しておくこととしたい。

1－1　廃棄物問題の深刻化

　我が国における廃棄物の排出状況は、一般家庭や流通・外食店等から排出される一般廃棄物が約5,000万トン、産業活動によって排出される産業廃棄物が約4億トンとなっており、近年は横這い傾向が見られるものの、依然高水準での推移となっている。

　　（注）　廃棄物処理法上、廃棄物は一般廃棄物と産業廃棄物の2つに区別される。産業廃棄物は、事業活動に伴って生じた廃棄物のうち、法律で定められた19種類のものをいう。一般廃棄物は産業廃棄物以外の廃棄物を指し、主に家庭から発生する家庭ごみとオフィスや飲食店から発生する事業系ごみと、し尿に分類される。
　　　　　食品廃棄物等は、食品工場等から発生する場合は産業廃棄物、スーパーやレストラン、一般家庭から発生する場合は一般廃棄物となる。

　このように大量の廃棄物が発生しているということにより、廃棄物の最終処分場のひっ迫、ダイオキシン問題の深刻化等、廃棄物を巡る様々な問題を生起している。

　特にダイオキシン問題については、これまでもその削減に向けた取組が進められてきたが、近年におけるダイオキシン問題の顕在化等を踏ま

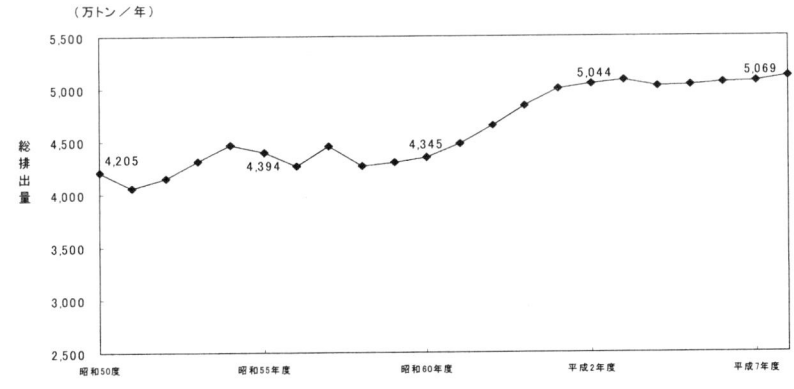

一般廃棄物（ごみ）の排出量

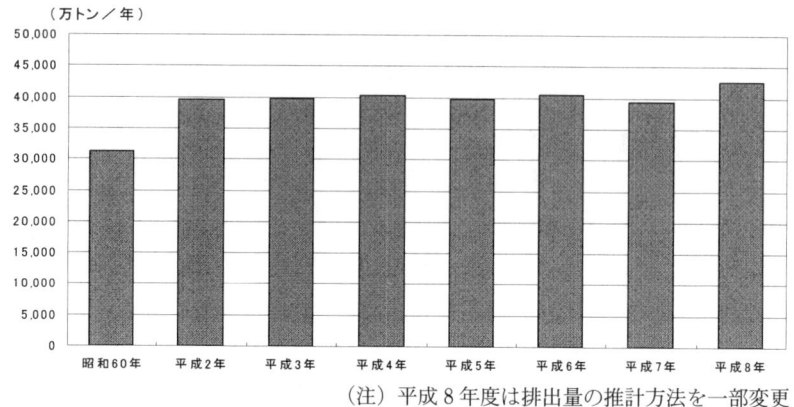

産業廃棄物の排出量

(注) 平成8年度は排出量の推計方法を一部変更

え、その一層の取組の強化を図るため、ダイオキシン対策関係閣僚会議において、平成11年3月30日「ダイオキシン対策推進基本指針」が策定された。また、これを踏まえ、これらダイオキシン類の発生の主たる原因である廃棄物について、その具体的な減量化を図るため、平成11年9月28日、「廃棄物の減量化目標」が策定され、今後、ここに示された目標の達成に向けて、廃棄物の減量化に取り組んでいくことが必要となっている。

ダイオキシン対策推進基本指針の基本的考え方（平成11年3月30日策定、同9月28日改定）
(1) ダイオキシン問題は、将来にわたって、国民の健康を守り環境を保全するために、内閣を挙げて取組みを一層強化しなければならない課題である。
(2) 今後4年以内に全国のダイオキシン類の排出総量を平成9年に比べ約9割削減する。
(3) 埼玉県所沢市を中心とする野菜及び茶については、政府が実施したダイオキシン類の実態調査により安全性が確認されたところであるが、健康及び環境への影響を未然に防止することを更に徹底する観点から、関係省庁が一体となり、対策をより一層充実し、強化するとともに、ダイオキシン類に関する正確な情報が公開されることにより、国民の不安が解消されることが必要である。
(4) このような認識の下、今後の国の総合的かつ計画的なダイオキシン対策の具体的な指針を策定する。国は、平成11年7月に制定されたダイオキシン類対策特別措置法を円滑に施行するとともに、本指針に従い、地方公共団体、事業者及び国民と連携して、次の施策を強力に推進する。

1. 耐容1日摂取量（TDI）をはじめ各種基準等作り
2. ダイオキシン類の排出削減対策等の推進
3. ダイオキシン類に関する検査体制の整備
4. 健康及び環境への影響の実態把握
5. 調査研究及び技術開発の推進
6. 廃棄物処理及びリサイクル対策の推進
7. 国民への的確な情報提供と情報公開
8. 国際貢献

(5) 本指針及びこれに基づく対策の進捗状況について、1年以内に点検を行うとともに、必要に応じ対策を見直す。
(6) 以上の取組みを通じて得られるダイオキシン対策や廃棄物対策に関するわが国の経験や技術を海外移転することにより、世界に貢献する。
(7) さらに、廃棄物対策に万全を期した上で、循環型社会の構築に政府一体となって取り組む。

―――――― 廃棄物の減量化の目標量について ――――――

1. 減量化の目標量の概要
 ・平成22年度（2010年度）を目標年度とし、平成17年度（2005年度）を中間目標年度とする。
 ・一般廃棄物、産業廃棄物とも、排出抑制、再生利用の推進に努め、最終処分量（埋立処分量）を平成22年度までに現状（平成8年度）の半分に削減する。
 ・また、これによって廃棄物の焼却量を削減し、規制措置の徹底と併せて、廃棄物焼却施設からのダイオキシン類の排出をさらに削減する。
2. 今後の取組
 ・今後、政府として、目標量を達成するべく、容器包装リサイクル法などの減量化に関する法制度を円滑に施行するとともに、廃棄物を減量化するための新たな方策を検討するなど、必要な施策の推進に努めることとしている。
 ・また、行政、消費者、事業者がそれぞれの役割に応じ、廃棄物の排出抑制等に努めることが必要である。

1—2　農林水産省における検討

　食品廃棄物は、廃棄物である以前に食品等であり、農林水産行政としては、その廃棄物対策という観点と農林水産・食品産業にかかる資源の有効利用という二つの面から重要なものとなっている。
　食品産業は、農業と並ぶ車の両輪として、国民への食料の安定供給に大きな役割を果たしているが、今後とも食品産業の健全な発展を図っていく

最終処分場の許可件数の推移

産業廃棄物の焼却施設の新規許可件数

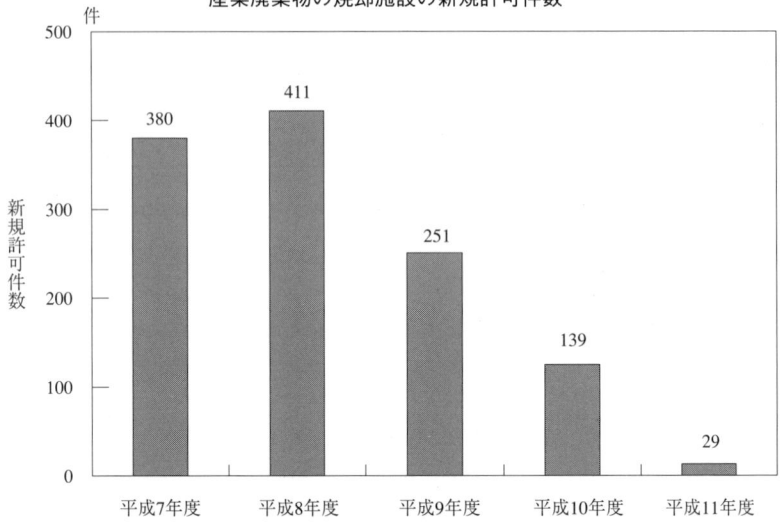

産業廃棄物の最終処分場の新規許可件数

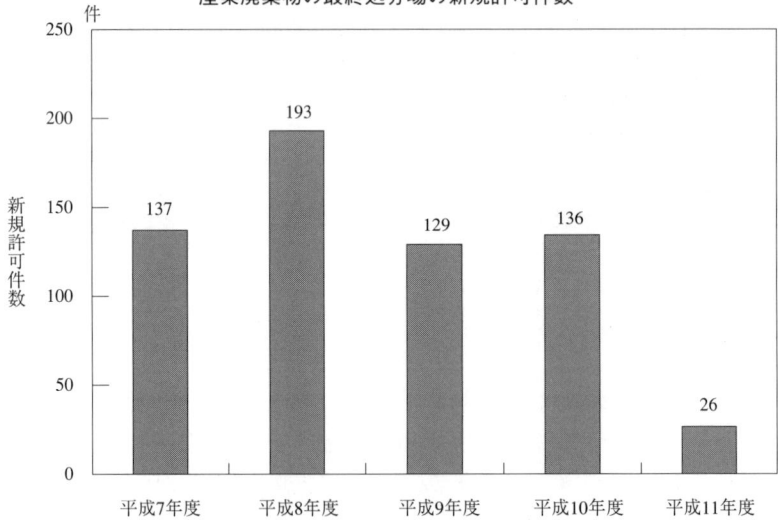

資料：環境省

ためには、その事業活動に伴う環境への負荷の低減及び資源の有効利用の確保を図っていくことが必要である。

また、農業分野においても、その持続的な発展を図る上で、自然循環機能の維持増進を図っていくことが必要とされており、食品循環資源の再生利用等の促進は、これら今後の農林水産業の発展を図っていく上で重要な位置づけを占めるものといえる。

このような観点から、農林水産省においても、これまで、その再生利用等の促進について、「食品流通審議会食品環境専門委員会」「食品廃棄物リサイクル研究会」等を通じた検討を進めてきた。

---**検討の経過について**---

○食品流通審議会食品環境専門委員会
  ・報 告 書「今後の食品環境対策の推進の方向について」(平成11年7月27日)
  ・メンバー

　　　　　　　　食品流通審議会食品環境専門委員会委員名簿
　　　　　　　　　　　　　　　　　　　　　　　　　（五十音順、敬称略）

氏　　　　名	現　　　　　　　　　職
青山　俊介	㈱エックス都市研究所代表
安部　修仁	㈱吉野家ディー・アンド・シー社長日本フードサービス協会理事
石井　宏	東都水産㈱常勤監査役
石川　雅紀	東京水産大学水産学部助教授
市ノ瀬　竹久	㈱菱食専務取締役管理本部長
伊藤　康江	消費科学連合会事務局長
岩田　功	キリンビール㈱顧問
牛久保　明邦	東京農業大学国際食料情報学部教授
遠藤　明倫	雪印乳業㈱常務取締役
木嶋　敏弘	日本豆腐協会専務理事
古沢　健	明治製菓㈱常務取締役
◎小山　周三	セゾン総合研究所所長
武居　彌久征	㈱ニチレイ専務取締役
竹林　雄昇	㈱荏原製作所理事ゼロエミッション事業副統括
伊達　勅夫	㈱農業技術協会常務理事
田中　雅行	東洋製罐㈱専務取締役
知久	日本醤油協会専務理事

氏　名	現　職
	柏　　市　　環　　境　　部　　長
嘉　　一　也	㈳全国清涼飲料工業会相談役
勝　　賢　勝	早稲田大学理工学部教授
屋　野田　恭行	㈶食品産業センター専務理事
槌中永良　美夜子	生　活　環　境　評　論　家
松村田　佳寿子	上　越　市　副　市　長
森田　光俊	日本チェーンストア協会専務理事

◎印は委員長

○食品廃棄物リサイクル研究会
　・報告書「食品廃棄物の発生抑制とリサイクルの推進方向について」（平成12年3月1日）
　・メンバー

　　　　　　　　　食品廃棄物リサイクル研究会名簿
　　　　　　　　　　　　　　　　　（五十音順、敬称略）

氏　名	現　職
石川　紀邦	東　京　水　産　大　学　助　教　授
牛久保　明	東　京　農　業　大　学　教　授
大野　巽三	㈳日　本　給　食　サ　ー　ビ　ス　協　会　理　事
大加　健隆	全国農業協同組合連合会飼料部長
河木　藤一倫	㈳日　本　フ　ー　ド　サ　ー　ビ　ス　協　会　常　務　理　事
栗黒　合勝三郎	日本フランチャイズチェーン協会環境対策委員長
◎小庄　嶋弘鋭	日　本　豆　腐　協　会　専　務　理　事
高塚　木沢賢太	全　国　養　豚　経　営　者　会　議　副　会　長
槌中長並成西松永公	甘　楽　町　有　機　農　業　研　究　会　会　長
山周	セ　ゾ　ン　総　合　研　究　所　所　長
司三	㈳全　国　都　市　清　掃　会　議　調　査　普　及　部　長
畑　壽子	上　越　市　副　市　長
本屋　徹	㈱味　の　素　環　境　部　長
井　嘉實	柏　　市　　環　　境　　部　　長
良　行昭	全国水産物商業協同組合連合会専務理事
木田　恭二	㈶食品産業センター専務理事
庄と　利	日本スーパーマーケット協会事務局長
本田　康	日本チェーンストア協会環境問題小委員会幹事
松が　美夜子	㈱三越取締役本社経営推進室副室長兼総務部長
永	生　活　環　境　評　論　家
公	全国農業協同組合連合会肥料農薬部長

8

| 満野 順一郎 | ㈳日本ホテル協会参事 |
| 米山 実 | ㈿日本飼料工業会専務理事 |

◎印は座長

1—3 循環型社会形成推進基本法

　以上のように、農林水産省、各省でリサイクル等へ向けた検討が進む中、循環型社会形成へ向けた取組についての基本的な方向を示すための基本法の検討が行われ、「循環型社会形成促進基本法」が取りまとめられた。

　本法律は、今後の社会について循環型社会の形成を推進する基本的な枠組みとなる法律として、①リサイクル関連施策を総合的に推進するために必要な事項を定めるとともに、②各省において進められるテーマ別の廃棄物・リサイクル関係法律の整備と相まって、循環型社会を形成するための取組の実効を図るものである。

循環型社会形成推進基本法の概要
---

1. 形成すべき「循環型社会」の姿を明確に提示
　　「循環型社会」とは、［1］廃棄物等の発生抑制、［2］循環資源の循環的な利用及び［3］適正な処分が確保されることによって、天然資源の消費を抑制し、環境への負荷ができる限り低減される社会。
2. 法の対象となる廃棄物等のうち有用なものを「循環資源」と定義
　　法の対象となる物を有価・無価を問わず「廃棄物等」とし、廃棄物等のうち有用なものを「循環資源」と位置づけ、その循環的な利用を促進。
3. 処理の「優先順位」を初めて法定化
　　［1］発生抑制、［2］再使用、［3］再生利用、［4］熱回収、［5］適正処分との優先順位。
4. 国、地方公共団体、事業者及び国民の役割分担を明確化
　　循環型社会の形成に向け、国、地方公共団体、事業者及び国民が全体で取り組んでいくため、これらの主体の責務を明確にする。特に、
　　［1］事業者・国民の「排出者責任」を明確化。
　　［2］生産者が、自ら生産する製品等について使用され廃棄物となった後まで一定の責任を負う「拡大生産者責任」の一般原則を確立。
5. 政府が「循環型社会形成推進基本計画」を策定
　　循環型社会の形成を総合的・計画的に進めるため、政府は「循環型社会形成推進基本計画」を次のような仕組みで策定。
　　［1］原案は、中央環境審議会が意見を述べる指針に即して、環境大臣が策定。
　　［2］計画の策定に当たっては、中央環境審議会の意見を聴取。
　　［3］計画は、政府一丸となった取組を確保するため、関係大臣と協議し、閣

　　　　議決により策定。
　　［4］計画の閣議決定があったときは、これを国会に報告。
　　［5］計画の策定期限、5年ごとの見直しを明記。
　　［6］国の他の計画は、循環型社会形成推進基本計画を基本とする。
6．循環型社会の形成のための国の施策を明示
　○　廃棄物等の発生抑制のための措置
　○　「排出者責任」の徹底のための規制等の措置
　○　「拡大生産者責任」を踏まえた措置（製品等の引取り・循環的な利用の実施、製品等に関する事前評価）
　○　再生品の使用の促進
　○　環境の保全上の支障が生じる場合、原因事業者にその原状回復等の費用を負担させる措置
　　　　　　　　　　　等

1-4　循環型社会形成推進関係各法

　「循環型社会形成推進基本法」とともに、社会の各分野についてのリサイクル法が国会に提出され、成立した。
　これらの概要は以下のとおりである。
① 廃棄物処理法（廃棄物の処理及び清掃に関する法律）の改正
　都道府県などが安全・適正な廃棄物の処理施設を整備するための枠組みづくり、排出事業者（ゴミを捨てる事業者）の責任強化、野外焼却の禁止等を内容としている。
② 再生資源利用促進法（資源の有効な利用の促進に関する法律）の改正
　政令で事業を定め、製品の省資源化、長寿命化などによる発生抑制策、部品等の再利用策を導入するとともに、リサイクル対策に事業者自身が計画的に取り組むことを義務づけること等を内容としている。
③ 建設リサイクル法（建設工事に係る資材の再資源化等に関する法律）の制定
　建築物の解体工事等の発注者に都道府県知事への届出を義務づけるとともに、受注者の側には特定建設資材（コンクリートや木材など）の分別解体・再資源化などを義務づけること等を内容としている。
④ グリーン購入法（国等による環境物品等の調達の推進等に関する法律）の制定
　国などが、再生品などの環境にやさしい物品（環境物品）の調達を調

達方針に基づき、率先的に推進するとともに、グリーン購入に役立つ情報の提供を推進すること等を内容としている。

1－5　成立、施行までの日程

食品リサイクル法について、第147回国会提出から成立までの日程は以下のとおりである。

閣議決定から施行までの日程

平成12年3月30日		政府提出法案として閣議決定
	5月15日	参議院国土・環境委員会に付託
	18日	同委員会における審議
	23日	原案どおり全会一致で可決。附帯決議。
	24日	参議院本会議で全会一致で可決
	24日	衆議院農林水産委員会に付託
	25日	同委員会における審議。原案どおり全会一致で可決。附帯決議。
	30日	衆議院本会議にて全会一致で可決
	6月7日	平成12年法律第116号として公布
平成13年5月1日		施行

その後、食料・農業・農村審議会の総合食料分科会及び同食品リサイクル部会を開催し、その意見を聴したのち、平成13年5月30日に食品循環資源の再生利用等の促進に関する基本方針、食品循環資源の再生利用等の促進に関する食品関連事業者の判断の基準となるべき事項を定める省令が公布・施行された。

基本方針等の意見聴取について

○食料・農業・農村審議会、総合食料分科会
　・開　　催　平成13年5月21日
　・メンバー

　　　　　食料・農業・農村政策審議会総合食料分科会委員等名簿
　（委員）
　　　　稲　田　和　彦　　㈲エルパック専務取締役
　　　　坂　本　元　子　　和洋女子大学家政学部長
　　　　田　島　義　博　　学校法人学習院専務理事
　　　　八　木　宏　典　　東京大学大学院農学生命科学研究科教授

（臨時委員）
　　秋谷　恵二　　　　日清製油㈱取締役社長
　　池田　章子　　　　ブルドックソース㈱代表取締役社長
　　上原　征彦　　　　明治学院大学経済学部教授
　　大澤　信一　　　　㈱日本総合研究所研究事業本部ニュービジネスクラスター長
　　島貫　文好　　　　全国中央市場水産卸協会副会長
　　杉谷　信文　　　　全国農業協同組合連合会常務理事
　　中村　靖彦　　　　明治大学農学部客員教授
　　橋本　州弘　　　　㈱西友常務取締役商品事業部長
　　畑江　敬子　　　　お茶の水女子大学大学院人間文化研究科教授
　　飛田　恵理子　　　東京都地域婦人団体連盟専門委員
　　福島　敦子　　　　福島敦子事務所（マスコミ）
　　藤原　厚　　　　　全国水産物商業協同組合連合会会長
　　横川　端　　　　　㈱すかいらーく取締役最高顧問

（専門委員）
　　牛久保　明邦　　　東京農業大学国際食料情報学部教授
　　青山　俊介　　　　㈱エックス都市研究所代表取締役
　　　　　　　　　　　　　　　（五十音順、敬称略）

○総合食料分科会食品リサイクル小委員会
　・開　催　平成13年3月22日及び5月14日
　・メンバー

　　　　　　食料・農業・農村政策審議会専門委員名簿
　　　　　　（総合食料分科会食品リサイクル小委員会）

（専門委員）
座長代理　青山　俊介　　　㈱エックス都市研究所代表取締役
　　　　　石川　雅紀　　　東京水産大学水産学部食品生産学科助教授
座長　　　牛久保　明邦　　東京農業大学国際食料情報学部教授
　　　　　加藤　一隆　　　㈱日本フードサービス協会常務理事
　　　　　栗木　鋭三　　　全国養豚経営者会議副会長
　　　　　小林　珠江　　　㈱西友執行役員環境推進室長
　　　　　篠木　昭夫　　　㈱全国都市清掃会議専務理事
　　　　　長原　歩　　　　キッコーマン㈱環境保全推進室環境企画部長
　　　　　並木　利昭　　　日本スーパーマーケット協会事務局長
　　　　　松田　美夜子　　富士常葉大学助教授
　　　　　　　　　　　　　　　（五十音順、敬称略）

1－6　食品リサイクルの今後の課題
① リサイクル用途

　リサイクルの用途については、肥料、飼料、油脂及び油脂製品、メタンが定められている。

　肥料については、有機農業の進展に伴い、優良なたい肥の需要が増えているが、たい肥の品質が問題であり、どのようなものでもたい肥として利用できるものではないこと、また、将来的に考えれば、たい肥以外の需要を作っていくことが大切であることに留意すべきである。

　また、飼料については、食料自給率を直接的に向上させる効果を持ち、現在、賞味期限切れや規格外の食品廃棄が莫大に出ている状況を踏まえると、畜産経営に関する好影響も踏まえ、積極的に推進していく必要があろう。この場合、海外で進みつつあるような生育ステージごとの栄養バランスを考慮した給餌システムの開発、安全性の確保手法の開発等に留意すべきである。

　廃食用油のディーゼル燃料としての活用については、燃料として石油に代替し、CO_2削減問題に資するとともに、NO_X、SO_X対策としても有効である。

　このため、資源の有効活用対策であることに加えて、地球環境対策としての位置づけを明確にし、推進していくことが重要である。

　メタン発酵については、我が国は、石油ショック時の技術開発をそれほど活かせずに現在欧州の技術を移入している状況に鑑み、腰を据えた推進策が必要である。

　特に、メタン発酵を行いエネルギーを生産する事業者が安心して事業を推進できるよう、事業者としての課題を解決する場をつくり、行政側としても必要な規制緩和、支援策を講ずることが必要である。

　また、メタン発酵によって発生したメタンを改質し、水素を取り出し燃料電池により発電を行うことにより、CO_2カウントゼロの地球環境に優しい原料から発電の段階まで一貫したクリーンなエネルギーを得ることができる。

　さらに、生分解性プラスチックや製紙原料等新たなリサイクル用途についても、その事業化を推進していく必要がある。

　生分解性プラスチックは、土壌中において微生物により分解するとい

う優れた特徴をもち、また、食品廃棄物を含むバイオマス資源（生物由来資源）から製造する場合、石油という化石資源を消費しないため、地球温暖化防止の観点からも効果が高い。

　製造・利用の両面から検討を進めモデル実験事業等による展開が必要であろう。
② 　リサイクル機器

　食品リサイクルに関する気運の高まりとともに、リサイクル関連の機器についてもさまざまなものが製造されつつある。

　機器の開発と普及は、リサイクルの推進にとって重要なものであるが、一方で表示等の共通化が図られないと、利用者に無用の混乱をもたらす恐れがある。

　利用する側に立って統一的な表示のガイドライン等をまとめていくことが重要であると考えられる。
③ 　家庭系食品廃棄物

　食品廃棄物の約1／2は家庭から発生している。この対応も重要である。

　既に、法律成立時の衆参それぞれの委員会審議に際して、付帯決議がつけられ、家庭系の食品廃棄物についても対応を検討していくことが求められている。

　家庭系の廃棄物については、市町村の収集・処理の体制との関係があるため、個人へどのような取組を求めることがよいのか一律に捉えることができない等の問題がある。

　このため、農林水産省等で研究会を設け、検討を進めることとしているが、適切な検討が進められるべきである。

2 食品リサイクル法改正の経緯

2−1 食品循環資源の再生利用等の取組

2−1−1 改正前の再生利用等実施率目標

　食品リサイクル法では、食品廃棄物等を発生させている食品関連事業者に対し、食品循環資源の再生利用等を実施すべき量に関する目標を基本方針に定めることとされた。具体的には、各食品関連事業者は、食品循環資源の再生利用等の実施率（以下「実施率」という）を平成18年度までに20％に向上させることを目標とする旨が明記され、発生抑制、再生利用及び減量のいずれかの手法を選択し、又は組み合わせることにより実施するものとされた。

2−1−2 再生利用等の取組状況

　平成13年の食品リサイクル法の施行後、重量ベースで見た我が国食品産業全体の実施率は、平成13年度の37％から平成17年度の52％へ着実な向上を遂げており、一定の成果が認められた。

食品循環資源の再生利用等の実施率の推移

	13年度	14年度	15年度	16年度	17年度
食品製造業	60%	66%	69%	72%	81%
食品卸売業	32%	40%	45%	45%	61%
食品産業計	37%	—	43%	41%	52%
食品小売業	23%	36%	23%	29%	31%
外食産業	14%	25%	17%	17%	21%
		13%			

資料：「食品循環資源の再生利用等実態調査報告（農林水産省統計部）」により計算

　発生抑制、再生利用及び減量の方法のうち、多くは再生利用であり、その手法としては、主に肥料化又は飼料化が行われた。肥料化は、技術的、

資本的にも比較的取り組みやすい手法であることから、現在の再生利用において最も多い手法である。飼料化についても、その推進が図られており、良質な畜産物が生産される優良事例が各地で散見されるようになってきた。

食品廃棄物等の発生及び処理状況（平成17年度）

	年間発生量（万トン）	再生利用等の実施率（%）	発生抑制（%）	減量化（%）	再生利用（%）	再生利用の用途別仕向割合（%）			
						肥料化	飼料化	メタン化	油脂及び油脂製品化
食品製造業	495	81	5	3	73	48	48	1	3
食品卸売業	74	61	4	1	56	44	47	1	8
食品小売業	263	31	4	2	25	51	35	2	12
外食産業	304	21	4	4	13	53	25	2	20
食品産業計	1,136	52	4	3	45	49	44	1	6

資料：「平成18年食品循環資源の再生利用等実態調査結果の概要（農林水産省統計部）」により計算
注：計と内訳が一致しない場合があるのは、四捨五入のためである。

一方、個々の食品関連事業者の取組状況をみると、基本方針で定められている実施率20％の目標値を達成している事業者の割合は、平成17年度において全体で約2割弱、食品廃棄物等の年間発生量が100トン以上の事業者に限っても3割弱と非常に低い水準で推移しているという実態にあり、必ずしも食品循環資源の再生利用等の取組が浸透しているとは言えない状況となっていた。

この背景には、食品廃棄物等が大量に発生する食品製造業のうち、ごく一部の事業者が全体の再生利用等の向上に大きく寄与する一方、フランチャイズチェーンのような業態も抱え、また、食品産業全体に占めるウェイトが大きい、食品小売業や外食産業といった事業者において、その取組が進展してこなかったことが大きな理由となっていた。

これらの事業者の事業場は、通常分散して配置されることから、食品廃棄物等も少量ずつ分散して発生し、資源として利用するに当たり、効率的な収集が難しいという面があった。また、発生する食品廃棄物等は、廃棄

物処理法上、一般廃棄物に位置付けられるものが大半であることから、その収集運搬を行う際には、事業場の所在する市町村の許可を受けた収集運搬業者に委託する必要があるため、特にフランチャイズチェーンのような、市町村の域を越えて多数の店舗を運営する事業者にとっては、コスト等の面で効率的な再生利用等を行う際の大きな負担となってきたこと等が挙げられる。

2－2　検討に当たっての審議会の開催

食品リサイクル法では、附則第2条において、法律の施行後5年を経過した場合において、法律の施行の状況について検討を加え、その結果に基づいて必要な措置を講ずるものとされていた。

このことから農林水産省では、平成17年8月に食料・農業・農村政策審議会総合食料分科会を開催するとともに、同年10月には同分科会のもとに食品リサイクル小委員会を設置し、食品リサイクル法の施行状況や食品循環資源の再生利用等をより一層促進するための方策について、幅広い観点から検討を行い、平成18年7月に「中間とりまとめ」を策定し、また、同年9月からは、効率的かつ効果的な審議の展開を図る観点から、環境省の中央環境審議会廃棄物・リサイクル部会食品リサイクル専門委員会との合同会合を設け、通算15回にわたる審議を行ってきた。

その結果、国民からのパブリックコメントの募集を経て、平成18年12月に「食品リサイクル制度の見直しについて（とりまとめ）」が策定された。

食料・農業・農村政策審議会総合食料分科会

・開　催　平成17年8月29日（第12回）、平成19年2月20日（第16回）
・メンバー

　　　　　　食料・農業・農村政策審議会総合食料分科会委員

（委　員）
池田　章子　　　ブルドックソース株式会社代表取締役社長
◎上原　征彦　　明治大学大学院グローバル・ビジネス研究科教授
　大木　美智子　消費科学連合会会長
　生源寺　眞一　東京大学大学院農学生命科学研究科教授
　八木　宏典　　東京大学大学院農学生命科学研究科教授（第12回のみ）

（臨時委員）

秋谷 浄仁	日清オイリオグループ株式会社取締役会長
安部 修仁	株式会社吉野家ディー・アンド・シー代表取締役社長
岩崎 典子	伊藤忠商事株式会社食料カンパニー食糧部門市場調査室長
上谷 正律	財団法人日本食生活協会指導部長
大武 勇	全国水産物商業協同組合連合会副会長
加倉井 弘	経済評論家
川田 光夫	社団法人全国中央卸売市場青果卸売協会会長
柴田 一昭	丸紅経済研究所副所長
神出 元利	全国農業協同組合連合会常務理事（第16回）
並木 朝恵	日本スーパーマーケット協会事務局長
長谷川 恵理子	主婦、消費生活アドバイザー
飛田 恵理子	東京都地域婦人団体連盟生活環境部副部長
宮下 弘	全国農業協同組合連合会代表理事専務（第12回）

◎は分科会長

（五十音順、敬称略）

○総合食料分科会食品リサイクル小委員会
・開　催　平成17年10月31日（第1回食リ小委）
　　　　　～平成18年12月26日（第11回食リ小委（平成18年合同会合4回））
・メンバー

食料・農業・農村政策審議会専門委員名簿
（総合食料分科会食品リサイクル小委員会）

青山 俊介	株式会社エックス都市研究所取締役特別顧問
石井 和男	社団法人全国都市清掃会議専務理事（平成18年合同会合4回まで）
石井 邦夫	社団法人全国産業廃棄物連合会副会長
	（株式会社市川環境エンジニアリング代表取締役）
石川 雅紀	神戸大学大学院経済学研究科教授
伊藤 慎一	山崎製パン株式会社総務本部総務部次長（平成18年合同会合4回まで）
◎牛久保 明邦	東京農業大学国際食料情報学部教授
加藤 一隆	社団法人日本フードサービス協会専務理事
志澤 勝	日本養豚生産者協議会会長
藤田 香	日経ＢＰ社編集委員（日経エコロジー編集）
松田 美夜子	富士常葉大学環境防災学部教授（平成18年合同会合4回まで）
百瀬 則子	日本チェーンストア協会環境委員会委員（ユニー株式会社業務本部環境部長）
山口 秀和	社団法人日本フランチャイズチェーン協会環境委員会委員長
	（株式会社セブン＆アイホールディングス総務部環境推進シニアオフィサー）

◎は座長

（五十音順、敬称略）

○中央環境審議会廃棄物・リサイクル部会食品リサイクル専門委員会
　・開　　催　平成18年8月28日（第1回食リ専委）
　　　　　　　〜平成18年12月26日（第5回食リ専委（平成18年合同会合4回））
　・メンバー

中央環境審議会専門委員名簿
（廃棄物・リサイクル部会食品リサイクル専門委員会）

石井　和男	社団法人全国都市清掃会議専務理事（平成18年合同会合4回まで）
◎石川　雅紀	神戸大学大学院経済学研究科教授
伊藤　慎一	山崎製パン株式会社総務本部総務部次長（平成18年合同会合4回まで）
犬伏　和之	千葉大学大学院園芸学研究科教授
近江　　昭	日本環境保全協会副会長
柿本　善也	奈良県知事（平成18年合同会合4回まで）
加藤　一隆	社団法人日本フードサービス協会専務理事
川島　博之	東京大学大学院農学生命科学研究科助教授
倉田　　薫	大阪府池田市長
酒井　伸一	京都大学環境保全センター教授
崎田　裕子	ジャーナリスト・環境カウンセラー
古市　　徹	北海道大学大学院工学研究科教授
堀尾　正靱	東京農工大学大学院共生科学技術研究部教授
前田　　穣	宮崎県綾町長
百瀬　則子	ユニー株式会社業務本部環境部長
山口　秀和	株式会社セブン＆アイホールディングス総務部環境推進シニアオフィサー
山田　久	全国清掃事業連合会専務理事

◎は座長

（五十音順、敬称略）

2—3　成立・施行までの日程

食品リサイクル法の一部を改正する法律について、第166回国会提出から成立までの日程は以下のとおりである。

**食品循環資源の再生利用等の促進に関する法律
の一部を改正する法律案提案理由説明**

食品循環資源の再生利用等の促進に関する法律の一部を改正する法律案につきまして、その提案の理由及び主要な内容を御説明申し上げます。

現行法が施行されてから5年が経過し、食品関連事業者全体の食品循環資源の再生利用等の実施率は着実に向上しており、一定の成果が認められるところであ

ります。
　しかしながら、これは特定の事業場から食品廃棄物等が多量に発生する食品製造業等の一部の事業者の取組が全体の実施率の向上に大きく寄与した結果であり、食品流通の「川下」に位置する食品小売業及び外食産業においては、食品廃棄物等が少量かつ分散して発生すること等から、取組が遅れているところであります。
　このような状況を踏まえ、食品循環資源の再生利用等を一層促進するため、食品関連事業者、特に食品流通の「川下」に位置する事業者に対する指導監督の強化と取組の円滑化措置を講ずることとし、この法律案を提出した次第であります。
　次に、この法律案の主要な内容につきまして、御説明申し上げます。
　第一に、食品廃棄物等を多量に発生させる食品関連事業者に食品循環資源の再生利用等の状況等に関し定期の報告を義務付けることとしております。また、フランチャイズチェーン事業を展開する食品関連事業者であって、一定の要件を満たすものについては加盟者の食品廃棄物等の発生量を含めて定期の報告を求め、一体として勧告等の対象とすることとしております。
　第二に、食品循環資源を原材料とする肥飼料を利用して生産される農畜水産物等の食品関連事業者による利用の確保を通じて、食品産業と農林水産業の一層の連携が図られる場合には、食品循環資源の収集又は運搬について一般廃棄物に係る廃棄物処理法の許可を不要とすることとしております。
　第三に、食品循環資源の有効な利用の確保に資する行為として再生利用が困難な場合に「熱回収」を位置付けるほか、基本方針の策定等に際して意見を聴く審議会に中央環境審議会を加える等の措置を講ずることとしております。
　以上が、この法律案の提案の理由及び主要な内容であります。
　なにとぞ、慎重に御審議の上、速やかに御可決いただきますようお願い申し上げます。

閣議決定から施行までの日程

平成19年3月2日　政府提出法案として閣議決定
　　　5月11日　衆議院環境委員会に付託
　　　　　15日　若林正俊環境大臣　趣旨説明
　　　　　18日　同委員会参考人意見陳述、参考人質疑
　　　　　　　　【参考人】
　　　　　　　　　　石川　雅紀　神戸大学大学院経済学研究科教授
　　　　　　　　　　笹本　　猛　パレスホテルマーケティング部広報室室長
　　　　　　　　　　崎田　裕子　ジャーナリスト・環境カウンセラー
　　　　　　　　　　　　　　　　　　　　　　　　　　　　（敬称略）
　　　　　　　　対政府質疑
　　　　　　　　【質問者】とかしきなおみ（自）、江田康幸（公）
　　　　　22日　対政府質疑
　　　　　　　　【質問者】吉田　泉（民）、田島一成（民）、近藤昭一（民）、

	岡本充功（民）
	原案どおり全会一致で可決。附帯決議。
24日	衆議院本会議にて全会一致で可決
24日	参議院環境委員会に付託
29日	若林正俊環境大臣　趣旨説明
31日	同委員会参考人意見陳述、参考人質疑

【参考人】
　　　　酒井　伸一　　京都大学環境保全センター教授
　　　　百瀬　則子　　ユニー株式会社環境部長
　　　　石井　邦夫　　株式会社市川環境エンジニアリング代表取締役
　　　　鈴木　満　　　日本自治体労働組合総連合現業評議会清掃委員会委員長
　　　　　　　　　　　　　　　　　　　　　　（敬称略）

6月5日	対政府質疑
	【質問者】愛知治郎（自）、福山哲郎（民）、市田忠義（共）、荒井広幸（無）、荒木清寛（公）
	原案どおり全会一致で可決。附帯決議。
6日	参議院本会議にて全会一致で可決
13日	平成19年法律第83号として公布
12月1日	施行

　また、成立後、農林水産省における食料・農業・農村政策審議会食品産業部会食品リサイクル小委員会及び環境省における中央環境審議会廃棄物・リサイクル部会食品リサイクル専門委員会との合同会合を開催し、その意見を聴したのち、平成19年11月30日に基本方針が公表されるとともに、同日付で食品循環資源の再生利用等の促進に関する食品関連事業者の判断の基準となるべき事項を定める省令の一部を改正する省令など8省令が公布され、平成19年12月1日から施行された。

食料・農業・農村政策審議会食品産業部会委員

・開　　催　平成19年7月24日（第1回）、平成19年11月8日（第2回）
・メンバー

食料・農業・農村政策審議会食品産業部会委員

（委　員）
◎荒蒔　康一郎　　　キリンホールディングス株式会社代表取締役会長
　浦野　光人　　　　株式会社ニチレイ代表取締役会長

岡本　明子　　環境カウンセラー・主婦
佐々木　孝治　日本チェーンストア協会副会長・ユニー株式会社取締役会長
深川　由起子　早稲田大学政治経済学術院教授
（臨時委員）
青山　浩子　　農業ジャーナリスト
秋田　俊毅　　全国農業協同組合連合会常務理事（第2回）
安部　修仁　　株式会社吉野家ホールディングス代表取締役社長
石和　祥子　　消費科学連合会副会長
今村　洋一　　大都魚類株式会社取締役社長
上谷　律子　　財団法人日本食生活協会指導部長
斎藤　修　　　千葉大学園芸学部教授
柴田　明夫　　丸紅経済研究所所長
神出　元一　　全国農業協同組合連合会常務理事（第1回）
並木　利昭　　日本スーパーマーケット協会専務理事
渡邉　和夫　　日本食品関連産業労働組合総連合会会長
（専門委員）
牛久保　明邦　東京農業大学国際食料情報学部教授（第2回）

◎は部会長

（五十音順、敬称略）

○食品産業部会食品リサイクル小委員会
・開　催　平成19年7月27日（第1回食リ小委（平成19年合同会合1回））
　　　　　～平成19年9月10日（第4回食リ小委（平成19年合同会合4回））
・メンバー

　　　　　　食料・農業・農村政策審議会専門委員名簿
　　　　　　（食品産業部会食品リサイクル小委員会）
青山　俊介　　株式会社エックス都市研究所特別顧問
石井　邦夫　　社団法人全国産業廃棄物連合会副会長
　　　　　　　（株式会社市川環境エンジニアリング代表取締役）
石川　雅紀　　神戸大学大学院経済学研究科教授
◎牛久保　明邦　東京農業大学国際食料情報学部教授
加藤　一隆　　社団法人日本フードサービス協会専務理事
鬼沢　良子　　NPO法人持続可能な社会をつくる元気ネット事務局長（平成19年合同会合1回より）
佐々木　五郎　社団法人全国都市清掃会議専務理事（平成19年合同会合1回より）
志澤　勝　　　日本養豚生産者協議会長
杉山　涼子　　富士常葉大学環境防災学部准教授（平成19年合同会合1回より）
藤田　香　　　日経BP社編集委員（日経エコロジー編集）

百瀬　則子		日本チェーンストア協会環境委員会委員（ユニー株式会社業務本部環境部長）
山口　秀和		社団法人日本フランチャイズチェーン協会環境委員会委員長 （株式会社セブン＆アイホールディングス総務部環境推進シニアオフィサー）
山次　信幸		キッコーマン㈱理事・環境部長（平成19年合同会合1回より）

◎は座長

（五十音順・敬称略）

○中央環境審議会廃棄物・リサイクル部会食品リサイクル専門委員会
　・開　催　平成19年7月27日（第6回食リ専委（平成19年合同会合1回））
　　　～平成19年9月10日（第9回食リ専委（平成19年合同会合4回））
　・メンバー

中 央 環 境 審 議 会 専 門 委 員 名 簿
（廃棄物・リサイクル部会食品リサイクル専門委員会）

◎石川　雅紀		神戸大学大学院経済学研究科教授
犬伏　和之		千葉大学大学院園芸学研究科教授
近江　昭		日本環境保全協会副会長
加藤　一隆		社団法人日本フードサービス協会専務理事
川島　博之		東京大学大学院農学生命科学研究科助教授
倉田　薫		大阪府池田市長
酒井　伸一		京都大学環境保全センター教授
崎田　裕子		ジャーナリスト・環境カウンセラー
佐々木　五郎		社団法人全国都市清掃会議専務理事（平成19年合同会合1回より）
野呂　昭彦		三重県知事（平成19年合同会合1回より）
古市　徹		北海道大学大学院工学研究科教授
堀尾　正靱		東京農工大学大学院共生科学技術研究部教授
前田　穣		宮崎県綾町長
百瀬　則子		ユニー株式会社業務本部環境部長
山口　秀和		株式会社セブン＆アイホールディングス総務部環境推進シニアオフィサー
山次　信幸		キッコーマン株式会社理事・環境部長（平成19年合同会合1回より）
山田　久		全国清掃事業連合会専務理事

◎は座長

（五十音順、敬称略）

3 食品リサイクル法の概要

3—1 総論

3—1—1 目的（法第1条）

　食品リサイクル法の直接的な目的は、食品廃棄物等のリサイクル等（発生の抑制、再生利用、熱回収、減量）についての基本的事項、再生利用促進策を定めることによって、食品に係る資源の有効な利用の確保、食品に係る廃棄物の排出の抑制、食品関連産業の健全な発展を促進することである。

　これにより、生活環境の保全や国民経済の健全な発展に寄与することを目的としている。

3—1—2 食品廃棄物等、食品循環資源（法第2条）

　この法律においては、食品廃棄物等と食品循環資源という言葉が使われている。

　「食品廃棄物等」とは、いわゆる食品の売れ残りや食べ残し、或いは製造、加工、調理の過程において生じたくずといったものである。

　また、「食品循環資源」とは、食品廃棄物等のうち有用なものを言うとされている。この用語は、いわゆる食品廃棄物等の有効に活用される面に着目した言い方であり、例えば、肥料や飼料、エネルギーや新素材といったものへ有効活用されるべきものと理解してよいと考えられる。

　「循環資源」という概念は、同時期に成立した「循環型社会形成推進基本法」にある概念であり、食品リサイクル法においての考え方もこれと同様である。

　なお、食品廃棄物等となるかならないかで問題となるものについて、付言すると、

① 廃食用油のように液体であっても食品廃棄物等となる。
② 食品廃棄物等のうち、飼料等の原料として有償で取引されるものについても食品廃棄物等となる。
③ 食品くずといっしょに混じって入っている容器片やプラスチック片等は食品廃棄物ではない。

と理解すべきであると考える。

3—1—3 基本方針等（法第3条）

食品リサイクルを進めていくためには、国及びさまざまな関係者が一定の共通認識を持ち、総合的かつ計画的に推進することが重要である。
　このため、国（主務大臣）は、基本方針を立てることとなっている。
基本方針においては、
① 　食品循環資源の再生利用等の促進の基本的方向
② 　食品循環資源の再生利用等を実施すべき量に関する目標
③ 　食品循環資源の再生利用等の促進のための措置に関する事項
④ 　環境の保全に資するものとしての食品循環資源の再生利用等の促進の意義に関する知識の普及に係る事項
⑤ 　その他食品循環資源の再生利用等の促進に関する重要事項
を定めることとなっている。
　基本方針を定める主務大臣は、農林水産大臣だけでなく、食品リサイクルに関係する大臣である環境大臣、財務大臣、厚生労働大臣、経済産業大臣、国土交通大臣となっている。
　また、基本方針を定める際には、関係行政機関の長に協議するとともに、食料・農業・農村政策審議会及び中央環境審議会の意見を聴かなければならないこととなっている。
　基本方針は、平成19年11月30日に定められている。

3—2　食品関連事業者によるリサイクル等の推進
3—2—1　食品関連事業者
　食品関連事業者は、その事業活動に伴い、食品廃棄物等を恒常的、かつ、一定量発生させることから、食品循環資源の再生利用等を推進する上で、その位置づけは大きなものといえる。
　このため、本法においては、食品関連事業者に対し、判断の基準（食品関連事業者の判断の基準となるべき事項）に従った、具体的な再生利用等の実施を求めている。
　この食品関連事業者とは、
① 　食品の製造、加工、卸売又は小売を業として行う者
② 　飲食店業その他食事の提供を伴う事業として政令で定めるものを行う者
となっており、政令では、沿海旅客海運業、内陸水運業、結婚式場業、旅

館業が定められている。
　具体的には、食品工場、スーパー、コンビニ、青果店、レストラン、ホテル等の事業を行う者が対象となることになる。
　なお、現在の政令では、病院は指定されておらず、病院は本法における食品関連事業者ではない。

3—2—2　再生利用等

　本法の目標を達成するためには、食品廃棄物等の発生自体を抑制する行為を促進することはもちろんのこと、食品循環資源の肥飼料等への再生利用、再生利用が困難な食品循環資源の熱回収、また、発生した食品廃棄物等を減量化する行為もその有効な手法の一つであると言える。
　特に食品廃棄物等については、その腐敗性等から迅速な処理が必要とされるとともに、製造工程の工夫等による発生の抑制や、その乾燥、圧縮等による減量化が比較的容易である等の特性がある。
　このため、本法においては、その促進すべき行為を「食品循環資源の再生利用等」として、その内容について、ア　発生の抑制、イ　再生利用、ウ　熱回収、エ　減量を制度上に明確に位置づけ、食品循環資源の再生利用等を促進することとしている。

3—2—3　判断の基準となるべき事項

　食品関連事業者の食品循環資源の再生利用等の促進における位置づけを踏まえ、これらが基本方針で定める目標を達成するために取り組むべき措置その他の措置に関し、判断の基準となるべき事項（「食品関連事業者の判断の基準となるべき事項」）を定めることとなっている。

3—2—4　再生利用等の実施率目標について

　食品循環資源の再生利用等の目標については、判断基準省令及び基本方針の中で記述されている。
　食品関連事業者が取り組むべき目標については、判断基準省令で定めており、個々の食品関連事業者ごとに、取組状況に応じた目標を毎年度設定（前年度実施率＋1～2％）し、段階的に実施率を向上させていくこととしている。
　また、これら食品関連事業者が、個々の目標値を達成するため計画的に取り組むことにより、その業種全体で達成されることが見込まれる業種別の目標を、基本方針で定めている。それによると、食品製造業にあっては

全体で85％、食品卸売業にあっては全体で70％、食品小売業にあっては全体で45％、外食産業にあっては全体で40％に向上させることを目標としている。

3－2－5 発生抑制

発生抑制とは、食品廃棄物等の発生を未然に抑制することである。

循環型社会形成推進基本法においても記されているとおり、今後の我が国の経済社会においては、まず、廃棄物の発生自体を減らすことが重要である。

具体的には、食品関連事業者が事業実態に応じて、創意工夫を行いながら、原材料の使用の合理化や無駄の防止等を行うことが期待される。

3－2－6 再生利用

再生利用とは、いわゆるリサイクルのことであり、
① 自ら又は他人に委託して食品循環資源を肥料、飼料等の原材料として利用すること
② 食品循環資源を肥料、飼料等の原材料として利用するために譲渡すること
と定義されている。

リサイクル製品としては、肥料、飼料の他に、炭化の過程を経て製造される燃料及び還元剤、油脂・油脂製品、エタノール、メタンが政令において定められている。

リサイクル製品として、事業化されるものができ、需要動向等からみて適当な場合は、今後も政令において追加されることとなろう。

3－2－7 熱回収

熱回収とは、
① 自ら又は他人に委託して食品循環資源を熱を得ることに利用すること
② 食品循環資源を熱を得ることに利用するために譲渡すること
と定義されている。

食品循環資源を再生利用することができない場合であっても、資源の有効な利用を図ることが重要であることから、リサイクル施設の立地状況や受入状況上の問題から再生利用が困難な食品循環資源については、メタン化等と同等以上の効率でエネルギーを利用できる場合に限り、食品循環資源の焼却によって得られる熱を熱のまま又は電気に変換して利用する熱回

収を再生利用等の一環として位置づけている。

3－2－8　減量

　減量とは、脱水、乾燥等により、食品廃棄物等の量を減少させることである。

　減量方法としては、脱水、乾燥の他に、省令により、発酵、炭化が定められている。

　減量を食品リサイクル法の中で位置づけているのは、食品廃棄物等については、含水率が高く、これが、その処理にあたってのエネルギーロスや、腐敗等による異臭の発生等生活環境上の危害を生じさせているため、その防止対策が重要であるからである。

3－2－9　取組の優先順位

　食品リサイクルを進めていくにあたっては、循環型社会形成推進基本法に定める循環型社会の形成についての基本原則に則りつつ、食品廃棄物の特性を踏まえた対応が求められる。

　このため、食品循環資源の再生利用等の取組についても、第一に取り組むべきものは、発生抑制、第二に取り組むべきものは再生利用（リサイクル）、第三に取り組むべきものは熱回収、第四に取り組むべきものは減量という順位づけを行っている。これによっても、なお発生する廃棄物については、当然のことであるが、適正に処分が行われなくてはならない。

　また、以上の優先順位によらないことが環境への負荷の低減を図ることとなる場合には、その状況を踏まえた対応を行うことが重要である。

3－2－10　定期報告等

　前年度の食品廃棄物等の発生量が100トン以上の食品関連事業者（食品廃棄物等多量発生事業者）は、食品廃棄物等の発生量や食品循環資源の再生利用等の状況について、毎年度、主務大臣に報告を行うこととしている。

　また、フランチャイズチェーン事業を展開する食品関連事業者であって、約款に基づいて、加盟者の食品廃棄物等の処理に関して本部事業者が指導できる関係にある場合は、本部事業者の食品廃棄物等の発生量に加盟者分も含めて食品廃棄物等多量発生事業者か否かを判断することにしている。

3－2－11　指導・助言

　法律を進めていく上で、主務官庁は指導・助言を行うことができることとなっている。

この指導・助言は、一般的なものであり、再生利用等の的確な実施を推進するために行われるものである。

3—2—12 勧告・公表・命令・罰則

食品関連事業者が食品循環資源の再生利用等の実施を十分に行わない場合には、主務大臣は、勧告等の措置を行うことができることとなっている。

判断の基準に照らして取組が不十分な場合には、まず、勧告を行うこととなる。

それにも係らず必要な取組が行われない場合は、企業名の公表を行う。

それにも係らず必要な取組が行われない場合は、命令を行う。

命令に違反した場合は、罰則がかけられることとなる。この罰則は、罰金50万円以下となっている。

この勧告等の措置の対象者としては、食品循環資源の再生利用等の推進における位置づけ等を考慮して、前年度の食品廃棄物等の発生量が100トン以上の事業者に限定されている。

3—3 関係者の役割

3—3—1 国の責務

国の責務としては、まず、第一に食品循環資源の再生利用等を促進するために必要な資金の確保、情報の収集及び整理・活用、また、新規用途の開発等必要な研究開発等に努めなくてはならないこととなっている。

第二に教育活動や広報活動を通じて、食品循環資源の再生利用等の実施についての理解と協力を求めるよう努めなければならないこととなっている。

3—3—2 地方公共団体の責務

地方公共団体の責務としては、区域の経済的社会的条件に応じた食品循環資源の再生利用等の促進に努めることとなっている。

3—3—3 事業者及び消費者の責務

食品リサイクルを進めていくためには、食品関連事業者以外の一般事業者や家庭における協力等が重要である。

このため、まず第一に、食品の購入又は調理の改善により食品廃棄物等の発生の抑制に努めることが求められている。

具体的には適量の食品の購入や適切な保管の実施による無駄の発生の防

止等が考えられる。平成12年３月に策定された「食生活指針」の実施と合わせ、その取組が求められることとなる。

第二に、再生利用により得られた製品や、これらを用いて生産された農畜水産物の利用に努めることが求められている。

再生利用により得られた、肥料、飼料等のリサイクル製品を、事業活動や日常生活において利用すること等が考えられる。

3－4　登録再生利用事業者制度及び再生利用事業計画認定制度
3－4－1　登録再生利用事業者制度

食品リサイクルの実際の実行は、自分で行っても、他人に頼んで行ってもいいわけであるが、他人に頼んで行うリサイクルを円滑に進めることも重要である。

このため、再生利用事業を的確に実施し得る者として、一定の要件を満たすものについて、主務大臣による登録制度を設け、これにより、優良なリサイクル業者の育成等を図っている。

登録の要件は、
・肥飼料化等の事業の内容が生活環境の保全上支障がないものであること
・施設の種類及び規模が事業を効率的に実施するに足りるものであること
・事業実施に十分な経理的基礎を有すること
とされている。

登録を受けた場合、廃棄物処理法の特例として、一般廃棄物収集運搬業の許可に関して、登録再生利用事業者へ持ち込む場合における荷卸しの許可不要や、料金の上限規制を緩和する等の措置が取られている。

また、肥料取締法、飼料安全法についても登録再生利用事業者については、製造、販売等の届け出を不要とする等の措置が取られている。

3－4－2　再生利用事業計画認定制度

食品リサイクルの促進にあたっては、農林漁業者がリサイクル製品を利用し、これにより生産された農畜水産物等の利用までを含めた、計画的な再生利用の実施が重要である。

このため、食品廃棄物等の排出者（食品関連事業者）、再生利用事業の実施者（リサイクル業者等）、利用者（例えば農林漁業者）の３者が連携し、再生利用事業の実施について計画を作成した場合について、主務大臣

の認定を行うこととしており、これにより、計画的な再生利用の実施を図ることとしている。

認定の要件は、
・基本方針に照らして適切であり、かつ、基準に適合すること
・肥飼料化等の事業を確実に実施できると認められること
・再生利用により得られた肥飼料等について製造量に見合う利用を確保する見込みが確実であること
・農畜水産物等の生産量のうち、食品関連事業者が、利用すべき量として算定される量に見合う利用を確保する見込みが確実であること
・食品循環資源の収集又は運搬を行う者及び施設が、定められた基準に適合すること
とされている。

認定を受けた場合、廃棄物処理法の特例として、計画の範囲内における一般廃棄物の収集又は運搬の業の許可に関して、荷積み及び荷卸しの許可を不要とする等の措置が取られている。

また、肥料取締法、飼料安全法についても再生利用事業の実施者については、製造、販売等の届け出を不要とする等の措置が取られている。

第2編　解　説

食品リサイクル法の目的及び概要について教えてください。

第1条　食品リサイクル法の目的等

1　今後の我が国の持続的発展を確保するためには、天然資源の消費を抑制し、環境への負荷ができる限り低減される循環型社会の構築が必要となっています。

　このような中で、食品循環資源の再生利用等を通じた循環型社会の構築を推進するため、「食品循環資源の再生利用等の促進に関する法律（以下、「食品リサイクル法」といいます。）」（平成12年法律第116号）が、平成12年5月30日に第147回国会において成立し、平成13年5月1日に施行されました。

2　また、平成19年には必要な見直しが行われ、食品循環資源の再生利用等の促進に関する法律の一部を改正する法律（平成19年法律第83号）が、平成19年6月6日に第166回国会において成立し、平成19年12月1日に施行されました。

3　食品リサイクル法は、食品に係る資源の有効な利用の確保及び食品に係る廃棄物の排出の抑制等をその目的としています。

　このため、本法においては、この目的を達成するために推進すべき行為として、食品廃棄物等の発生の抑制及び減量、食品循環資源の再生利用及び熱回収を位置づけ、消費者、事業者、国、地方公共団体等の食品循環資源の再生利用等の推進に係わる各主体に対し、それぞれの役割に応じた責務を定めています。

4　また、これらのうち、事業活動に伴って食品廃棄物等を発生させる食品事業者等については、その食品循環資源の再生利用等の推進にあたっての役割の重要性を踏まえ、これを食品リサイクル法上の食品関連事業者と位置づけ、再生利用等の実施目標の達成とその取組にあたっての基準の遵守を義務づけています。

※　食品リサイクル法においては「食品廃棄物等の発生の抑制及び減量」と「食品循環資源の再生利用及び熱回収」を併せ、「食品循環資源の再生利用等」と定義しています。

食品廃棄物等の定義 1　第2条

食品廃棄物等の定義について教えてください。

1　食品廃棄物等の定義については、食品リサイクル法において、
　① 食品が食用に供された後に、又は食用に供されずに廃棄されたもの
　② 食品の製造、加工又は調理の過程において副次的に得られた物品のうち食用に供することができないもの
　とされています。
2　これらは、具体的には、一般家庭や飲食店等で発生する食べ残し、スーパー等で発生する売れ残り品、また、食品メーカー等で発生する動植物性の加工残さ等が該当します。
　なお、食品廃棄物等の範囲は、あくまでも食品そのものに由来するものに限られており、例えば、原材料を梱包していた容器包装などは、含まれません。
3　なお、ここでの食品は、飲食料品のうち「薬事法」（昭和35年法律第145号）に規定する医薬品及び医薬部外品以外のものとされています。
　このため、医薬品の製造工程等で発生する動植物性の加工残さ等は、食品廃棄物等には含まれません。

食品廃棄物等の定義2　第2条

食品廃棄物等は廃棄物に限定されているのですか。

1　廃棄物の定義については、「廃棄物の処理及び清掃に関する法律（以下、「廃棄物処理法」といいます。）」（昭和45年法律第137号）において、「ごみ、粗大ごみ、燃え殻、汚泥、ふん尿、廃油、廃酸、廃アルカリ、動物の死体その他の汚物又は不要物であって、固形状又は液状のもの」と定められています。
2　食品リサイクル法における食品廃棄物「等」の範囲については、廃棄物処理法に定められた廃棄物がその大部分を占めますが、これのみには限定されていません。
　このため、例えば、食品の製造工程等で発生する動植物性の残さで、飼料等の原料として有償で取引されるものについても、食品廃棄物等の範囲には含まれることとなります。

食品廃棄物等の定義3　第2条

廃食用油、飲料等の液状のものは食品廃棄物等の範囲に含まれるのですか。

1　食品リサイクル法においては、食品廃棄物等の範囲を、固形状のものには限定していません。
　このため、食品製造業、飲食店等から排出される廃食用油や飲料等の液状物についても、食品廃棄物等の範囲に含まれることとなります。
2　なお、煮汁、飲料等については、事業所内において排水処理が行われるような場合がありますが、このように排水処理され、廃棄物として事業場外に排出されない部分については、食品廃棄物等の発生量のカウントにあたって、事後的にこれを除外するべきと考えられます。

第2編●解説

食品廃棄物等の定義4　第2条

食品工場等から発生する汚泥は食品廃棄物の範囲に含まれるのですか。

1　廃棄物処理法においては、泥状の廃棄物を総称し、汚泥と定義しています。
2　この場合、食品工場等から発生する汚泥は、
　①　焼酎粕、マヨネーズ等食品の原材料又は食品が泥状の廃棄物となったもの
　②　排水処理施設において生ずる余剰汚泥
　に大きく大別できます。
3　このうち、前者については、食品そのものに由来する廃棄物であり、食品廃棄物等の範囲に含まれます。
　一方、後者の排水処理施設から発生する余剰汚泥については、排水処理後に生ずる微生物の死骸や沈殿物等であり、食品そのものに由来する廃棄物には該当しないため、食品廃棄物等の範囲には含まれません。
4　なお、食品廃棄物等を処理する過程で発生する汚泥について、それが再生利用されるような場合は、全体として食品廃棄物等が再生利用されたといえる場合もあると考えられます。

食品循環資源の定義　第2条

食品循環資源の定義について教えてください。また、食品廃棄物等との違いは何ですか。

1　食品リサイクル法においては、食品廃棄物等の中で、肥料、飼料等への再生利用や熱回収により熱を得ることに利用することにより資源として有効利用するものを区分し、「食品循環資源」と定義しています。
　これは、このように資源として有効利用できるものを、従来のように廃棄物として捉えるのではなく、資源として捉えることによって、循環型社会の構築をさらに推進していこうという理念に基づいています。
2　なお、循環型経済社会の構築についての基本法である「循環型社会形成推進基本法」（平成12年法律第110号）においても、第2条第2項第3号において、廃棄物等のうち有用なものを「循環資源」と定義しています。

食品関連事業者の定義 1　第2条

食品関連事業者の定義について教えてください。

1　食品リサイクル法において、再生利用等への具体的な取組を義務づけられる食品関連事業者の定義については、
　①　食品の製造、加工、卸売又は小売を業として行うもの
　②　飲食店業その他食事の提供を伴う事業として政令で定めるものを行う者
　としています。
2　これは具体的には、
　①　食品の製造、加工の事業を行う食品メーカー等
　②　食品の流通の事業を行う食品の卸売業、スーパー、百貨店等の食品の小売業
　③　食事の提供を行うレストラン等の飲食店業
　が該当します。
3　また、その他食事の提供を伴う事業として政令で定める業種については、「食品循環資源の再生利用等の促進に関する法律施行令（以下、「施行令」といいます。）」（平成13年政令第176号）において、
　　現在、以下の4業種が指定されています。
　①　沿海旅客海運業（クルーズ船等）
　②　内陸水運業（屋形船等）
　③　結婚式場業
　④　旅館業（ホテル、旅館等）
4　なお、事業の一部として、上記の事業を営む場合（いわゆる兼業の場合）についても、当該事業部分については、食品関連事業者に該当することとなります。

食品関連事業者の定義 2 　第 2 条

社内に社員食堂を設置している場合、その設置者は食品関連事業者に該当するのでしょうか。

1 　企業等においては、福利厚生の一環として、社内に社員食堂を設置している場合がありますが、これらは、飲食店と同様の事業形態を有することから、その設置者たる企業は、飲食店業を営むものとして、食品関連事業者に該当するのではないかという問題が生じます。

2 　しかしながら、食品関連事業者への該当性の判断にあたり、このような福利厚生の一環として行われるような行為までを含めることは、
　① 　食品リサイクル法において、食品関連事業者の範囲をあえて食品循環資源の再生利用等の実施の必要性が高いもののみに限定していること
　② 　また、これらの行為はその事業性に乏しいこと
から、これをもって、設置企業である企業等を食品関連事業者と捉えることとはしていません。

3 　なお、社員食堂の運営等を他の給食事業者等に委託している場合についても、設置者たる企業等については同様の扱いとなりますが、この場合については、受託者である給食事業者が食品関連事業者に該当するかどうかという問題が生ずることとなり、これについては、当該給食事業者の事業内容により、その該当性を判断することとなります。

食品関連事業者の定義 3　第 2 条

> 企業等から委託を受けて給食事業を実施している給食事業者は食品関連事業者に含まれるのでしょうか。

1　企業等から委託を受けて当該企業内で給食事業を実施している給食事業者は、事業活動として給食事業を実施しており、また、その事業形態は飲食店業と同様の形態を有する場合もあることから、これら給食事業者が飲食店業に該当し、食品関連事業者に含まれることとなるかが問題となります。

2　この場合、いかなる事業形態が飲食店業に該当するかについては、法令上、明確な定義はないことから、社会通念に従って判断することとなりますが、「日本標準産業分類」によれば飲食店とは、
　①　専用の飲食スペースを設け、食事の提供と飲食する場の提供というサービスを一体的に行うこと
　②　顧客の注文に応じて、食事の提供を行うこと
を内容とする事業であり、このような形態の事業を行う給食事業者は、飲食店業に該当し、食品関連事業者に該当することとなります。

3　なお、上記に該当する場合でも、設置者との契約形態によっては、飲食店業には該当しない場合があり、原材料の購入、食事代金の決済等をすべて、設置者自身が行っており、給食事業者は調理師の派遣等の労務提供を行っているのみというような場合には、飲食店業には該当しないと解されます。

4　いずれにしても、飲食店業に該当するか否かについては、その契約内容等から個別具体的に判断することが必要となりますが、法律上の義務の有無に係わらず、可能な限り再生利用等への取組を行っていくことが望まれます。

食品関連事業者の定義 4 第2条

> 病院、学校、福祉施設などでは患者、生徒等に食事の提供を行っていますが、これらは、食品関連事業者の範囲に含まれるのですか。

1 食品リサイクル法においては、食品関連事業者の範囲について、これを食品循環資源の再生利用等の実施の必要性が高いものに限定しています。
2 病院、福祉施設などでは、治療や教育といったサービスと一体的に食事の提供が行われていますが、上記の考えから、現在、これらの業種については、食品関連事業者の対象業種としては指定されていません。
   また、学校については、実態上教育の一環として再生利用等の取組が行われており、重ねて食品関連事業者の対象業種にする必要はないと考えられます。
3 なお、病院、学校、社会福祉施設内に、食堂、喫茶室、飲食料品を取り扱う雑貨店等が設置されている場合がありますが、これらの事業は、治療行為、教育サービスの提供等の本体事業とは分離された事業であり、当該事業部分については、飲食店業、食品小売業に該当するものとして、食品関連事業者に該当することとなります。

| 食品関連事業者の定義 5 | 第 2 条 |

沿海旅客海運業及び内陸水運業に該当する事業はどのような事業ですか。

1 「日本標準産業分類」においては、沿海旅客海運業及び内陸水運業を以下のように定義しています。
   ① 沿海旅客海運業
      日本沿岸諸港間（港湾内を除く。）を船舶により主として旅客の運送を行う事業所をいう。
      旅客船により自動車と当該自動車の運転者、乗務員、乗客又は積載貨物との運送を併せて行う事業所も本分類に含まれる。
   ② 内陸水運業
      港湾内、河川、湖沼において、船舶により旅客又は貨物の運送を行う事業所をいう。
2 これらの事業は、
   ① 沿海旅客海運業におけるクルーズ船
   ② 内陸水運業におけるディナークルーズ、屋形船
   等のように旅客の運送と食事の提供が一体化して行われる場合があり、また、食品循環資源の再生利用等の推進上、これらについては再生利用等の実施の必要性が高いため、政令において、食品関連事業者に指定されています。
3 なお、これら事業において再生利用等の対象となる食品廃棄物等の範囲は、あくまで乗客への食事の提供に伴って発生する食品廃棄物等についてであり、貨物として運送している食品から発生する食品廃棄物等はその対象とはなっていませんが、可能な範囲でこれらも一体的に処理することが望まれます。

発生の抑制の定義　第2条

食品リサイクル法における発生の抑制とはどのような行為をいうのですか。

1　発生の抑制とは、原材料の使用の合理化や無駄の防止等により、食品廃棄物等の発生自体を未然に抑制する行為であり、以下のような行為が例としてあげられます。
　①　食品の製造又は加工の過程における原材料の使用の合理化を行うこと
　②　食品の流通の過程における食品の品質管理の高度化その他配送及び保管の方法の改善を行うこと
　③　食品の販売の過程における食品の売れ残りを減少させるための仕入れ及び販売の方法の工夫を行うこと
　④　食品の調理及び食事の提供の過程における調理残さを減少させるための調理方法の改善及び食べ残しを減少させるためのメニューの工夫を行うこと

2　なお、発生の抑制に資する行為については、食品リサイクル法においても特に限定はされていません。このため、各事業者がその事業実態に応じ創意工夫することで、効果的な取組を行うことが期待されます。

| 再生利用の定義1 | 第2条 |

食品リサイクル法における再生利用とはどのような行為をいうのですか。

1　食品リサイクル法においては、本法に基づき推進すべき再生利用の内容を以下のように定めています。
　① 自ら又は他人に委託して食品循環資源を肥料、飼料、炭化の過程を経て製造される燃料及び還元剤、油脂・油脂製品、エタノール及びメタンの原材料として利用すること
　② 食品循環資源を肥料、飼料、炭化の過程を経て製造される燃料及び還元剤、油脂・油脂製品、エタノール及びメタンの原材料として利用するために譲渡すること
2　これらは、具体的には、
　① 発生者である食品関連事業者等が、自ら又はリサイクル業者等の第三者に委託して、食品循環資源を肥飼料等の原材料として利用する行為
　② 発生者である食品関連事業者等が、食品循環資源をそのままの状態で、肥飼料等の原材料として利用するリサイクル業者等に譲渡する行為
　が該当することとなります。
3　また、再生利用の用途については、その需要等を勘案し、現在のところ、肥料、飼料、炭化の過程を経て製造される燃料及び還元剤、油脂・油脂製品、エタノール及びメタンに限定されています。

再生利用の定義2　第2条

再生利用は食品関連事業者が自ら実施しなければならないのですか。

1　食品リサイクル法においては、食品循環資源の再生利用の実施については、これを食品廃棄物等を発生させた食品関連事業者自らが行うことも、リサイクル業者等の第三者に委託（食品循環資源をそのまま第三者にリサイクル製品の原材料として譲渡する場合を含む。以下、本問において同じ。）して行うことも可能としています。

2　このため、このようなリサイクル業者等の第三者に委託して再生利用を実施する場合にあっても、これが適切に実施されれば、自ら行う場合と同様に再生利用として評価されることとなります。

再生利用の定義3　第2条

リサイクル業者等の第三者に食品循環資源を譲渡する場合も再生利用に含まれますが、この場合の譲渡は有償での譲渡に限定されるのでしょうか。

1　食品リサイクル法においては、再生利用における食品循環資源の譲渡の形態を、有償、無償、逆有償のいずれにも限定していません。

2　従って、リサイクル業者等に処理費を支払って、いわゆる逆有償で譲渡される場合、また、リサイクル業者等に無償で譲渡される場合も、これが譲渡先でリサイクル製品の原材料として利用されれば、本法における再生利用に該当することとなります。

再生利用の定義 4　第 2 条

> 再生利用として認められる製品については、肥料、飼料、油脂・油脂製品及びメタンの他に、「炭化の過程を経て製造される燃料及び還元剤」、「エタノール」が追加されましたが、これ以外の製品の原材料として利用した場合は再生利用として評価されないのでしょうか。

1　食品リサイクル法における再生利用に係る製品については、その需要等を勘案し、現在のところ、肥料、飼料、炭化の過程を経て製造される燃料及び還元剤、油脂・油脂製品、エタノール及びメタンに限定されています。
　このため、その他の製品については、食品リサイクル法における再生利用には該当しないこととなります。
2　しかしながら、その他の製品に再生利用される場合についても、
　① その取組が環境保全上適切なものであり、
　② 製造されたリサイクル製品が確実に利用される
等適切なものである場合については、運用上、これを再生利用に準じたものとして評価することとなります。
3　今後、食品リサイクルを円滑に進めるためには、幅広いリサイクル用途が開発されることが必要であり、バイオ生分解性プラスチック、紙等素材原料へのリサイクル等様々なリサイクル製品の実用化が望まれます。

再生利用の定義 5　第2条

再生利用に該当する肥料及び飼料の範囲について教えてください。

1　肥料及び飼料については、「肥料取締法」（昭和25年法律第111号）及び「飼料の安全性の確保及び品質の改善に関する法律（以下、「飼料安全法」といいます。）」（昭和28年法律第35号）において、その品質等にかかる規格・基準が定められています。
2　このため、食品リサイクル法において、再生利用に該当する肥料及び飼料についても、これらの規格・基準に適合するものであることが必要であり、これに該当しないものを製造する場合にあっては、原則として、肥料又は飼料としての再生利用を行ったものとはみなされないこととなります。

再生利用の定義 6　第2条

再生利用に該当する炭化の過程を経て製造される燃料及び還元剤とはどのようなものでしょうか。

1　炭化の過程を経て製造される燃料及び還元剤については、食品循環資源を炭化して製造される物質を燃料及び還元剤として利用する場合が該当することとなります。
　このため、炭化して製造される物質を、土壌改良剤や消臭剤、吸湿剤等として利用する行為は再生利用には該当しません。
2　なお、食品関連事業者が自ら食品廃棄物等を炭化して製造される物質を製造し、燃料及び還元剤として利用せず、廃棄物として適正処理する場合は、単に食品廃棄物等の量を減少したのみであることから、食品リサイクル法上、再生利用ではなく、減量と位置づけられます。

再生利用の定義7　第2条

再生利用に該当する油脂及び油脂製品とはどのようなものでしょうか。

　油脂及び油脂製品については、例えば廃食用油を利用して、飼料添加油脂、石鹸、グリセリン、燃料（いわゆるバイオディーゼル）等を製造する場合、また、獣骨等の畜産系の食品循環資源を利用して油脂を製造する場合などが該当することとなります。

再生利用の定義8　第2条

再生利用に該当するエタノールとはどのようなものでしょうか。

　エタノールについては、食品循環資源を糖化や嫌気性発酵等することにより、エタノールを製造する場合が該当することとなります。

再生利用の定義9　第2条

再生利用に該当するメタンとはどのようなものが該当するのでしょうか。

　メタンについては、食品循環資源を嫌気性発酵することにより、メタンガスを発生させ、これをエネルギー等の用途に利用する場合が該当することとなります。
　なお、単に食品循環資源を放置し、発生したメタンガスを大気中に放出するような行為は再生利用には該当しません。

熱回収の定義 1　第2条

食品リサイクル法における熱回収とはどのような行為をいうのですか。

1　食品リサイクル法においては、本法に基づき推進すべき熱回収の内容を以下のように定めています。
　①　自ら又は他人に委託して食品循環資源を熱を得ることに利用すること（食品循環資源の有効な利用の確保に資するものとして基準に適合するものに限る。）
　②　食品循環資源を熱を得ることに利用するために譲渡すること（食品循環資源の有効な利用の確保に資するものとして基準に適合するものに限る。）
2　これらは、具体的には、
　①　発生者である食品関連事業者等が、自ら又は熱回収業者等の第三者に委託して、食品循環資源を熱を得ることに利用する行為が該当することとなります。
　　　ただし、以下の基準に適合するものに限ります。
　　ア　次のいずれかに該当するものであること。
　　　i　近隣におけるリサイクル施設の有無
　　　　食品廃棄物等を生ずる食品関連事業者の工場等から75ｋｍ内にリサイクル施設が存在しない場合に行うものであること。
　　　ii　リサイクル施設において取り扱う食品循環資源の性状
　　　　食品廃棄物等を生ずる食品関連事業者の工場等から75ｋｍ内にあるリサイクル施設において、次のいずれかに該当することにより、食品循環資源を受け入れることが著しく困難であること。
　　　　(1)　いずれのリサイクル施設においても再生利用に適さない種類のものであること。
　　　　(2)　いずれのリサイクル施設においても再生利用に適さない性状をあらかじめ有するものであること。
　　　iii　リサイクル施設の処理能力
　　　　食品関連事業者の工場等から生じる食品循環資源の量が、リサイ

第2編●解説　　51

クル施設において再生利用を行うことができる食品循環資源の量の合計量を超える場合に、超える量についてのみ行うものであること。
　イ　熱回収の効率1
　　廃食用油又はこれに類するもの（発熱量が1kgあたり35MJ（メガジュール）以上のものに限る。）を利用する場合には、1tあたりの利用から得られる熱の量が28,000MJ以上となるように行い、かつ、得られた熱を有効に利用するものであること。
　ウ　熱回収の効率2
　　イに規定するもの以外のものを利用する場合には、1tあたりの利用から得られる熱又はその熱を変換して得られる電気の量が160MJ以上となるように行い、かつ、得られた熱又は電気を有効に利用するものであること。
② 発生者である食品関連事業者等が、食品循環資源をそのままの状態で、熱を得ることに利用する熱回収業者等に譲渡する行為が該当することとなります。
　　ただし、①に規定する基準を満たすことができる者に譲渡する場合に限ります。

熱回収の定義2 第2条

熱回収として認められる条件のうち、得られる熱の量又は電気の量はどのように把握するのですか。

1 熱回収として認められる条件として、食品循環資源が、
   ① 「廃食用油」又は「35MJ／kg以上の発熱量のもの」の場合には、1t当たり28,000MJ以上熱を得ること
   ② ①以外のものである場合には、1t当たり160MJ以上の熱又は電気の量を得ること

とされています。このことから、熱回収施設に食品循環資源を投入して、どれだけ熱又は電気の量が得られるか把握するため、次のとおり実施していくことが考えられます。

2 【①の場合】
   (1) 熱回収を行う施設において、ボイラ効率が80％以上であること。
   (2) 得られる熱量が28,000MJ／t以上であること。
       下記の計算式により判断することとしています。

   廃食用油等の発熱量×ボイラ効率≧28,000MJ

   （例）廃食用油等の発熱量が40MJ／kgで、ボイラ効率80％の場合
       40MJ／kg×1,000×0.8＝32,000MJ／t

   > ※「ボイラ効率」とは、ボイラへ供給した燃料のもっている全熱量のうち、どれだけを回収・利用できるかを示す割合であり、熱回収を実施しようとする施設側から設計値や実績値を確認することができます。
   > ※「発熱量」とは、完全燃焼させたときに発生する熱量であり、「日本工業規格　廃棄物固形化燃料の試験方法」が参考となります。

【②の場合】
   (1) 熱回収を行う施設において、正味の発電効率が10％以上であること。
   (2) 得られる熱又は電気量が160MJ／t以上であること。
       下記の計算式により判断することとしています。

   食品循環資源の発熱量×正味の発電効率≧160MJ

(例) 食品循環資源の発熱量が 2 MJ／kg で、正味の発電効率10％の場合
2 MJ／kg×1,000×0.1＝200MJ／t

※「正味の発電効率」とは、発電施設において回収した熱エネルギーにより得られた総発電量から施設を稼動させるために要した電気量を減じた量を、廃棄物の発熱量で除した割合であり、熱回収を実施しようとする施設側から設計値や実績値を確認することができます。

$$\text{正味の発電効率} = \frac{\text{総発電量} - \text{使用した電気量}}{\text{発熱量}}$$

熱回収の定義3　第2条

熱回収を実施した場合、その記録を行う必要はありますか。

1　食品リサイクル法では、再生利用を行うことが困難な食品循環資源について、一定の効率以上でエネルギー利用できる場合に限り、再生利用に代えて「熱回収」を実施することが認められています。

2　このことから、その実施にあたっては、食品関連事業者が取り組むべき事項を定めた「食品関連事業者の再生利用等の促進に関する食品関連事業者の判断の基準となるべき事項を定める省令（以下、「判断基準省令」といいます。）」（平成13年5月30日財務省、厚生労働省、農林水産省、経済産業省、国土交通省、環境省令第4号）において、以下の事項について記録を行うことが定められています。

① 食品廃棄物等を生ずる食品関連事業者の工場等から75ｋｍ内のリサイクル施設の有無
② 食品廃棄物等を生ずる食品関連事業者の工場等から75ｋｍ内にあるリサイクル施設において、食品循環資源を受け入れて再生利用することが著しく困難であることを示す状況
③ 熱回収を行う食品循環資源の種類及び発熱量その他の性状
④ 食品循環資源の熱回収により得られた熱量又は電気の量
⑤ 熱回収を行う施設の名称及び所在地

熱回収の定義4 【第2条】

ゼロエミッションの観点から工場内で食品循環資源を焼却して熱源として利用する場合、食品リサイクル法の再生利用等との関係はどうなるのでしょうか。

食品製造業の工場等において、工場内で発生した食品循環資源を焼却し、これによって得られる熱を熱源としている例があります。

食品リサイクル法上、こうした取組も、一定の基準を満たすものであれば、再生利用等の一環として位置づけられる場合があり得ます。

具体的には、熱回収が認められる基準【第2条熱回収の定義1】を満たす場合には、こうした取組が熱回収として認められ得るものと考えられます。

熱回収の定義5 【第2条】

メタン発酵して得られたメタンを燃やすことは熱回収となりますか。

食品循環資源の熱回収は、食品循環資源を直接燃焼させて得られる熱を熱のまま、又は電気に変換して利用することとしています。

このことから、食品循環資源を燃料製品化したメタンを燃焼させることは、熱回収には含まれません。

このような取組は、食品循環資源を製品であるメタンの原材料として利用する再生利用に該当します。

> 減量の定義1　第2条

食品リサイクル法における減量とはどのような行為をいうのですか。

1　食品リサイクル法においては、減量の内容を、脱水、乾燥、発酵、炭化の方法により食品廃棄物等の量を減少させることと定めています。
2　これは、具体的には、上記の手法によって、食品廃棄物等に含まれる水分等を減少させる等によりその重量を減じ、事業場外に排出される食品廃棄物等の量を減少させる行為等が該当することになります。
　　また、単にその容積のみを減じるいわゆる減容行為は、減量には該当しないこととなります。
3　なお、このような減量を食品リサイクル法に位置づけているのは、食品廃棄物等の量を減少させることが、法の目的である食品廃棄物等の排出の抑制に資するものであるとともに、食品廃棄物等については含水率が高く、これが、その処理にあたってのエネルギーロスや、腐敗等による異臭の発生等生活環境保全上の危害を生じさせることから、その防止の観点からも適切であるためです。

> 減量の定義2　第2条

発酵とは具体的にはどのような方法をいうのですか。

　発酵とは、生物性の反応によって食品廃棄物等を分解させその量を減少させたり、これによって生ずる熱を利用して、含水率を減少させる方法であり、これらは堆肥化と同様の方法になります。
　なお、いわゆる消滅型と称される処理方法については、その手法に様々な形態があり、不明な部分も多いものの、一般的にはこの発酵に含まれることとなると考えられます。

減量の定義3　第2条

炭化とは具体的にはどのような方法をいうのですか。

1　炭化とは、いわゆる蒸し焼きであり、炭の製造工程と類似した方法により、その量を減少させる方法です。
2　炭化については、焼却と比較した場合には、その環境への負荷が少ないことから、減量の一手法として位置づけられています。
　※　再生利用に係る製品として位置づけられている「炭化の過程を経て製造される燃料及び還元剤」との関係については「第2条再生利用の定義6」を参照してください。

減量の定義4　第2条

焼却は減量には含まれないのですか。

　食品廃棄物等の単純な焼却は、環境への大きな負荷を与えるものであり、その焼却量を減らしていくことも、食品リサイクル法の目的の一つとなっています。
　このため、単純な焼却については、減量の方法としては認められません。

減量の定義5　第2条

減量は再生利用のように事業場外の第三者に委託して行うことも可能なのですか。

　減量については、食品関連事業者が自ら発生せしめた食品廃棄物等に対して減量行為を行い、その事業所外への排出量を減少させることが必要です。
　このため、食品廃棄物等が事業場外に排出されたのち、廃棄物処理業者などの第三者によって、減量される場合は、本法に定める減量には該当しないこととなります。

基本方針 1　第3条

基本方針とはどのようなものですか。

1 　食品循環資源の再生利用等を推進するためには、食品関連事業者はもちろんのこと、その他の事業者、消費者、農林漁業者などや、国及び地方公共団体といった行政機関が一体となって、総合的かつ計画的な取組を行っていくことが必要です。

2 　このため、食品リサイクル法においては、これらの関係者が食品循環資源の再生利用等を促進するための基本方向を示すものとして基本方針を定めることとしており、関係者はこの基本方針に従い、食品循環資源の再生利用等に取り組むことが求められています。

3 　「食品循環資源の再生利用等の促進に関する基本方針（以下、「基本方針」といいます。）」については、食料・農業・農村政策審議会食品産業部会及び中央環境審議会廃棄物・リサイクル部会の意見を聴いて、平成19年11月30日に策定・公表されましたが、その概要は以下のようになっています。

①　食品循環資源の再生利用等の促進の基本的方向
②　食品循環資源の再生利用等を実施すべき量に関する目標
③　食品循環資源の再生利用等の促進のための措置に関する事項
④　環境の保全に資するものとしての食品循環資源の再生利用等の促進の意義に関する知識の普及に係る事項
⑤　その他食品循環資源の再生利用等の促進に関する重要事項

基本方針2 第3条

> 発生の抑制、再生利用、熱回収及び減量の実施について優先順位はあるのですか。

1 食品リサイクル法は、食品に係る資源の有効な利用の確保及び食品に係る廃棄物の排出の抑制等をその目的とし、これらの目的を達成するための行為として、発生の抑制、再生利用、熱回収及び減量といった4つの行為を位置づけています。

2 循環型社会構築のための基本法である循環型社会形成推進基本法においては、その基本原則として、まず第一に発生の抑制、第二に再生利用等、第三に熱回収、第四に適正処理といった各行為の実施にあたっての優先順位を定めています。

これは、まず、廃棄物等の発生を未然に防止する行為が環境負荷の低減の観点から、最も優先される行為であり、次にやむを得ず発生してしまった廃棄物等についてはこれを資源として有効利用することが優先され、最後にやむを得ずこれらを廃棄する場合は、適切な処理を行うべきとの考えに基づいているものと考えられます。

3 このため、基本方針においても、食品循環資源の再生利用等の実施にあたっては、この基本原則を踏まえ、第一に発生の抑制、第二に再生利用、第三に熱回収、第四に減量といった優先順位を踏まえる必要があることを定めています。

また、関係者が再生利用等に取り組もうとする場合にあっては、まず、上記の優先順位に従った手法の選択を検討することが必要です。

また、これら優先順位については、判断基準省令においても定められています。

> 基本方針3　第3条

再生利用において「飼料化」が最優先となっていますが、飼料化を重視する理由を教えてください。

1　食品循環資源の有効利用を図るにあたっては、より付加価値の高い順に利用を考えていくことが基本とされています。このような観点から、食品循環資源の有する成分やカロリーを最も有効に活用できる手段として、第一に飼料化が考えられます。
2　このことから、再生利用の実施にあたっては、飼料の原材料として利用することができるものについては、可能な限り飼料の原材料として利用することが重要です。
　　また、飼料化の製造等にあたっては、飼料安全法等関係法令を遵守して取り組むことが必要です。

> 基本方針4　第3条

基本方針に定められた再生利用等の実施すべき量に関する目標について具体的に教えてください。

1　基本方針においては、食品循環資源の再生利用等を実施すべき量に関する目標を、「その実施率を平成24年度までに、食品製造業にあっては全体で85％、食品卸売業にあっては全体で70％、食品小売業にあっては全体で45％、外食産業にあっては全体で40％に向上させることを目標とする」と定めています。
　　また、この業種別の実施率の目標を達成するために、各食品関連事業者に適用される実施率の目標を判断基準省令で定めています。
2　なお、ここで示す業種別の実施率の目標は、各食品関連事業者が、判断基準省令に従い食品循環資源の再生利用等に計画的に取り組むことにより、その業種全体で達成されることが見込まれる中期的な目標であることから、この業種に属する各食品関連事業者が実施すべき実施率の目標ではありませんので注意が必要です。

基本方針 5　第3条

基本方針における目標値の設定方法が大きく変わりましたが、その理由と目標値の根拠を教えてください。

1　食品循環資源の再生利用等の実施率目標の設定にあたっては、再生利用等の一層の促進を図るために、判断基準省令において、各食品関連事業者の取組状況に応じた再生利用等の実施率目標を新たに設定し、取組が遅れている食品関連事業者の底上げを図ることとしています。
2　このことから、基本方針においては、各食品関連事業者が判断基準省令に従い食品循環資源の再生利用等に計画的に取り組むことにより、その業種全体で達成されることが見込まれる簡潔明瞭な業種別の目標を定めています。
3　また、基本方針に定める業種別の目標値の設定にあたっては、農林水産省統計部が毎年実施している「食品循環資源の再生利用等実態調査」の調査結果を活用し、平成24年度に到達する推計値を算出しています。

基本方針 6　第3条

基本方針は何年後ごとに見直されるのですか。

　基本方針については、概ね5年ごとに、主務大臣が定める目標年度までの期間につき定めることとされています。
　このため、目標年度である平成24年度到来ののち、その時点における食品循環資源の再生利用等の実施状況等を勘案して、必要な見直しを行うこととなります。

事業者及び消費者の責務　第4条

食品リサイクルの推進について、消費者や事業者はどのような役割があるのですか。

1　食品リサイクル法においては、食品関連事業者以外の事業者や消費者、また、リサイクル製品を利用する立場にある農林漁業者等に対しては、食品循環資源の再生利用等の実施についての具体的な義務を課してはいません。
2　しかしながら、食品循環資源の再生利用等を円滑に推進していくためには、このような食品関連事業者以外の関係者の協力も重要であることから、以下のような一般的責務を定めています。
　①　食品の購入又は調理の方法の改善により食品廃棄物等の発生の抑制に努めること
　②　食品循環資源の再生利用により得られた製品の利用に努めること
3　これは具体的には、消費者などが無駄な食品の購入や食べ残しを防止するなど、日常生活の中で、食品廃棄物等の発生を防止するための工夫を行ったり、農林漁業者等がリサイクルにより製造された肥料、飼料などを積極的に利用するなどの取組です。
　食品関連事業者以外の方々にも、このような取組に努めていただくことで、食品循環資源の再生利用等の促進に協力を頂くことが求められています。

食品リサイクルの推進について、国はどのような役割があるのですか。

国の責務 第5条

1　食品リサイクルの推進については、まず、食品関連事業者を中心とした関係者の方々の主体的な取組が大切です。
　　しかしながら、食品循環資源の再生利用等の円滑な推進を確保するためには、国としても、その推進に向けた、各種の措置を実施していくことが必要です。

2　このため、食品リサイクル法においては、食品循環資源の再生利用等を促進していくための国の責務として以下の事項を定めています。
　① 必要な資金の確保その他の措置を講ずるように努めること
　② 食品循環資源に関する情報の収集、整理及び活用、研究開発の推進及びその成果の普及等に努めること
　③ 教育活動、広報活動等を通じて、国民の理解及び協力を求めるよう努めること

3　これらに基づき、農林水産省においても、法の普及啓発を実施するとともに、これら関係者の取組を推進するため、食品リサイクルに係る先進的・モデル的なリサイクルシステムの確立や施設整備、技術開発の推進等の各種の措置を実施しています。

地方公共団体の責務 　第6条

食品リサイクルの推進について、地方公共団体はどのような役割があるのですか。

1　食品リサイクル法においては、都道府県及び市町村といった地方公共団体に対しては、食品リサイクルに係る具体的な事務の実施を定めてはいません。

2　しかしながら、地域が一体となった食品循環資源の再生利用等の推進を円滑に実施していく上で、このような地方公共団体の協力は重要であるとともに、地方公共団体は廃棄物処理法に基づき、地域における廃棄物処理を担うものとして、食品循環資源の再生利用等の推進上、重要な関係を有する立場にあります。

3　このようなことから、食品リサイクル法においては、地方公共団体に対して、食品循環資源の再生利用等の推進にあたっての責務を定めており、各地域ごと、その経済的社会的諸条件に応じて、食品循環資源の再生利用等を促進するよう努めなければならないこととされています。

4　また、基本方針においても、地方公共団体の役割が位置づけられており、ここにおいては、食品循環資源の再生利用等の円滑な実施を図るため、食品関連事業者が食品循環資源の再生利用を第三者に委託（食品循環資源をそのまま第三者にリサイクル製品の原材料として譲渡する場合を含む。以下、本問において同じ。）する場合に、その委託先の選定を容易にするため、地域における登録再生利用事業者に関する情報の提供を充実等させていくことが定められています。

5　なお、これらに基づき、各地方公共団体においても、地域内の関係者への食品リサイクル法の普及啓発や、地域単位での食品リサイクルシステム等の確立等が進められてきています。

判断基準1　第7条

食品関連事業者の義務内容について教えてください。

1　食品リサイクル法においては、事業活動に伴い食品廃棄物等を発生させる食品関連事業者に対して、その食品循環資源の再生利用等の促進上の位置付けの重要性を踏まえ、基準に従った再生利用等の実施を定めています。

2　具体的には、食品関連事業者は、食品循環資源の再生利用等の実施率については、判断基準省令に定められた再生利用等の実施率の達成を図ることが求められるとともに、各種基準の遵守が求められています。

3　また、食品関連事業者の再生利用等への取組が判断基準省令に照らして著しく不十分な場合については、農林水産大臣等の主務大臣による勧告、公表、命令といった措置が講じられ、命令に従わない場合には、罰金が課せられることとなります。

判断基準2　第7条
「食品関連事業者の判断の基準となるべき事項」の内容について教えてください。

1　食品リサイクル法においては、食品循環資源の再生利用等を促進するため、主務省令において、食品関連事業者の判断の基準となるべき事項を定めることとされており、食品関連事業者は、基本方針に定められた業種別全体の再生利用等の実施率目標の達成に向けて、この判断基準を遵守することが求められています。

2　改正判断基準省令は、平成19年12月1日に施行されていますが、ここにおいては、取組の優先順位等の食品循環資源の再生利用等の実施原則や各食品関連事業者が取り組むべき再生利用等の実施率目標を定めるとともに、発生抑制、再生利用、熱回収、減量の各手法ごとに、その取組にあたって、食品関連事業者が遵守すべき行為等が定められています。

3　また、再生利用については、これにより得られた肥飼料等の品質を確保する等の観点から、適切な分別の実施、異物混入の防止、含有成分の安定化等の措置の実施などを、また、各手法に共通して必要とされる行為等として、再生利用等の実施時における防臭や適切な汚水処理等の生活環境の保全の確保、再生利用等に係る費用の低減、再生利用等の実施状況の把握及び記録等を定めています。

4　いずれにしても、食品関連事業者は、単に食品循環資源の再生利用等を実施するのではなく、この判断基準省令に従った適切な再生利用等を実施することが義務づけられており、これによって、各食品関連事業者が取り組むべき再生利用等の実施率の達成に努めていただくことが必要です。

判断基準3 第7条

> 判断基準省令第1条で定めている「食品循環資源の再生利用等の実施の原則」について教えてください。

1　判断基準省令においては、食品循環資源の再生利用等の実施の原則として、2つの原則を定めています。
2　まず、第一に、食品関連事業者は、基本方針に定められた再生利用等の実施目標（業種別の全体での目標値）を達成するため、その事業活動に伴って発生する食品廃棄物等について、その事業の特性等に応じて、再生利用等を計画的かつ効率的に実施することが定められています。
3　また、第二に、食品関連事業者が再生利用等の実施にあたっての優先順位を定めており、これは具体的には、発生の抑制、再生利用、熱回収及び減量の4手法の選択にあたって、第一に発生の抑制、第二に再生利用、第三に熱回収、第四に減量といった優先順位で実施する必要があるということです。
4　このため、食品関連事業者が再生利用等に取り組もうとする場合にあっては、まず、上記の優先順位に従った手法の選択を検討し、これを踏まえ、各食品関連事業者の実施率目標の達成に努めることが必要です。

判断基準 4　第7条

> 判断基準省令第2条で定めている食品関連事業者が取り組む「食品循環資源の再生利用等の実施に関する目標」について具体的に教えてください。

1　判断基準省令においては、食品循環資源の再生利用等の実施に関する目標を、「毎年度、当該年度における食品循環資源の再生利用等の実施率が同年度における基準実施率以上となるようにすることを目標とするものとする」と定めています。

　　このため、各食品関連事業者は、事業者ごとに算出される再生利用等の実施率目標（以下、「基準実施率」といいます。）を上回るよう、食品循環資源の再生利用等の促進に取り組むことが求められています。

2　具体的には、以下のような取組を行う必要があります。
　①　基準実施率の算出
　　　各食品関連事業者は、平成19年度の食品循環資源の再生利用等実施率を用いて、達成すべき目標となる基準実施率を算出します。

（平成19年度食品循環資源の再生利用等実施率の算定式）

$$\frac{平成19年度（再生利用の実施量＋熱回収の実施量\times 0.95＋減量の実施量）}{平成19年度発生量}$$

　　　　※平成19年度食品循環資源の再生利用等実施率が20％未満の場合は、これを20％とします。

（基準実施率の算定式）

　　　前年度の基準実施率＋前年度基準実施率に応じた増加ポイント

前年度における基準実施率	増加ポイント
20％以上50％未満	2
50％以上80％未満	1

　　　※　前年度における基準実施率が80％以上の場合は、当該実施率を維持向上させることを目標とします。

〔算出例〕
　　　平成19年度食品循環資源の再生利用等実施率が45％の場合、基準実施率は以下のようになります。
　　　・平成20年度　　45％＋2＝47％
　　　・平成21年度　　47％＋2＝49％

・平成22年度　49％ + 2 = 51％
・平成23年度　51％ + 1 = 52％
・平成24年度　52％ + 1 = 53％

② 毎年度、基準実施率の達成状況を以下のような算定式により確認します。

$$\frac{当該年度（発生抑制の実施量＋再生利用の実施量＋熱回収の実施量×0.95＋減量の実施量）}{当該年度（発生抑制の実施量＋発生量）}$$

※発生抑制の実施量：発生抑制の効果として減少した食品廃棄物等の量
　再生利用の実施量：再生利用過程に投入された食品循環資源の量
　熱回収の実施量：熱回収過程に投入された食品循環資源の量
　減量の実施量：減量の効果として減少した食品廃棄物等の量
　発生量：実際に発生した食品廃棄物等の量

判断基準5　第7条

基本方針に定められた「再生利用等の実施すべき量に関する目標」との関係を教えてください。

1　各食品関連事業者は、判断基準省令に従って、基準実施率を上回るよう、毎年度、食品循環資源の再生利用等の促進に取り組むことが求められています。

2　その結果、すべての食品関連事業者が自己の基準実施率目標を達成された場合に見込まれる業種別の全体の目標値を基本方針で定めています。

3　なお、各食品関連事業者が取り組むべき目標は、基本方針で定める業種別の全体の目標ではなく、判断基準省令に定める基準実施率となりますので注意が必要です。

判断基準6 第7条

実施率の算定にあたり必要となる食品廃棄物等の発生量はどのように捉えるのでしょうか。

1 食品廃棄物等の発生量については、脱水、乾燥等減量の処理が施される以前の製造工程等から、これらが生じた段階で捉えることとしています。

　これは、食品リサイクル法においては、減量がその評価の対象となっていることから、実施率の算定にあたり分母となる発生量については、これを減量以前で捉えることが必要であるためです。

　ただし、例えばみそ汁など、水分が多い食品廃棄物等について、ザルにこれをあけて水分を除去するなどの簡易な減量は、そもそも減量として評価される行為には該当せず、この場合にあっては、ザルにあけたのちに残留する固形物部分を発生量として捉えることとなります。

2 これら発生量の算出方法については、判断基準省令付録において定めており、食品関連事業者においては、この方法に従い食品廃棄物等の発生量を算出する必要があります。

　（算定式）
　　食品廃棄物等の発生量＝再生利用の実施量＋熱回収の実施量＋減量の実施量＋再生利用等以外の実施量＋廃棄物としての処分の実施量

3 実施量の算出にあたっては、毎回、実測によって、これを把握することが適切ではありますが、その事業の形態によっては、このような実測が不可能な場合もあるものと考えられます。

　このため、このような場合にあっては、その事業の繁忙期及び閑散期等を勘案し、年又は月に数回程度の実測を実施し、この実測値を営業日数、売上高など、その事業形態において、最も食品廃棄物等の発生量と密接な関係をもつ値により拡大推計することで、発生量を把握することでもかまいません。

　ただし、この場合にあっては、このような推計の根拠を整理・保管しておくことが必要です。

判断基準7　第7条

> 煮汁等の水分について事業場内で排水処理を行う場合、これら排水処理された部分は発生量としてカウントしなければならないのですか。

1　食品リサイクル法においては、液状物についても食品廃棄物等に含まれることとされており、これらについても再生利用等の実施が求められています。
2　しかしながら、発生した事業場内において、これらが排水処理される場合にあっては、これらは廃棄物として、事業場外に排出されることはないため、発生量のカウントには含めないこととしています。
3　なお、このことは、すべての液状物が発生量としてカウントされないということではなく、例えば、そのままの状態で再生利用に振り向けられる場合、又は事業場外に廃棄物として廃棄される場合にあっては、発生量のカウントに含まれることとなります。

> **判断基準 8** 第7条
> 再生利用等の実施率の算定にあたり発生抑制の実施量はどのように捉え、評価するのですか。

1 発生抑制については、発生抑制への取組による効果として生じた食品廃棄物等の減少量として捉えることとしています。
2 その効果の具体的な算出方法については、判断基準省令付録において定めており、食品関連事業者においては、売上額、製品数量その他の事業活動に伴い生ずる食品廃棄物等の発生量と密接な関係をもつ値を事業者ごとに適宜選択していただき、これらの単位あたりの食品廃棄物等の発生量を平成19年度実績との比較により、発生抑制実施量を算出してください。

　　（算定式）

平成19年度製品1個あたり食品廃棄物等発生量
A kg／個

−

当該年度製品1個あたり食品廃棄物等発生量
B kg／個

＝

当該年度製品1個あたり発生抑制量
C kg／個

当該年度製品1個あたり発生抑制量
C kg／個

×

当該年度出荷個数
D 個

＝

当該年度発生抑制実施量
E kg

> **判断基準 9** 第7条
> 再生利用等の実施率の算定にあたり再生利用及び減量の実施量はどのように捉え、評価するのですか。

1 再生利用の実施量とは、再生利用を行うために、リサイクル施設や機器に投入された食品循環資源の量です。
　従って、再生利用の結果、得られたリサイクル製品の量ではありませんので注意してください。
2 また、減量の実施量とは、減量を行った結果、減少した食品循環資源の量です。
　再生利用の場合とは異なり、減量の施設や機器に投入された食品循環資源の量ではありませんので注意してください。

判断基準10　第7条

再生利用等の実施率の算定にあたり、熱回収の実施量はどのように捉え、評価するのですか。

　熱回収の実施量とは、熱回収を行うために、熱回収施設や機器に投入された食品循環資源の量です。
　熱回収の実施量の再生利用等の実施率の算定にあたっては、熱回収後の食品循環資源の残さ（灰分に相当）率が5％程度あることから、この部分は利用できないことを考慮し、熱回収の実施量に「0.95」を乗じることとしています。

判断基準11　第7条

目標値の達成は事業所ごとに行うのですか。

1　食品リサイクル法においては、判断基準省令に定める食品循環資源の再生利用等の実施に関する目標の達成については、これを事業所単位で捉えるのではなく、あくまでも事業者（法人）単位で捉えることとしています。
2　従って、食品製造業において工場を多数有する事業者や、また、食品流通業、外食産業において多店舗での展開を行っている場合は、その工場や店舗単位ではなく、その事業者（法人）全体で再生利用等の目標値を達成すればよいこととなり、段階的な取組を行うことも可能となっています。

判断基準12　第7条

判断基準省令第3条で定めている「食品廃棄物等の発生の抑制」について教えてください。

1　発生の抑制とは、原材料の使用の合理化や無駄の防止等により、食品廃棄物等の発生自体を未然に防止する行為ですが、その取組の態様については、様々なものが想定されています。
2　このようなことから、判断基準省令においても、その取組の内容については、これを限定的に定めることとはせず、あくまでも、以下のように、主に想定されるものを例示するにとどめています。
　①　食品の製造又は加工の過程における原材料の使用の合理化を行うこと
　②　食品の流通の過程における食品の品質管理の高度化その他配送及び保管の方法の改善を行うこと
　③　食品の販売の過程における食品の売れ残りを減少させるための仕入れ及び販売の方法の工夫を行うこと
　④　食品の調理及び食事の提供の過程における調理残さを減少させるための調理方法の改善及び食べ残しを減少させるためのメニューの工夫を行うこと
　⑤　食品廃棄物等の発生形態ごとに定期的に発生量を計測し、その変動の状況の把握に努めること
　⑥　必要に応じ細分化した実施目標を定め、計画的な食品廃棄物等の発生の抑制に努めること
3　このため、上記に該当しない取組であっても、その取組が食品循環資源の再生利用等の推進上適切なものであり、また、その効果が確実に生ずる行為であれば、食品リサイクル法における発生の抑制として評価されることとなります。

判断基準13 第7条

発生抑制の目標値は、いつ頃、どのような内容で公表する予定ですか。

　発生抑制の目標値については、平成21年度を目途に、業種別の発生抑制の目標値を公表する予定です。

判断基準14 第7条

判断基準省令第4条で定めている「食品循環資源の管理の基準」について教えてください。

1　食品循環資源の再生利用を的確に実施していくためには、食品循環資源を発生させてから排出するまでの間において、食品循環資源を適切に保管・管理することが重要であり、これは、再生利用により得られるリサイクル製品（特定肥飼料等）の品質の確保にもつながることとなります。
2　このようなことから、判断基準省令においては、食品循環資源の適切な保管・管理などを図るため、以下のような基準を遵守することが定められています。
　①　食品循環資源の再生利用により得ようとする特定肥飼料等の種類及びその製造の方法を勘案し、食品循環資源と容器包装、食器、楊枝その他の異物及び特定肥飼料等の原材料の用途に適さない食品廃棄物等とを適切に分別すること。
　②　異物、病原微生物その他の特定肥飼料等を利用する上での危害の原因となる物質の混入を防止すること。
　③　食品循環資源の品質を保持するため必要がある場合には、腐敗防止のための温度管理、腐敗した部分の速やかな除去その他の品質管理を適切に行うこと。
　　　注：「特定肥飼料等」とは、食品循環資源の再生利用により得られた肥料や飼料といったリサイクル製品を指しています。

判断基準15　第7条

判断基準省令第5条で定めている「食品廃棄物等の収集又は運搬の基準」について教えてください。

1　食品循環資源の再生利用を的確に実施していくためには、食品循環資源を排出させてから再生利用する場所等までの間において、食品循環資源を適切に収集又は運搬することが重要であり、これは、再生利用により得られるリサイクル製品の品質の確保にもつながることとなります。
2　このようなことから、判断基準省令においては、食品循環資源の適切な収集又は運搬などを図るため、食品関連事業者が自ら収集又は運搬する場合について、以下のような基準を遵守することが定められています。
　①　特定肥飼料等の原材料として利用することを目的として食品循環資源の収集又は運搬を行うにあたっては、次に掲げる措置を講ずること。
　　ア　異物、病原微生物その他の特定肥飼料等を利用する上での危害の原因となる物質の混入を防止すること。
　　イ　食品循環資源の品質を保持するため必要がある場合には、腐敗防止のための温度管理、腐敗した部分の速やかな除去その他の品質管理を適切に行うこと。
　②　食品廃棄物等の飛散及び流出並びに悪臭の発散その他による生活環境の保全上の支障が生じないよう適切な措置を講ずること。

判断基準16 第7条

> 判断基準省令第6条で定めている「食品廃棄物等の収集又は運搬の委託の基準」について教えてください。

1 食品循環資源を排出する食品関連事業者が、食品循環資源の収集又は運搬を第三者に委託して行う場合であっても、食品関連事業者が自ら実施する場合と同様に、食品循環資源の適切な収集・運搬を図っていくことが重要です。
2 このため、判断基準省令においては、このように第三者に委託して収集又は運搬を実施する場合においても、
① まず、委託先等の選択にあたって、当該収集運搬業者等が判断基準省令第5条に定める基準に従って収集又は運搬を実施する者を選択すること。
② また、選択した収集運搬業者が判断基準省令第5条に定める基準に従って収集又は運搬を実施していない場合には、委託先等の変更など必要な措置を講ずること。
を定め、委託による収集又は運搬の実施にあたっても、食品循環資源の適切な収集又は運搬の実施を確保することとしています。
3 このため、各食品関連事業者は、この基準に従って、適切な収集運搬業者等を選択するとともに、選択後も当該収集運搬業者等の収集又は運搬の実施状況を定期的に把握し、委託による的確な収集又は運搬の実施を確保することが必要です。

判断基準17　第7条

判断基準省令第7条で定めている「再生利用に係る特定肥飼料等の製造の基準」について教えてください。

1　食品循環資源の再生利用を的確に実施していくためには、再生利用により得られたリサイクル製品（特定肥飼料等）の品質の確保などが重要であり、これらが図られない場合には、せっかく製造されたリサイクル製品が再度廃棄されるなど、再生利用の推進上、重大な危害が生ずるおそれがあります。

2　このようなことから、判断基準省令においては、このようなリサイクル製品の品質の確保、リサイクル製品の需要の確保などを図るため、食品関連事業者が自ら再生利用を実施する場合について、以下のような基準を遵守することが定められています。

> ①　特定肥飼料等の需給状況を勘案して、農林漁業者等の需要に適合する品質を有する特定肥飼料等の製造を行うこと。

再生利用を実施する上では、リサイクル製品の需給状況を把握することが重要であり、製造されたリサイクル製品が再度廃棄されることのないよう実施していくことが必要です。

> ②　食品循環資源の再生利用により得ようとする特定肥飼料等の種類及びその製造の方法を勘案し、食品循環資源と容器包装、食器、楊枝その他の異物及び特定肥飼料等の原材料の用途に適さない食品廃棄物等とを適切に分別すること。

再生利用を実施する上では、まず、その原料となる食品循環資源などについて、その分別が不可欠であるとともに、特に食品循環資源の再生利用により得られるリサイクル製品については、肥料や飼料のように農林水産業で利用され、再度、食品として我々の口に入るものがあるなど他の循環

資源に比較しても、その分別の必要性が高いことから、食品関連事業者は、この基準に従って適切な分別を実施することが必要です。

なお、その分別の程度については、その再生利用の用途、技術などに応じ、また、リサイクル製品の利用者の理解を得ながら、各食品関連事業者において再生利用の実施上の問題が生じないよう適切に設定することが必要です。

> ③ 食品循環資源の品質を保持するため必要がある場合には、腐敗防止のための温度管理、腐敗した部分の速やかな除去その他の品質管理を適切に行うこと。

食品循環資源は水分を多く含み腐敗等が生じやすく、これが再生利用の実施にあたっての弊害を生じさせることがあるため、食品関連事業者は、この基準に従って、再生利用の原料となる食品循環資源について、低温保管を行うなど、品質管理を適切に行うということです。

なお、具体的な品質管理の方法については、その再生利用の用途、技術などに応じ、また、リサイクル製品の利用者の理解を得ながら、各食品関連事業者において再生利用の実施上の問題が生じないよう適切に設定することが必要です。

> ④ 食品循環資源の組成に応じた適切な用途、手法及び技術の選択により、食品循環資源を特定肥飼料等の原材料として最大限に利用すること。

食品循環資源には様々な種類があり、その種類に応じた様々な用途が存在しますが、食品循環資源の再生利用を推進していく上では、これら食品循環資源がリサイクル製品の原材料として極力有効に利用されることが重要であり、例えば、当該食品循環資源の種類からは適切ではない再生利用の用途、技術が選択されたことにより、リサイクル製品の量に比較して、廃棄部分が膨大であるなどの事態が生ずることは適切ではありません。

このようなことから、各食品関連事業者は、この基準に従って、適切な用途、手法及び技術を選択し、食品循環資源をリサイクル製品の原材料と

して最大限有効に利用することが必要です。

> ⑤ 特定肥飼料等の安全性を確保し、及びその品質を向上させるため、次に掲げる措置を講ずること。
> 　イ　異物、病原微生物その他の特定肥飼料等を利用する上での危害の原因となる物質の混入の防止、機械装置の保守点検その他の工程管理を適切に行うこと。
> 　ロ　特定肥飼料等の製造に使用される食品循環資源及びそれ以外の原材料並びに特定肥飼料等の性状の分析及び管理を適正に行い、特定肥飼料等の含有成分の安定化を図ること。

　リサイクル製品の安全性、品質を確保するためには、再生利用の工程において再生利用の阻害要因となる異物の混入の防止など再生利用に係る工程管理を適切に行うことが重要です。

　また、リサイクル製品の利用を確保する観点からも、リサイクル製品の成分等の安定化を図ることが重要です。

　このようなことから、各食品関連事業者は、この基準に従って、これらの取組を適切に行うことにより、リサイクル製品の安全性の確保、品質の向上を行うことが必要です。

> ⑥ 食品廃棄物等の飛散及び流出並びに悪臭の発散その他による生活環境の保全上の支障が生じないよう適切な措置を講ずること。

　食品廃棄物等は水分を多く含むことなどから、その再生利用、減量等の実施にあたっては、悪臭、汚水の発生など生活環境の保全上の危害を生じさせる可能性があります。

　このため、判断の基準においては、このような食品循環資源の再生利用等の実施にあたって、防臭装置、汚水処理施設の設置など生活環境の保全上の危害を生じさせないための各種措置の実施を定めています。

　このようなことから、各食品関連事業者は、この基準に従って、再生利用等の実施にあたって適切な生活環境保全上の措置を実施していくことが必要です。

⑦　特定肥飼料等を他人に譲渡する場合には、当該特定肥飼料等が利用されずに廃棄されることのないよう、農林漁業者等との安定的な取引関係の確立その他の方法により特定肥飼料等の利用を確保すること。

　食品循環資源の再生利用を実施する上で、製造されたリサイクル製品の利用を確保することは重要です。特に、その利用者が農林漁業者等の第三者である場合にあっては、これらの方々との安定的な取引関係が確立されていることが不可欠なものとなります。
　このようなことから、各食品関連事業者は、この基準に従って、利用者への必要な情報の提供、協議等を行うことで、利用者との安定的な取引関係を確立することが必要です。
　また、このような安定的な取引関係が見込まれない場合については、発生の抑制又は減量といった他の手法を選択することも必要となります。

⑧　食品関連事業者は、肥料の製造を行うときは、その製造する肥料について肥料取締法（昭和25年法律第127号）及びこれに基づく命令により定められた規格に適合させるものとする。

　食品循環資源の再生利用として肥料を製造する場合、その製造された肥料については、通常、肥料取締法の適用を受けることとなります。
　このため、これらの肥料については、肥料取締法に定められた規格に適合したものであることが必要であり、これが確保されない場合には、適法にこれが流通し得ないこととなり、食品循環資源の再生利用の推進上も適切とはいえません。
　このようなことから、各食品関連事業者は食品循環資源の再生利用として、肥料を製造する場合は、この基準に従って、肥料取締法に定める規格に適合した肥料を製造することが必要であり、仮にこれがなされない場合にあっては、食品リサイクル法上の再生利用を実施したこととはみなされません。
　なお、再生利用の実施者と、ここにおいて製造された肥料の利用者が同

一であるなど、肥料取締法の適用を受けない肥料を製造する場合にあっては、この基準の適用を直接には受けないこととなりますが、この場合にあっても、その円滑な利用を確保するため、肥料取締法に準じた規格の確保が望まれます。

> ⑨　食品関連事業者は、飼料の製造を行うときは、その製造する飼料について、飼料の安全性の確保及び品質の改善に関する法律（昭和28年法律第35号）及びこれに基づく命令により定められた基準及び規格に適合させるものとする。

　食品循環資源の再生利用として飼料を製造する場合、その製造された飼料については、通常、飼料安全法の適用を受けることとなります。
　このため、これらの飼料については、飼料安全法に定められた基準及び規格に適合したものであることが必要であり、これが確保されない場合には、適法にこれが流通し得ないこととなり、食品循環資源の再生利用の推進上も適切とはいえません。
　このようなことから、各食品関連事業者は食品循環資源の再生利用として、飼料を製造する場合は、この基準に従って、飼料安全法に定める基準及び規格に適合した飼料を製造することが必要であり、仮にこれがなされない場合にあっては、食品リサイクル法上の再生利用を実施したこととはみなされません。

> ⑩　食品関連事業者は、配合飼料の製造を行うときは、粉末乾燥処理を行うものとする。

　食品循環資源の再生利用として飼料を製造する場合、その製造された飼料について、飼料安全法に定められた基準及び規格に適合した飼料を製造することは、もちろんですが、これが配合飼料である場合にあっては、これに加え、粉末乾燥の処理が不可欠なものとなります。
　このようなことから、各食品関連事業者は食品循環資源の再生利用として、配合飼料を製造する場合は、この基準に従って、粉末乾燥の処理を実施することが必要であり、仮にこれがなされない場合にあっては、食品リ

サイクル法上の再生利用を実施したこととはみなされません。

判断基準18 第7条

判断基準省令第8条で定めている「再生利用に係る特定肥飼料等の製造の委託及び食品循環資源の譲渡の基準」について教えてください。

1　食品循環資源の再生利用の実施については、食品関連事業者が自らこれを行うことも、また、リサイクル業者等の第三者にこれを委託（食品循環資源をそのまま第三者にリサイクル製品の原材料として譲渡する場合を含む。以下、本問において同じ。）して行うことも可能とされています。

2　この場合、リサイクル業者等の第三者に委託して再生利用を実施する場合にあっても、食品関連事業者が自ら実施する場合と同様に、リサイクル製品の品質の確保、リサイクル製品の需要の確保などを図っていくことが重要です。

3　このため、判断基準省令においては、このように第三者に委託して再生利用を実施する場合においても、
　①　まず、委託先等の選択にあたって、当該リサイクル業者等が判断基準省令第7条に定める基準に従って再生利用を実施する者を選択すること
　②　また、選択したリサイクル業者が判断基準省令第7条に定める基準に従って再生利用を実施していない場合には、委託先等の変更など必要な措置を講ずること
を定め、委託による再生利用の実施にあたっても、適切な再生利用の実施を確保することとしています。

4　このため、各食品関連事業者は、この基準に従って、適切なリサイクル業者等を選択するとともに、選択後も当該リサイクル業者等の再生利用の実施状況を定期的に把握し、委託による的確な再生利用の実施を確保することが必要です。

判断基準19 第7条

判断基準省令第9条で定めている「食品循環資源の熱回収」について教えてください。

1　食品リサイクル法では、再生利用を行うことが困難な食品循環資源について、一定の効率以上でエネルギー利用できる場合に限り、再生利用に代えて熱回収を実施することが認められています。
2　このことから、その実施にあたって、判断基準省令において食品関連事業者は、以下のような事項について適切に把握し、その記録を行うことが定められています。
　①　事業活動に伴い食品廃棄物等を生ずる自らの工場又は事業場から75kmの範囲内における特定肥飼料等製造施設の有無
　②　事業活動に伴い食品廃棄物等を生ずる自らの工場又は事業場から75kmの範囲内に存する特定肥飼料等製造施設において、当該工場又は事業場において生ずる食品循環資源を受け入れて再生利用することが著しく困難であることを示す状況
　③　熱回収を行う食品循環資源の種類及び発熱量その他の性状
　④　食品循環資源の熱回収により得られた熱量（その熱を電気に変換した場合にあっては、当該電気の量）
　⑤　熱回収を行う施設の名称及び所在地
　　　注：「特定肥飼料等製造施設」とは、特定肥飼料等の製造を行う施設を指しています。

判断基準20 第7条

判断基準省令第10条で定めている「情報の提供」について教えてください。

1 　食品循環資源の再生利用の実施にあたっては、再生利用により得られるリサイクル製品の利用の確保が重要ですが、これにあたっては、このようなリサイクル製品に係る情報が利用者へ適切に提供されることが必要です。

2 　このため、判断基準省令においては、このようなリサイクル製品の利用者に対し、原料となる食品循環資源の発生の状況や含有成分など、必要な情報の提供を定めており、これにより、円滑なリサイクル製品の利用を確保していくこととしています。

3 　また、食品関連事業者の再生利用等の取組に対して消費者が理解を深めることが重要であることから、食品関連事業者は、食品廃棄物等の発生量や再生利用等の状況についての情報をインターネットの利用等により提供するよう努めることが必要です。

判断基準21　第7条

判断基準省令第11条で定めている「食品廃棄物等の減量」について教えてください。

1　食品廃棄物等の減量を行う場合、減量後の食品廃棄物等については、適正な処理を行う必要があります。
2　このため、減量後に残存する食品廃棄物等を特定肥飼料等の原材料として、又は熱を得るための原材料として利用できる場合には有効活用するとともに、利用できない場合には、廃棄物処理法に従った処理を実施していくことが必要です。

判断基準22　第7条

判断基準省令第12条で定めている「費用の低減」について教えてください。

1　食品循環資源の再生利用等を円滑に推進していくためには、これら再生利用等の実施に係る費用の低減を図っていくことが重要です。
2　このため、判断基準省令においては、効率的な実施体制の整備を図ることにより、食品循環資源の再生利用等の実施に係る費用を低減させるよう定めており、各食品関連事業者は、この基準に従って、これらの取組に努めることが求められています。

> 判断基準23 第7条
>
> 判断基準省令第13条で定めている「加盟者における食品循環資源の再生利用等の促進」について教えてください。

1 食品リサイクル法においては、食品小売業や外食産業に位置する事業者対策の一つとして、フランチャイズチェーンのうち、一定の要件を満たすものについては、当該フランチャイズチェーンを一体として捉えることとしています。

2 しかし、これら事業者全体の取組の底上げを図るためには、一定の要件を満たすフランチャイズチェーンを対象とするだけではなく、その他のフランチャイズチェーンを含めて、できる限りその再生利用等を促進することが重要です。

3 このため、これらフランチャイズチェーンについて、判断基準省令においては、以下のように努めることが定められています。

① 本部事業者は、加盟者の事業活動に伴い生ずる食品廃棄物等について、当該加盟者に対し必要な指導を行い、再生利用等を促進すること。

② 加盟者は、本部事業者が実施する食品循環資源の再生利用等の促進のための措置に協力すること。

判断基準24 第7条

> 判断基準省令第14条で定めている「教育訓練」について教えてください。

1　食品循環資源の再生利用等を円滑に推進していくためには、適切な分別や温度管理等によるその安全性・品質の確保、無駄を出さない加工、調理方法等を作業現場に定着させることが重要です。
2　このため、判断基準省令において、食品関連事業者は、その従業員に対して食品循環資源の再生利用等に関する必要な教育訓練を行うよう努めることとしています。

判断基準25　第7条

判断基準省令第15条で定めている「再生利用等の実施状況の把握」について教えてください。

1　食品循環資源の再生利用等の推進にあたっては、各食品関連事業者において、自らの食品廃棄物等の発生状況や、これらの再生利用等の実施状況が適切に把握されていることが必要です。
　　また、国が食品リサイクル法に基づく各食品関連事業者の実施を確保する上でも、このような情報が各食品関連事業者段階において、適切に把握されていることが不可欠です。

2　このようなことから、判断基準省令においては、すべての食品関連事業者に対して、その事業活動に伴い発生する食品廃棄物等の発生量、食品循環資源の再生利用等の実施量及び状況の適切な把握と、その記録を定めており、すべての食品関連事業者は、この基準に従い、その実施を行うことが必要です。

3　なお、今後、食品関連事業者の再生利用等の実施を確保するため、食品廃棄物等多量発生事業者（前年度の食品廃棄物等発生量が100トン以上の事業者）は、国に食品廃棄物等の発生量等に関し定期の報告を行う必要があります。
　　また、前年度の発生量が100トン未満の事業者についても、引き続き各関係省や、農政局、農政事務所等これら関係省の地方支分部局による調査等を実施しており、この際には、ここで記録された食品循環資源の再生利用等の実施状況の提示が求められることとなります。

判断基準26 第7条

判断基準省令第15条で定めている「再生利用等の実施状況の把握」について、記録を行う際の帳簿の様式などは定められていますか。

1 記録にあたっての具体的な帳簿の様式などは定められていませんが、各食品関連事業者は、食品循環資源の再生利用等の実施状況等を記録することが必要です。
2 具体的な記録方法については、「食品廃棄物等多量発生事業者の定期の報告に関する省令(以下、「定期報告省令」といいます。)」(平成19年11月30日財務省・厚生労働省・農林水産省・経済産業省・国土交通省・環境省令第3号)の様式に準じた記録が望まれますが、最低1年単位で以下の事項を記録することが必要です。
  ① 事業活動に伴う食品廃棄物等の発生量
  ② 発生抑制を実施している場合は発生抑制の実施量
  ③ 再生利用を実施している場合は再生利用の実施量
  ④ 熱回収を実施している場合は熱回収の実施量
  ⑤ 減量を実施している場合は減量の実施量
  ⑥ 食品循環資源の再生利用等の状況
3 なお、このような記録を裏付ける領収書等の書類についても、併せて、整理、保存しておくことが必要です。

判断基準27　第7条

判断基準省令第15条で定めている「管理体制の整備」について教えてください。

1　食品循環資源の再生利用等を適切に実施していく上では、各事業場において、これらを実際に管理・監督する体制の整備が不可欠です。
2　このため、判断基準省令においては、食品循環資源の再生利用等の実施状況の記録、その他分別の実施等再生利用等の実施にあたっての管理体制の整備を定めており、各食品関連事業者は、この基準に従い、各事業場ごとに、これらの管理者の設置など管理体制の整備を行うことが必要です。
3　なお、管理者の選任にあたっては、特に特定の資格保有者の設置などの基準は定められていません。

定期報告1　第9条

定期報告制度の目的及び概要について教えてください。

1　平成13年の食品リサイクル法施行後、食品関連事業者による再生利用等が行われた食品廃棄物等の量は食品産業全体で着実に向上し、一定の成果が見られるものの、個々の事業者では取組の格差が大きく、一部の事業者で先進的な取組がみられる一方、大多数の事業者では取組が進んでいないのが実情です。
2　食品関連事業者の再生利用等の取組を一層促進させていくためには、食品関連事業者全般にわたって再生利用等の取組状況を定期的に把握し、適時適切に指導監督等をしていくことが必要です。
3　このため、前年度の食品廃棄物等の発生量が100トン以上の食品関連事業者（以下、「食品廃棄物等多量発生事業者」といいます。）に対し、食品廃棄物等の発生量や食品循環資源の再生利用等の状況等に関して定期的に報告を求めることとしております。

定期報告 2 　第 9 条

> 前年度の食品廃棄物等の発生量が100トン以上の食品関連事業者が報告の対象とされていますが、食品廃棄物等多量発生事業者であるか否かはどのように判断するのですか。

1　食品廃棄物等多量発生事業者は、食品関連事業者であって、定期報告を行う年度の前年度に生じた食品廃棄物等の発生量が100トン以上である者をいいます。
2　定期報告は、平成20年度の食品廃棄物等の発生量及び再生利用等の状況等について、平成21年度から求めることとしていることから、平成20年度の食品廃棄物等の発生量が100トン以上の者が対象となります。
3　また、発生量が100トン以上であるか否かの判断は、原則として各食品関連事業者が食品廃棄物等の発生量の記録に基づいて行うこととなります。

定期報告 3 　第 9 条

> 定期報告の内容、報告時期、報告の方法、報告先について教えてください。

1　食品廃棄物等多量発生事業者は、毎年度6月末日までに、定期報告省令に定められた報告事項を定められた様式に整理の上、農林水産大臣、環境大臣及び当該食品関連事業者の事業を所管する大臣に報告してください。
2　定期報告の様式については、**第3編**（175頁）の定期報告省令を、また報告窓口は各関係省の地方支分部局となりますが、具体的な窓口については、**第3編**（268頁）の「各省地方部局一覧」をご覧下さい。
3　なお、インターネットを活用した報告を行う場合は、農林水産省ホームページより様式を取得し、必要事項を入力後、農林水産省本省に報告してください。

定期報告 4　第9条

定期報告しなかった場合はどのような措置が講じられるのですか。

　食品廃棄物等多量発生事業者が定期報告を行わなかった場合や、虚偽の報告を行った場合は、法の定めにより罰金が課されることになります。

定期報告 5　第9条

雑居ビルや百貨店から出る食品廃棄物等はどう取り扱われるのでしょうか（定期報告は雑居ビルの所有者や百貨店が行うことになるのでしょうか）。

1　雑居ビルや百貨店から発生する食品廃棄物等については、個別に百貨店とテナントの関係等の事業形態を踏まえる必要がありますが、原則としては、
　① 各テナントの食品小売などの事業活動に係る食品廃棄物等は、各テナントが発生させたもの
　② 百貨店本体の食品小売などの事業活動に係る食品廃棄物等は、百貨店本体が発生させたもの
となります。

2　このことから、各テナントが食品廃棄物等多量発生事業者となれば、各テナントが定期報告を行うこととなります。いずれにしても、事業形態等から個別具体的に判断することが必要となりますが、法律上の義務の有無に係わらず、可能な限り再生利用等への取組を行っていくことが望まれます。

> 定期報告 6　第 9 条
>
> フランチャイズチェーン全体を一体として捉える制度の目的及び概要について教えてください。

1　食品循環資源の再生利用等を促進していくためには、食品廃棄物等の発生量は少量であるフランチャイズチェーンの各加盟者が、各々で再生利用等に取り組むことは難しいことから、フライチャイズチェーン全体で取り組んでいくことが重要です。

　また、廃棄物の処理を含め、事業の運営の多くが本部事業者の指導の下に行われているケースが多いことや、フランチャイズチェーン全体で食品循環資源の再生利用等に取り組むケースが出てきています。

2　このため、食品リサイクル法においては、食品廃棄物等の処理に関し本部事業者が加盟者を指導する旨の取り決めがあるなど、一定の要件を満たすフランチャイズチェーンについては、本部事業者の食品廃棄物等の発生量に加盟者の発生量を含めることにより、フランチャイズチェーンを一体として捉えることとしています。

3　具体的には、フランチャイズチェーン全体の食品廃棄物等の発生量が100トン以上である場合は、本部事業者は、加盟者の食品廃棄物等の発生量及び再生利用等の実施状況等も含め定期報告を行う必要があります。

定期報告 7　第 9 条

フランチャイズチェーンを一体として捉えた場合、本部事業者の発生量として含まれた加盟者の食品廃棄物等の発生量は、どのような取り扱いになるのですか。

　加盟者から発生した食品廃棄物等の量が、その本部事業者の発生量として含まれた場合、加盟者自身の食品廃棄物等の発生量のカウントにあたっては、本部事業者に含められた食品廃棄物等の発生量を、事後的に加盟者自身の食品廃棄物等の発生量から除外するべきと考えられます。

勧告・命令等 1　第8・10条

食品関連事業者において、適切な食品循環資源の再生利用等の実施がなされない場合、どのような措置が講じられるのですか。

1　食品リサイクル法においては、食品関連事業者の再生利用等の実施を確保するため、その適確な実施を確保するために必要がある場合について、主務大臣による指導・助言の実施を定めています。
2　また、これらの措置によっても、その実施が確保し得ない場合にあって、その取組内容が判断基準省令に照らして著しく不十分な場合については、主務大臣により、当該食品関連事業者に対する勧告の実施が定められており、これに従わない場合には、会社名等を公表し、その適確な取組を促すこととしています。
3　なお、これらの措置の実施に係わらず、当該食品関連事業者が正当な理由なく、勧告に係る措置を実施しない場合で、これが食品循環資源の再生利用等の促進を著しく害すると認められる場合、主務大臣は、食料・農業・農村政策審議会及び中央環境審議会の意見を聴いて命令を発し、これに従わない場合は罰則が科されることとなります。

勧告・命令等2 第8・10条

食品関連事業者の再生利用等の実施の確保のための措置は具体的にどのような機関が行うのですか。

1 食品リサイクル法においては、食品関連事業者による再生利用等の実施を確保するため、農林水産省等関係省の職員による食品関連事業者に対する指導及び助言の実施が定められており、これらにより、その確実な取組を確保することとしています。
2 また、農林水産省においては、これらに併せ、全国に所在する各地方農政局、沖縄総合事務局、農政事務所を活用した食品関連事業者への調査・点検を実施しており、また、定期報告による再生利用等の実施状況の把握により、各食品関連事業者の取組を確保することとしています。

勧告・命令等3 第8・10条

勧告・命令等の措置はどのような場合に行われるのでしょうか。再生利用等の目標を達成しない場合はすぐにこのような措置がとられるのでしょうか。

1 食品循環資源の再生利用等の実施は、食品関連事業者ごと、その規模、発生させる食品廃棄物等の種類、量などに応じ、その取り組み得る内容に差異が存在します。
2 このため、食品リサイクル法においては、勧告等の措置の実施について、これをその取組が判断基準省令に照らして、著しく不十分な場合に限定しています。
　このようなことから、取組の努力は十分に行っているが、やむを得ない事情により、再生利用等の目標を達成し得ない場合等について、すぐに、勧告等の措置がとられる訳ではなく、これらの諸事情を勘案しても、なお、必要な場合について、勧告等の措置がなされることとなります。

勧告・命令等 4　第8・10条

勧告・命令等の措置はすべての事業者が対象となるのですか。

　食品リサイクル法においては、指導・助言の実施については、すべての食品関連事業者を対象としていますが、勧告、公表及び命令の措置の対象については、これを前年度の食品廃棄物等の発生量が100トン以上の者に限定しています。

勧告・命令等 5　第8・10条

勧告・命令等の措置の対象となる100トンとは法人単位で捉えるのですか、それとも事業所単位で捉えるのですか。

1　食品リサイクル法においては、食品循環資源の再生利用等の実施義務の達成等については、すべてこれを事業者（法人）単位で捉えることとしています。

　従って、勧告・命令等の措置の対象となる前年度発生量100トンの捉え方についても、これを事業者（法人）単位で捉えることとなります。

2　このため、食品製造業において工場を多数有する事業者や、また、食品流通業、外食産業において多店舗での展開を行っている場合は、その工場や店舗単位ではなく、その事業者（法人）全体でこの発生量を捉えることとなります。

勧告・命令等6　第8・10条

フランチャイズチェーンへの勧告・命令等は、加盟者に対して個別に行われるのか、チェーン本部に対して行われるのか教えてください。

　一定の要件を満たすフランチャイズチェーンについては、チェーン全体を一つの事業者として捉えることとしていることから、勧告・命令等を実施する場合は、加盟者において発生した食品廃棄物等を含め、本部事業者に対して実施することとなります。

勧告・命令等7　第8・10条

前年度の食品廃棄物等の発生量が100トン未満のものは食品リサイクル法は適用されないのでしょうか。

1　食品リサイクル法においては、規模等に関わりなくすべての食品関連事業者に対して、再生利用等の実施を定めています。
　このため、前年度の食品廃棄物等の発生量が100トン未満の食品関連事業者についても、100トン以上の食品関連事業者と同様に食品循環資源の再生利用等の実施を行うことが義務づけられています。
2　また、国においても、これら小規模な食品関連事業者の再生利用等の確実な実施を確保していくため、必要な指導・助言等を実施しています。

登録再生利用事業者制度の目的及び概要について教えてください。

第11条　登録再生利用事業者1

1　食品循環資源の再生利用を促進していく上では、食品関連事業者が第三者への委託（食品循環資源をそのまま第三者にリサイクル製品の原材料として譲渡する場合を含む。以下、本問において同じ。）により再生利用を実施する場合において、その委託先となるリサイクル業者の育成を図っていくことが重要です。

このため、食品リサイクル法においては、食品循環資源の再生利用を行うリサイクル業者のうち、優良な業者について、その申請に基づき、主務大臣が登録を行ういわゆる登録再生利用事業者制度が設けられています。

2　このような登録制度により、食品関連事業者は、委託して再生利用を実施しようとする場合、その委託先の選定が容易となるとともに、リサイクル業者においても、このような登録を得ることで、そのリサイクル事業に対する社会的な信用や、また、これに伴う事業の円滑な実施などが期待されます。

3　また、このような登録を受けた場合については、これら業者の円滑な再生利用の実施を促進するため、当該登録を受けた事業場への廃棄物の運搬について、廃棄物処理法の特例が一部認められるとともに、肥料取締法及び飼料安全法の特例が一部認められるといった措置が講じられます。

登録再生利用事業者2　第11条

登録の単位は事業者ごとですか。それとも事業場ごとですか。

　登録の単位は、あくまでも事業場単位にこれを受けることが必要とされています。
　このため、同一の事業者が複数の事業場を有する場合において、複数の事業場で登録を受けようとする場合には、その事業場ごとに申請を行い登録を受けることが必要となります。

登録再生利用事業者3　第11条

登録の対象となる再生利用事業の内容について教えてください。

1　登録の対象となる再生利用事業の内容は、あくまでも、食品リサイクル法上の再生利用に該当する製品（特定肥飼料等）を製造する事業となります。
　このため、具体的には食品循環資源から、食品リサイクル法に定められた再生利用製品である肥料、飼料、炭化の過程を経て製造される燃料及び還元剤、油脂及び油脂製品、エタノール、メタンを製造する再生利用事業のみが登録の対象となり、この他のリサイクル製品を製造する場合は登録の対象とはなりません。
2　また、登録の対象となる再生利用事業は、あくまでも製造されたものが、製品として流通等が可能な状態に至っていることが求められており、再度、二次処理業者段階において処理を行うことが必要な単なる一次処理品を製造する場合は、製品性がないものとして、登録の対象となる再生利用事業には該当しないこととなります。

登録再生利用事業者4 第11条

> 登録は義務づけなのですか。また、食品関連事業者は委託して再生利用を実施する場合は登録を受けたリサイクル業者に委託しなければならないのですか。

1 登録再生利用事業者制度は、優良なリサイクル業者の育成等をその目的とした任意の登録制度です。
　このため、リサイクル業者は、この登録を受けなくても、食品循環資源の再生利用を事業として行うことが可能です。
2 また、このことから、食品関連事業者が委託（食品循環資源をそのまま第三者にリサイクル製品の原材料として譲渡する場合を含む。以下、本問において同じ。）して再生利用を実施する場合において、そのリサイクル業者が登録再生利用事業者としての登録を受けていない場合でも、そのリサイクルが適切に実施されているのであれば、登録を受けた再生利用事業者に委託した場合と同様に再生利用を実施したものとして評価されることとなります。

登録再生利用事業者 5 第11条

登録を受けるにはどのような要件を満たすことが必要なのでしょうか。

1 登録再生利用事業者制度は、食品循環資源の再生利用を実施するリサイクル業者のうち、特に優良な再生利用事業を行うものに対して、主務大臣が登録を行う制度です。

　このため、その登録にあたっては以下のような要件を満たすことが必要となっています。

① 生活環境保全上の基準

　ア 受け入れる食品循環資源の大部分を特定肥飼料等製造施設に投入すること。

　イ 受け入れる食品循環資源が一般廃棄物に該当する場合には、再生利用事業を行う者が廃棄物処理法第7条第6項の許可（当該許可に係る廃棄物処理法第7条の2第1項の許可を受けなければならない場合にあっては、同項の許可）を受け、又は廃棄物処理法施行規則第2条の3第1号若しくは第2号の規定に該当して、当該食品循環資源の処分を行うことができる者であること。

　ウ 受け入れる食品循環資源が産業廃棄物に該当する場合には、再生利用事業を行う者が廃棄物処理法第14条第6項の許可（当該許可に係る廃棄物処理法第14条の2第1項の許可を受けなければならない場合にあっては、同項の許可）を受け、又は廃棄物処理法施行規則第10条の3第2号の規定に該当して、当該食品循環資源の処分を行うことができる者であること。

　エ 再生利用事業により得られる特定肥飼料等の品質、需要の見込み等に照らして、当該特定肥飼料等が利用されずに廃棄されるおそれが少ないと認められること。

　オ 受け入れる食品循環資源及び再生利用事業により得られる特定肥飼料等の性状の分析及び管理を適切に行うこと。

　カ 特定肥飼料等製造施設については、次によること。

　　 i 運転を安定的に行うことができ、かつ、適正な維持管理を行うこ

とができるものであること。
ⅱ 特定肥飼料等製造施設が廃棄物処理法第8条第1項に規定する一般廃棄物処理施設である場合には当該特定肥飼料等製造施設について同項の許可（当該許可に係る廃棄物処理法第9条第1項の許可を受けなければならない場合にあっては、同項の許可）を、特定肥飼料等製造施設が廃棄物処理法第15条第1項に規定する産業廃棄物処理施設である場合には当該特定肥飼料等製造施設について同項の許可（当該許可に係る廃棄物処理法第15条の2の5第1項の許可を受けなければならない場合にあっては、同項の許可）を受けていること。
キ 肥料取締法第2条第2項に規定する普通肥料を生産する場合には同法第4条第1項の登録若しくは同法第5条の仮登録を受けていること又は同法第16条の2第1項の届出（当該届出に係る同条第3項の届出をしなければならない場合にあっては、同項の届出を含む。）をしていること、当該普通肥料を販売する場合には同法第23条第1項の届出（当該届出に係る同条第2項の届出をしなければならない場合にあっては、同項の届出を含む。）をしていること。

② 効率性の基準
　特定肥飼料等製造施設の1日当たりの食品循環資源の処理能力が5トン以上であること。

③ 経理的基礎の基準
　再生利用事業を適確かつ円滑に実施するのに十分な経理的基礎を有するものであること。

2 また、上記に加えて、以下のような登録の拒否要件が設けられており、これに該当する場合は登録は受けられないこととなります。
　① 食品リサイクル法の規定により罰金以上の刑に処せられ、その執行を終わり、又はその執行を受けることがなくなった日から2年を経過しない者
　② 再生利用事業者の登録を取り消され、その取消しの日から2年を経過しない者
　③ 法人であって、その業務を行う役員のうちに①及び②のいずれかに該当する者があるもの

登録再生利用事業者 6　第11条

登録の申請について、具体的な申請方法を教えてください。

1　登録を申請する場合は、食品リサイクル法及び「食品循環資源の再生利用等の促進に関する法律に基づく再生利用事業を行う者の登録に関する省令（以下、「登録省令」といいます。）」（平成13年5月1日農林水産省、経済産業省、環境省令第1号）に定められた申請事項及び添付書類を定められた様式等に記載、整理の上、関係する主務大臣あてに提出してください。

2　また、具体的な申請の様式、添付書類の内容については、**第3編**（225頁）の「再生利用等の促進に関する法律に基づく再生利用事業を行う者の登録事務等取扱要領（以下、「登録要領」といいます。）」（平成13年10月26日付け13総合第2815号、平成13・10・04産局第1号、13年環廃企第374号農林水産省総合食料局長、農林水産省生産局長、経済産業省産業技術環境局長、環境省大臣官房廃棄物・リサイクル対策部長連名通知）をご覧ください。

登録再生利用事業者7　第11条

登録の申請先はどこになるのでしょうか。

1　登録再生利用事業者の登録については、農林水産大臣、環境大臣及び製造するリサイクル製品を所管する大臣が共同してこれを行うこととされています。
2　このため、具体的には、登録の申請については、農林水産大臣及び環境大臣あてに行うほか、製造するリサイクル製品が以下のものに該当する場合については、経済産業大臣あてにもこれを行う必要があります。
　①　炭化の過程を経て燃料及び還元剤を製造する場合
　②　油脂製品を製造する場合で、その製品が石鹸などの工業製品に該当する場合
　③　エタノールを製造する場合
　④　メタンを製造する場合
3　なお、申請窓口は、地方農政局、地方環境事務所、経済産業局などの各関係省の地方支分部局となりますが、地域ごとの具体的な申請窓口については、第3編（268頁）の「各省地方部局一覧」をご覧ください。

登録再生利用事業者8　第11条

登録の申請後、どれくらいの期間で登録が実施されるのですか。

　登録の審査期間については、概ね2ヶ月となっています。この間に、申請された内容について、各関係省において審査を行い登録が実施されることとなります。
　なお、登録が行われた場合は、関係大臣名で登録証明書が申請者に対して交付されます。

登録再生利用事業者 9　第11条

登録の変更及び廃止について教えてください。

1　登録を受けた再生利用事業者が、その登録後に、登録の申請の際提出した申請事項について変更を生じた場合、また、登録を受けた再生利用事業を廃止した場合は、すみやかにその旨を登録を受けた主務大臣に届け出ることが必要です。
　　この場合の具体的な申請の様式、添付書類の内容については、**第 3 編**（225頁）の「登録要領」をご覧ください。
2　また、変更の内容が、例えば、従来、肥料製造のみを行っていたがメタン製造を追加するといった、製造するリサイクル製品の追加を伴うもので、これによって、登録を受けるべき主務大臣の追加を伴う場合にあっては、変更の届出ではなく、再度、登録の申請を行うことが必要となります。
3　なお、このような登録の変更及び廃止を行った場合については、すみやかに登録証明書を返納することが必要となります。

登録再生利用事業者10

第12条

登録の有効期間及び更新について教えてください。

1 　登録再生利用事業者制度の適正な運用を確保するためには、登録再生利用事業者の登録内容、再生利用事業の実施状況等について、一定の期間ごとに適切な審査を行うことが必要です。このため、食品リサイクル法においては、登録再生利用事業者の登録について有効期間を定めています。
　　具体的な有効期間については、登録を受けたのち5年間と定められており、登録証明書にもこの有効期間が記載されています。

2 　このため、登録を受けたのち5年間が経過した時点でその登録は効果を失うこととなりますが、これ以後もなお、再生利用事業を実施し、かつ、登録を受けたい場合にあっては、登録の更新の手続きを行うことが必要となります。
　　登録の更新にあたっては、その審査に一定の時間を要するため、登録省令において、以下の事項について定めています。
① 　登録の更新を受けようとする登録再生利用事業者は、その者が現に受けている登録の有効期間の満了の日の2月前までに、登録に係る申請書に添付すべき書類及び図面を添えて、主務大臣に提出しなければならない。
② 　①の登録の更新の申請があった場合において、その登録の有効期間の満了の日までにその申請について処分がされないときは、従前の登録は、その有効期間の満了後もその処分がされるまでの間は、なおその効力を有する。
③ 　②の場合において、登録の更新がされたときは、その登録の有効期間は、従前の登録の有効期間の満了の日の翌日から起算するものとする。
　　なお、この場合の具体的な申請の様式、添付書類の内容については、**第3編**（225頁）の「登録要領」をご覧ください。

3 　また、登録の有効期間が到来した場合は、すみやかに登録証明書を返納することが必要です。（登録の更新手続を行い、更新が認められた場合は、再度、新たな登録証明書が発行されます。）

登録再生利用事業者11 第13条

名称の使用制限について教えてください。

1　登録再生利用事業者制度は、優良な食品循環資源の再生利用事業者に対して、主務大臣が登録を行う制度であり、食品関連事業者は、この登録を、委託（食品循環資源をそのまま第三者にリサイクル製品の原材料として譲渡する場合を含む。）して再生利用を実施する場合のリサイクル業者選定の一つの目安とするものと考えられます。

2　登録を受けていない者が登録再生利用事業者との名称を使用することや、これに紛らわしい名称を使用することを認めることは、登録再生利用事業者制度への信頼、また、ひいては食品リサイクル法の円滑な施行を阻害するものともなります。

3　このため、食品リサイクル法においては、登録再生利用事業者でないものが、このような名称又はこれに紛らわしい名称を使用することを禁止しており、これに違反した場合については、罰則が科されることとされています。

登録再生利用事業者12　第14条

登録の標識及び掲示方法について教えてください。

1　登録再生利用事業者は、食品関連事業者より委託（食品循環資源をそのまま第三者にリサイクル製品の原材料として譲渡する場合を含む。）を受けて食品循環資源を実際に再生利用する立場にあり、この上で、食品関連事業者にとっては、当該リサイクル業者が登録再生利用事業者であるか否か、また、どのような内容の再生利用事業を実施する者であるかを容易に確認できる仕組みが必要となります。

　　このため、食品リサイクル法においては、食品関連事業者等がこれらを容易に確認し得るよう、登録再生利用事業者に対して、登録を受けた事業場ごとに登録省令において定められた様式に従った標識の掲示を義務づけています。

2　具体的な掲示方法については、各登録再生利用事業者ごと、定められた様式に従って、標識を作成し、事業場の公衆の見えやすい場所にこれを掲示することが必要です。

3　なお、このような標識の掲示に違反した場合については、その登録再生利用事業者には罰則が科されることとなります。

＜標識の様式＞

登　録　番　号	
登録年月日（登録有効期限）	年　月　日（　年　月　日まで有効）
氏　名　又　は　名　称	
代　表　者　の　氏　名	
再 生 利 用 事 業 の 内 容	
事業場の名称及び所在地	

登録再生利用事業者証

この標識は、食品循環資源の再生利用等の促進に関する法律に基づく登録再生利用事業者としての登録の主要な内容を表示しています。

横幅：40センチメートル以上
縦幅：30センチメートル以上

（備考）登録番号の欄には、番号の前に登録行政庁名を記載すること。

登録再生利用事業者13 第15条

料金の届出及び公示方法について教えてください。

1　食品循環資源の再生利用の円滑な推進を確保するためには、再生利用事業に係る費用が適正に設定されることが必要であり、これが、その再生利用事業の内容に照らして不当に高いような場合や安価な場合には、委託（食品循環資源をそのまま第三者にリサイクル製品の原材料として譲渡する場合を含む。）を行う食品関連事業者の再生利用に係る費用負担の増大や、適切な再生利用の確保が困難となるなど、食品循環資源の再生利用の円滑な実施を阻害する事態が生ずるおそれがあります。

　さらに、登録再生利用事業者は廃棄物処理法の特例として、同法第7条第12項に定められた一般廃棄物の処理業に係る処理料金の上限規制の適用を受けないことからも、その料金の適正さの担保が必要です。

2　このため、食品リサイクル法においては、登録の実施後、登録再生利用事業者に対して再生利用事業に係る料金の主務大臣への届出を義務づけています。

　また、ここで届け出られた料金が食品循環資源の再生利用の促進上不適切な場合にあっては、特に必要な場合は、主務大臣はその変更を指示できることとしています。

3　なお、料金の水準については、その再生利用事業の内容や規模等により異なることとなるため、一律に示すことはできませんが、届け出られた料金については、その事業内容を勘案して関係省で審査し判断することとなります。

4　また、このようにして設定された料金については、標識と同様に事業場の公衆の見えやすい場所にこれを掲示することが義務づけられており、このような掲示を行わない、又は虚偽の掲示を行った場合には罰則が科せられることとなっています。

差別的取扱いの禁止について教えてください。

登録再生利用事業者14 第16条

1　登録再生利用事業者は、食品循環資源の再生利用の推進上、一定の公益性を有する立場にあります。
　このため、食品リサイクル法においては、その事業の実施にあたって、委託者である食品関連事業者等に対して、平等にこれを取り扱うこと、いわゆる特定の者に対して、差別的な取扱いをしてはならないことが義務づけられています。

2　どのような行為が差別的な取扱いにあたるかについては、個別事例ごと関係省において審査し判断することとなりますが、例えば、施設の能力に余裕がありながら、正当な理由がなく、特定の者の委託を受け入れない場合などが該当し得るものとなります。

3　なお、既に施設の処理能力の限界を超えていることにより、新たに委託を受け入れられない場合や、食品循環資源の内容が当該再生利用事業を行う上で受け入れがたい種類であるような場合など、正当な理由に基づいて、その委託の申し入れを拒否するような行為は、ここにいう差別的取扱いには該当しないこととなります。

登録再生利用事業者15 第17条

登録の取消しについて教えてください。

1　食品リサイクル法においては、登録再生利用事業者制度の適正な運用を確保するため、一定の場合について、登録再生利用事業者の登録の取消しを行い得ることを定めています。
2　具体的には、以下に該当する場合について、主務大臣により、登録の取消しが行われることとなります。
　①　不正な手段により登録又はその更新を受けたとき
　②　再生利用事業の内容が登録の要件に適合しなくなったとき
　③　料金の変更の指示に違反したとき
　④　その他登録再生利用事業者に係る食品リサイクル法の規定又は当該規定に基づく命令の規定に違反したとき
3　なお、取消しが行われた場合には、登録証明証の返還等の指示がなされます。

登録再生利用事業者16　その他

> 登録等が行われた場合、その結果については、地域の廃棄物処理を所管する都道府県も知り得ることができるのですか。

1　都道府県知事は、地域における廃棄物処理を所管する立場にあり、この上で、地域における食品循環資源の再生利用の実施状況を適切に把握する必要があります。

　また、登録再生利用事業者に対しては、廃棄物処理法の特例が設けられており、このような意味からも、登録の事実が主務大臣から都道府県知事に対して、適切に伝達されることが必要です。

2　このため、食品リサイクル法においては、登録を実施した場合やその変更及び廃止の届出を受理した場合、また、登録の更新及び登録の取消しを行った場合について、主務大臣から都道府県知事への通知を定めており、これにより、地方公共団体と国が一体となった円滑な食品循環資源の再生利用の実施を確保しています。

登録再生利用事業者17　その他

登録を受けた場合に適用される廃棄物処理法の特例について教えてください。

1　食品リサイクル法においては、広域的で効率的な再生利用の実施など、食品循環資源の再生利用を円滑化するため、登録を受けた再生利用事業の実施にあたって、廃棄物処理法の一部の特例を認めています。
2　具体的な特例の内容は以下のとおりです。
　①　一般廃棄物収集運搬業の許可に係る特例
　　　廃棄物処理法においては、一般廃棄物の収集又は運搬を業として行う場合にあっては、市町村長の許可を受けることが必要であり、この場合、例えば、A市で発生した一般廃棄物に該当する食品循環資源を別のB市に運んでリサイクルする場合にあっては、これを運ぶ一般廃棄物の収集・運搬業者は、荷積み地A市と荷卸し地B市の両市において、許可を取得することが必要となります。
　　　上記の場合、食品リサイクル法においては、広域的で効率的な再生利用の実施を確保するため、運搬先であるB市のリサイクル業者がその事業場について登録を受けている場合にあっては、B市における一般廃棄物の運搬業の許可は不要とする特例を設けています。
　　　（なお、この場合も荷積み地側であるA市の許可は必要となりますのでご注意ください。）
　②　一般廃棄物収集運搬業及び処分業に係る料金の上限規制の特例
　　　廃棄物処理法においては、一般廃棄物収集運搬業及び処分業を行う場合、その料金の設定については、市町村が条例で定める手数料の上限を超えてはならないことが定められています。
　　　しかしながら、再生利用は焼却等の処分と比較してコスト増となることも多いことから、食品リサイクル法においては、登録を受けた事業場へ食品循環資源を運搬する一般廃棄物の収集・運搬業者、また、登録を受けた事業場における再生利用事業について、この料金の上限規制を適用しないとする特例を設けています。
3　なお、廃棄物処分業の許可、廃棄物処理施設の設置許可など、廃棄物処

理法のその他の規制については、登録再生利用事業者であってもその適用を受けることとなります。

登録を受けた場合に適用される肥料取締法及び飼料安全法の特例について教えてください。

1 食品リサイクル法においては、登録の申請に係る事業者の事務負担を軽減する観点から、登録を受けた再生利用事業の実施にあたって、肥料取締法及び飼料安全法の一部の特例を認めています。
2 肥料取締法の特例
 ① 肥料取締法においては、たい肥等の特殊肥料の製造、販売業を行う場合について、それぞれ、生産等を行う事業場を所管する都道府県知事への届出が義務づけられています。
 ② しかしながら、登録再生利用事業者にあっては、登録の審査にあたって、肥料取締法において定められた届出内容についてすでに提出が行われていることから、重ねて、肥料取締法上の届出を行うことは不要とし、事業者の事務負担を軽減することとしています。
 ③ なお、この特例は、あくまでも登録の実施により、肥料取締法上の届出が行われたとみなされるとの措置であり、登録を受けた後は、肥料取締法上の届出が行われたものとして、肥料製造等に係る同法の規制を受けることとなるのでご注意ください。
 ④ また、この特例は肥料取締法の特殊肥料を製造する場合にのみ適用される特例であり、例えば特殊肥料以外の普通肥料を製造するような場合は、肥料取締法上の登録を行うことが必要となります。
3 飼料安全法の特例
 ① 飼料安全法においては、飼料の製造業を行う場合について、農林水産大臣への届出が義務づけられています。
 ② しかしながら、登録再生利用事業者にあっては、登録の審査にあたって、このような飼料安全法において定められた届出内容についてすでに提出が行われていることから、重ねて、飼料安全法上の届出を行うことは不要とし、事業者の事務負担を軽減することとしています。
 ③ なお、この特例は、あくまでも登録の実施により、飼料安全法上の届出が行われたとみなされるとの措置であり、登録を受けた後は、飼料安

全法上の届出が行われたものとして、飼料製造等に係る同法の規制を受けることとなるのでご注意ください。

> **再生利用事業計画の認定 1** 第19条
>
> 再生利用事業計画の認定制度が改正されましたが、制度の目的及び概要について教えてください。

1　食品循環資源の再生利用を促進していく上では、食品循環資源の発生者である食品関連事業者、これらの食品循環資源についてリサイクルを実施するリサイクル業者、また、製造されたリサイクル製品を利用する農林漁業者等の3者が連携し、リサイクル製品の利用により生産された農畜水産物等の利用までを含めた計画的な再生利用の実施を確保していくことが重要です。

2　このため、食品リサイクル法においては、これらの3者が連携し、再生利用事業の実施、当該再生利用事業により得られたリサイクル製品及び当該リサイクル製品の利用により生産された農畜水産物等の利用に関する計画（以下、「再生利用事業計画」といいます。）を策定した場合について、その申請に基づき、主務大臣が認定を行ういわゆる再生利用事業計画認定制度が設けられており、この制度の活用により、関係者が連携した計画的な食品循環資源の再生利用の確保、その推進を図ることとしています。

3　また、このような認定を受けた場合については、これら計画の参加者の円滑な再生利用の実施を促進するため、認定を受けた計画内で行われる一般廃棄物の収集又は運搬について、廃棄物処理法の特例が認められるとともに、肥料取締法及び飼料安全法の特例が一部認められるといった措置が講じられます。

再生利用事業計画の認定 2　第19条

認定の対象となる再生利用事業の内容について教えてください。

　認定の対象となる再生利用事業の内容は、あくまでも、食品リサイクル法上の再生利用に該当する製品（特定肥飼料等）を製造する事業となります。
　このため、具体的には食品循環資源から、食品リサイクル法に定められた再生利用の用途である肥料、飼料、炭化の過程を経て製造される燃料及び還元剤、油脂及び油脂製品、エタノール、メタンを製造する再生利用事業のみが認定の対象となり、この他のリサイクル製品を製造する場合は認定の対象とはなりません。
　また、再生利用事業計画においては、これら特定肥飼料等の利用により生産された農畜水産物等を食品関連事業者が利用することが求められていることから、実質的には肥料、飼料及び油脂を製造する再生利用事業が該当するものと考えられます。

再生利用事業計画の認定 3　第19条

再生利用事業計画の作成は義務づけなのですか。

1　再生利用事業計画認定制度は、計画的な食品循環資源の再生利用の推進などを目的とした任意の制度です。
　このため、このような再生利用事業計画の作成がすべての食品関連事業者に対して義務づけられている訳ではありません。
2　しかしながら、食品循環資源の再生利用の円滑な実施を確保するためには、計画的な取組が不可欠なものであり、認定を受ける受けないにかかわらず、このような計画的な取組の実施が必要なものと考えられます。

再生利用事業計画の認定 4　第19条

再生利用事業計画にはどのような立場の者が参加できるのですか。

1　再生利用事業計画については、食品循環資源の発生者の立場にある食品関連事業者等、これらの食品循環資源についてリサイクルを実施する立場にあるリサイクル業者、また、製造されたリサイクル製品を利用する立場にある農林漁業者等の3者が連携して策定することとされています。
2　このため、具体的には、以下のような主体が再生利用事業計画の策定主体となり得ます。
　① 食品循環資源の発生者
　　食品循環資源を発生させる食品関連事業者又は食品関連事業者を構成員とする事業協同組合その他政令で定める法人
　② リサイクルの実施者
　　当該食品循環資源を原料としてリサイクル製品を製造するリサイクル業者等
　③ リサイクル製品の利用者
　　当該リサイクル製品を利用する農林漁業者等又は農林漁業者等を構成員とする農業協同組合その他政令で定める法人

複数の食品関連事業者が同一の再生利用事業計画に参加することはできますか。

再生利用事業計画の認定 5　第19条

1　食品循環資源の発生者等の立場にある複数の食品関連事業者が、同一の再生利用事業計画に参加するようなことも、再生利用事業計画認定制度においては認められています。
2　また、再生利用事業計画においては、計画に参加した全ての食品関連事業者が食品循環資源を排出し、一部の食品関連事業者が特定農畜水産物等を引き取る計画や一部の食品関連事業者が食品循環資源を排出し、一部の食品関連事業者が特定農畜水産物等を引き取る計画であっても構いません。

再生利用事業計画の認定 6　第19条

> 再生利用事業計画の策定主体となる食品関連事業者又は食品関連事業者を構成員とする事業協同組合その他の政令で定める法人の範囲について教えてください。

1　その他の政令で定める法人の範囲については、施行令において定められており、具体的には以下の法人となります。
　① 事業協同組合、事業協同小組合及び協同組合連合会
　② 協業組合、商工組合及び商工組合連合会
　③ 商工会議所及び日本商工会議所
　④ 商工会及び商工会連合会
　⑤ 商店街振興組合及び商店街振興組合連合会
　⑥ 生活衛生同業組合、生活衛生同業小組合及び生活衛生同業組合連合会
　⑦ 消費生活協同組合連合会
　⑧ 農業協同組合連合会
　⑨ 漁業協同組合連合会、水産加工業協同組合及び水産加工業協同組合連合会
　⑩ 森林組合連合会
　⑪ 民法（明治29年法律第89号）第34条の規定により設立された社団法人
2　また、この場合の食品関連事業者の範囲については、食品リサイクル法上の食品関連事業者に限定されるため、例えば学校、病院などの事業者は計画に実質的に参加することは可能であっても、その部分については、認定の対象とはなりません。

再生利用事業計画の認定 7　第19条

再生利用事業計画の策定主体となる農林漁業者等又は農林漁業者等を構成員とする農業協同組合その他の政令で定める法人の範囲について教えてください。

　その他の政令で定める法人の範囲については、施行令において定められており、具体的には以下の法人となります。
① 　農業協同組合、農業協同組合連合会及び農事組合法人
② 　地区たばこ耕作組合、たばこ耕作組合連合会及びたばこ耕作組合中央会
③ 　漁業協同組合及び漁業協同組合連合会
④ 　森林組合及び森林組合連合会
⑤ 　消費生活協同組合及び消費生活協同組合連合会
⑥ 　事業協同組合、事業協同小組合及び協同組合連合会
⑦ 　協業組合、商工組合及び商工組合連合会
⑧ 　民法第34条の規定により設立された社団法人

再生利用事業計画の認定の要件について教えてください。

再生利用事業計画の認定 8　第19条

1　再生利用事業計画認定制度は、食品関連事業者等により策定された再生利用事業の実施、当該再生利用事業により得られたリサイクル製品の利用及び当該リサイクル製品の利用により生産された農畜水産物等の利用に関する計画のうち、食品循環資源の再生利用の推進上、特に優良な計画に対して、主務大臣が認定を行う制度です。
2　このため、その認定にあたっては、その計画の内容が以下のような要件を満たすことが必要となっています。
　①　基本方針に照らして適切なものであり、かつ、判断の基準となるべき事項に適合するものであること。
　②　特定肥飼料等の製造を業として行う者が、再生利用事業を確実に実施することができると認められること。
　③　再生利用事業により得られた特定肥飼料等の製造量に見合う利用を確保する見込みが確実であること。
　④　特定農畜水産物等の生産量のうち、食品関連事業者が利用すべき量として特定肥飼料等の利用の状況その他の事情を勘案して算定される量に見合う利用を確保する見込みが確実であること。
　⑤　再生利用事業に利用する食品循環資源の収集又は運搬を行う者が、収集又は運搬を行う者の基準に適合すること。
　⑥　再生利用事業に利用する食品循環資源の収集又は運搬を行う施設が、収集又は運搬を行う施設の基準に適合すること。

食品関連事業者が利用する特定農畜水産物等について教えてください。

再生利用事業計画の認定 9　第19条

1　再生利用事業計画認定制度においては、その趣旨であるリサイクル・ループの完結という観点から、食品関連事業者が利用すべき農林漁業者等が生産する農畜水産物等の要件を定めています。
2　これら要件については、「食品循環資源の再生利用等の促進に関する法律に基づく再生利用事業計画の認定に関する省令（以下、「認定省令」といいます。）」（平成13年5月30日財務省、厚生労働省、農林水産省、経済産業省、国土交通省、環境省令第2号）において、以下のとおり定められています。
　①　特定肥飼料等の利用により生産された農畜水産物
　②　①の農畜水産物を原料又は材料として製造され、又は加工された食品であって、当該食品の原料又は材料として使用される農畜水産物に占める①の農畜水産物の重量の割合が50％以上のもの

再生利用事業計画の認定10　第19条

食品関連事業者は、特定農畜水産物等をどれだけ利用する必要がありますか。

1　再生利用事業計画認定制度において、食品関連事業者が、農林漁業者等により生産された特定農畜水産物等のうち、食品関連事業者が一定量に見合う利用を確保する見込みが確実であることが、認定要件の一つとなっております。

2　具体的には、特定農畜水産物等の食品関連事業者による利用量の算定方法については、認定省令において以下のとおり定められています。

（算定式）
$(A－B)×\{(C÷D)×(E÷F)\}×0.5$

Aは、当該再生利用事業計画に従って農林漁業者等が生産する特定農畜水産物等の量

Bは、当該特定農畜水産物等のうち、当該農林漁業者等が当該食品関連事業者以外にその販売先を確保しているものの量

Cは、当該特定肥飼料等の製造に使用される食品循環資源のうち、当該食品関連事業者が排出するものの量

Dは、当該特定肥飼料等の製造に使用される原材料の量

Eは、当該農林漁業者等が当該特定農畜水産物等の生産に使用する特定肥飼料等（当該再生利用事業計画に従って製造されるものに限る。）の量

Fは、当該特定農畜水産物等の生産に使用される肥料、飼料等の総量

再生利用事業計画の認定11 第19条

再生利用事業計画に参画する食品循環資源の収集又は運搬を行う者は、廃棄物処理法上の廃棄物の収集又は運搬の許可が必要なのでしょうか。

1 再生利用事業計画の認定を受けた場合には、認定を受けた計画の範囲内において、認定事業者である食品関連事業者の委託を受けて再生利用事業に利用する食品循環資源の収集又は運搬を業として行う者は、廃棄物処理法上の一般廃棄物の収集又は運搬の許可を不要とすることとしています。

このため、再生利用事業計画においては、食品循環資源の収集又は運搬の適正性を確保するため、その認定要件として、再生利用事業に利用する食品循環資源の収集又は運搬を行う者及び施設の基準を認定省令で以下のとおり定めております。

① 食品循環資源の収集又は運搬を行う者の基準

　ア 再生利用事業に利用する食品循環資源の収集又は運搬を的確に行うに足りる知識及び技能を有すること。

　イ 再生利用事業に利用する食品循環資源の収集又は運搬を的確に、かつ、継続して行うに足りる経理的基礎を有すること。

　ウ 再生利用事業に利用する食品循環資源が一般廃棄物に該当する場合には、廃棄物処理法第7条第5項第4号イからヌまでのいずれにも該当しないこと。

　エ 再生利用事業に利用する食品循環資源が産業廃棄物に該当する場合には、廃棄物処理法第14条第1項の許可（当該許可に係る廃棄物処理法第14条の2第1項の許可を受けなければならない場合にあっては、同項の許可）を受け、又は廃棄物処理法施行規則第9条第2号に該当して、当該食品循環資源の収集又は運搬を業として行うことができる者であること。

　オ 廃棄物処理法、浄化槽法（昭和58年法律第43号）又は廃棄物の処理及び清掃に関する法律施行令（昭和46年政令第300号）第4条の6に規定する法令の規定による不利益処分（行政手続法（平成5年法律第88号）第2条第4号に規定する不利益処分をいう。以下、本問におい

　　　　て同じ。）を受け、その不利益処分のあった日から5年を経過しない者に該当しないこと。
　　　カ　再生利用事業に利用する食品循環資源の収集又は運搬を自ら行う者であること。
　②　食品循環資源の収集又は運搬の用に供する施設の基準
　　　ア　再生利用事業に利用する食品循環資源が飛散し、及び流出し、並びに悪臭が漏れるおそれのない運搬車、運搬船、運搬容器その他の運搬施設を有すること。
　　　イ　積替施設を有する場合には、当該再生利用事業に利用する食品循環資源が飛散し、流出し、及び地下に浸透し、並びに悪臭が発散しないように必要な措置を講じたものであること。
　　　ウ　異物、病原微生物その他の食品循環資源の再生利用上の危害の原因となる物質の混入を防止するために必要な措置を講じたものであること。
　　　エ　食品循環資源の腐敗防止のための温度管理その他の品質管理を行うために必要な措置を講じたものであること。
2　このことから、再生利用事業に利用する食品循環資源が一般廃棄物に該当する場合には、廃棄物処理法上の一般廃棄物の収集又は運搬の許可がなくても計画に参画することは可能ですが、再生利用事業に利用する食品循環資源が産業廃棄物に該当する場合には、廃棄物処理法上の産業廃棄物の収集又は運搬の許可が必要となるので注意が必要です。

再生利用事業計画の認定12 第19条

再生利用事業計画の認定について、具体的な申請方法を教えてください。

　認定の申請を行う場合は、食品リサイクル法及び認定省令に定められた申請事項及び添付書類を、定められた様式等に記載、整理の上、関係する主務大臣あてに提出してください。

　また、具体的な申請の様式、添付書類の内容については、第3編（249頁）の「食品循環資源の再生利用等の促進に関する法律に基づく再生利用事業計画の認定事務等取扱要領（以下、「認定要領」といいます。）」（平成14年3月5日付け13総合第3533号、環廃企第55号、課酒1－7、健発0305001号、平成13・12・27産局第3号、国総観振第135号農林水産省総合食料局長、農林水産省生産局長、環境省大臣官房廃棄物・リサイクル対策部長、国税庁審議官、厚生労働省健康局長、経済産業省産業技術環境局長、国土交通省総合政策局長連名通知）をご覧ください。

再生利用事業計画の認定13 第19条

フランチャイズチェーン事業を行う者が加盟者分も含めた再生利用事業計画の認定を申請する場合、本部が一括して行うのか、それとも各加盟者が申請を行うのか教えてください。

　食品リサイクル法においては、本部事業者及び加盟者がそれぞれ食品関連事業者となりますが、フランチャイズチェーン事業を行う本部事業者は、加盟者を代理して申請を行うことができます。この場合、本部事業者は代理する加盟者の市町村ごとの数を参考資料として申請書に添付する必要があります。

再生利用事業計画の認定14　第19条

認定の申請先はどこになるのでしょうか。

1　再生利用事業計画の認定については、農林水産大臣、環境大臣に加え、計画の策定に参加している食品関連事業者の事業を所管する大臣が共同してこれを行うこととされています。

2　このため、具体的には、認定の申請については、農林水産大臣及び環境大臣あてに行うほか、計画に参加している食品関連事業者の業種に応じて、財務大臣、厚生労働大臣、経済産業大臣、国土交通大臣といった食品関連事業者の事業を所管する大臣にも、その申請を行う必要があります。

3　なお、申請窓口は、各関係省の本省となりますが、具体的な担当部局等については、第3編（249頁）の「認定要領」をご覧ください。

再生利用事業計画の認定15　第19条

認定の申請後、どれくらいの期間で認定が実施されるのですか。

認定の審査期間については、概ね2ヶ月となっています。この間に、申請された内容について、各関係省において審査を行い認定が実施されることとなります。

なお、認定が行われた場合は、関係大臣名で認定を行った旨の通知がなされます。

再生利用事業計画の認定16 第20条

計画の変更について教えてください。

1 認定を受けた再生利用事業計画について、その計画内容を変更しようとする場合は（計画に基づく再生利用事業の廃止を含みます。）、計画の変更の認定を受けることが必要です。
2 変更に係る認定の申請にあたっては、認定省令において、認定事業者は、以下の事項を記載した申請書を主務大臣に提出しなければならないことを定めており、この場合において、当初の認定申請の際に提出した書類又は図面等に変更を伴うときは、当該変更後の書類又は図面を添付することとしています。
   ① 認定年月日
   ② 氏名又は名称及び住所並びに法人にあっては、その代表者の氏名
   ③ 変更の内容
   ④ 変更の年月日
   ⑤ 変更の理由
3 変更の申請を受けた主務大臣は、計画の内容について、再度、認定要件に照らして審査を行い、これが認定要件に適合している場合にあっては、主務大臣は計画の変更の認定を行うこととされています。
4 なお、具体的な申請の様式等については、**第3編**（249頁）の「認定要領」をご覧ください。

再生利用事業計画の認定17　第20条

認定の取消しについて教えてください。

1　食品リサイクル法においては、再生利用事業計画認定制度の適正な運用を確保するため、一定の場合について、再生利用事業計画の認定の取消しを行い得ることを定めています。
2　具体的には、以下のように定められています。
　① 認定事業者が、再生利用事業計画（変更の認定があったときは、その変更後のもの。以下、「認定計画」といいます。）に従って再生利用事業を実施していないとき。
　② 認定事業者が、認定計画に従って再生利用事業により得られた特定肥飼料等を利用していないとき。
　③ 認定事業者が、認定計画に従って特定農畜水産物等を利用していないとき。
　④ 再生利用事業に利用する食品循環資源の収集又は運搬を行う者が、認定省令第6条で定める基準に適合しなくなったとき。
　⑤ 再生利用事業に利用する食品循環資源の収集又は運搬の用に供する施設が、認定省令第7条で定める基準に適合しなくなったとき。

再生利用事業計画の認定18 その他

> 認定等が行われた場合、その結果については、地域の廃棄物処理を所管する都道府県等も知り得ることができるのですか。

1　都道府県知事は、地域における廃棄物処理を所管する立場にあり、この上で、地域における食品循環資源の再生利用の実施状況を適切に把握する必要があります。
　　また、再生利用事業計画認定制度においては、廃棄物処理法の特例が設けられており、このような意味からも、認定の事実が主務大臣から都道府県知事等（特別区長及び市町村長を含む。以下、本問において同じ。）に対して、適切に伝達されることが必要です。
2　このため、食品リサイクル法においては、認定及び変更の認定を実施した場合や、認定の取消しを行った場合について、主務大臣から再生利用事業計画に係る食品関連事業者の事業場及び再生利用事業を行う事業場の所在地を管轄する都道府県知事等への通知を定めており、これにより、地方公共団体と国が一体となった円滑な食品循環資源の再生利用等の実施を確保していくこととしています。

再生利用事業計画の認定19 その他

認定を受けた場合に適用される廃棄物処理法の特例について教えてください。

1 食品リサイクル法においては、広域的で効率的な再生利用の実施など、食品循環資源の再生利用を円滑化するため、認定を受けた再生利用事業計画に従った再生利用事業の実施にあたって、廃棄物処理法の一部の特例を認めています。

2 具体的な特例の内容は以下のとおりです。

① 一般廃棄物収集運搬業の許可に係る特例

廃棄物処理法においては、一般廃棄物の収集又は運搬を業として行う場合にあっては、市町村長の許可を受けることが必要であり、この場合、例えば、A市で発生した一般廃棄物に該当する食品循環資源を別のB市に運んでリサイクルする場合にあっては、これを運ぶ一般廃棄物の収集又は運搬業者は、A市とB市の両市において、許可を取得することが必要となります。

上記の場合、食品リサイクル法においては、認定を受けた再生利用事業計画に従った再生利用事業を行う場合について、計画の参加者である食品関連事業者からの委託を受けて食品循環資源の収集又は運搬を実施する事業者に対して、A市及びB市のいずれの一般廃棄物の収集又は運搬の業の許可も不要とする特例を設けています。（改正前の認定計画の特例では、運搬先であるB市における許可のみを不要としていましたが、今回の改正により荷積み地側のA市での許可も不要となりました。）

② 一般廃棄物処分業に係る料金の上限規制の特例

廃棄物処理法においては、一般廃棄物処分業を行う場合、その料金の設定については、市町村が条例で定める手数料の上限を超えてはならないことが定められています。

しかしながら、再生利用は焼却等の処分と比較してコスト増となることも多いことから、食品リサイクル法においては、認定を受けた再生利用事業計画に参加しているリサイクル業者が行う再生利用事業について、この料金の上限規制を適用しない特例が設けられています。

3 なお、廃棄物処分業の許可、廃棄物処理施設の設置許可など、廃棄物処理法のその他の規制については、認定を受けた再生利用事業計画に従って再生利用事業を行う場合についてもその適用を受けることとなります。

再生利用事業計画の認定20 その他

認定を受けた場合に適用される肥料取締法及び飼料安全法の特例について教えてください。

1 食品リサイクル法においては、認定の申請に係る事業者の事務負担を軽減する観点から、認定を受けた再生利用事業計画に従って再生利用事業を実施する場合にあたって、肥料取締法及び飼料安全法の一部の特例を認めています。

2 肥料取締法の特例
　① 肥料取締法においては、たい肥等の特殊肥料の製造、販売業を行う場合について、それぞれ、生産等を行う事業場を所管する都道府県知事への届出が義務づけられています。
　② しかしながら、再生利用事業計画の認定を受けた場合には、認定の審査にあたって、肥料取締法において定められた届出内容についてすでに提出が行われていることから、重ねて、肥料取締法上の届出を行うことは不要とし、事業者の事務負担を軽減することとしています。
　③ なお、この特例は、あくまでも認定の実施により、肥料取締法上の届出が行われたとみなされるとの措置であり、認定を受けた後は、肥料取締法上の届出が行われたものとして、肥料製造等に係る同法の規制を受けることとなるのでご注意ください。
　④ また、この特例は肥料取締法の特殊肥料を製造する場合にのみ適用される特例であり、例えば特殊肥料以外の普通肥料を製造するような場合は、肥料取締法上の登録を行うことが必要となります。

3 飼料安全法の特例
　① 飼料安全法においては、飼料の製造業を行う場合について、農林水産大臣への届出が義務づけられています。
　② しかしながら、再生利用事業計画の認定を受けた場合には、認定の審査にあたって、このような飼料安全法において定められた届出内容についてすでに提出が行われていることから、重ねて、飼料安全法上の届出を行うことは不要とし、事業者の事務負担を軽減することとしています。
　③ なお、この特例は、あくまでも認定の実施により、飼料安全法上の届

出が行われたとみなされるとの措置であり、認定を受けた後は、飼料安全法上の届出が行われたものとして、飼料製造等に係る同法の規制を受けることとなるのでご注意ください。

第3編 法令等

◯食品循環資源の再生利用等の促進に関する法律

[平成12年6月7日　
法律第116号]

最終改正　平成19年6月13日　法律第83号

目次
　第1章　総則（第1条・第2条）
　第2章　基本方針等（第3条－第6条）
　第3章　食品関連事業者の再生利用等の実施（第7条－第10条）
　第4章　登録再生利用事業者（第11条－第18条）
　第5章　再生利用事業計画（第19条・第20条）
　第6章　雑則（第21条－第26条）
　第7章　罰則（第27条－第30条）
　附則

　　第1章　総則
　（目的）
第1条　この法律は、食品循環資源の再生利用及び熱回収並びに食品廃棄物等の発生の抑制及び減量に関し基本的な事項を定めるとともに、食品関連事業者による食品循環資源の再生利用を促進するための措置を講ずることにより、食品に係る資源の有効な利用の確保及び食品に係る廃棄物の排出の抑制を図るとともに、食品の製造等の事業の健全な発展を促進し、もって生活環境の保全及び国民経済の健全な発展に寄与することを目的とする。
　（定義）
第2条　この法律において「食品」とは、飲食料品のうち薬事法（昭和35年法律第145号）に規定する医薬品及び医薬部外品以外のものをいう。
2　この法律において「食品廃棄物等」とは、次に掲げる物品をいう。
　一　食品が食用に供された後に、又は食用に供されずに廃棄されたもの
　二　食品の製造、加工又は調理の過程において副次的に得られた物品のうち食用に供することができないもの
3　この法律において「食品循環資源」とは、食品廃棄物等のうち有用なも

のをいう。
4 この法律において「食品関連事業者」とは、次に掲げる者をいう。
　一 食品の製造、加工、卸売又は小売を業として行う者
　二 飲食店業その他食事の提供を伴う事業として政令で定めるものを行う者
5 この法律において「再生利用」とは、次に掲げる行為をいう。
　一 自ら又は他人に委託して食品循環資源を肥料、飼料その他政令で定める製品の原材料として利用すること。
　二 食品循環資源を肥料、飼料その他前号の政令で定める製品の原材料として利用するために譲渡すること。
6 この法律において「熱回収」とは、次に掲げる行為をいう。
　一 自ら又は他人に委託して食品循環資源を熱を得ることに利用すること（食品循環資源の有効な利用の確保に資するものとして主務省令で定める基準に適合するものに限る。）。
　二 食品循環資源を熱を得ることに利用するために譲渡すること（食品循環資源の有効な利用の確保に資するものとして主務省令で定める基準に適合するものに限る。）。
7 この法律において「減量」とは、脱水、乾燥その他の主務省令で定める方法により食品廃棄物等の量を減少させることをいう。

第2章　基本方針等

（基本方針）

第3条　主務大臣は、食品循環資源の再生利用及び熱回収並びに食品廃棄物等の発生の抑制及び減量（以下「食品循環資源の再生利用等」という。）を総合的かつ計画的に推進するため、政令で定めるところにより、食品循環資源の再生利用等の促進に関する基本方針（以下「基本方針」という。）を定めるものとする。
2 基本方針においては、次に掲げる事項を定めるものとする。
　一 食品循環資源の再生利用等の促進の基本的方向
　二 食品循環資源の再生利用等を実施すべき量に関する目標
　三 食品循環資源の再生利用等の促進のための措置に関する事項
　四 環境の保全に資するものとしての食品循環資源の再生利用等の促進の意義に関する知識の普及に係る事項

五　その他食品循環資源の再生利用等の促進に関する重要事項
3　主務大臣は、基本方針を定め、又はこれを改定しようとするときは、関係行政機関の長に協議するとともに、食料・農業・農村政策審議会及び中央環境審議会の意見を聴かなければならない。
4　主務大臣は、基本方針を定め、又はこれを改定したときは、遅滞なく、これを公表しなければならない。
　（事業者及び消費者の責務）
第4条　事業者及び消費者は、食品の購入又は調理の方法の改善により食品廃棄物等の発生の抑制に努めるとともに、食品循環資源の再生利用により得られた製品の利用により食品循環資源の再生利用を促進するよう努めなければならない。
　（国の責務）
第5条　国は、食品循環資源の再生利用等を促進するために必要な資金の確保その他の措置を講ずるよう努めなければならない。
2　国は、食品循環資源に関する情報の収集、整理及び活用、食品循環資源の再生利用等の促進に関する研究開発の推進及びその成果の普及その他の必要な措置を講ずるよう努めなければならない。
3　国は、教育活動、広報活動等を通じて、食品循環資源の再生利用等の促進に関する国民の理解を深めるとともに、その実施に関する国民の協力を求めるよう努めなければならない。
　（地方公共団体の責務）
第6条　地方公共団体は、その区域の経済的社会的諸条件に応じて食品循環資源の再生利用等を促進するよう努めなければならない。
　　第3章　食品関連事業者の再生利用等の実施
　（食品関連事業者の判断の基準となるべき事項）
第7条　主務大臣は、食品循環資源の再生利用等を促進するため、主務省令で、第3条第2項第2号の目標を達成するために取り組むべき措置その他の措置に関し、食品関連事業者の判断の基準となるべき事項を定めるものとする。
2　前項に規定する判断の基準となるべき事項は、食品循環資源の再生利用等の状況、食品循環資源の再生利用等の促進に関する技術水準その他の事情を勘案して定めるものとし、これらの事情の変動に応じて必要な改定を

するものとする。
3　主務大臣は、第1項に規定する判断の基準となるべき事項を定め、又はこれを改定しようとするときは、食料・農業・農村政策審議会及び中央環境審議会の意見を聴かなければならない。
（指導及び助言）
第8条　主務大臣は、食品循環資源の再生利用等の適確な実施を確保するため必要があると認めるときは、食品関連事業者に対し、前条第1項に規定する判断の基準となるべき事項を勘案して、食品循環資源の再生利用等について必要な指導及び助言をすることができる。
（定期の報告）
第9条　食品関連事業者であって、その事業活動に伴い生ずる食品廃棄物等の発生量が政令で定める要件に該当するもの（次条において「食品廃棄物等多量発生事業者」という。）は、毎年度、主務省令で定めるところにより、食品廃棄物等の発生量及び食品循環資源の再生利用等の状況に関し、主務省令で定める事項を主務大臣に報告しなければならない。
2　前項に規定する食品関連事業者の事業活動に伴い生ずる食品廃棄物等の発生量には、定型的な約款による契約に基づき継続的に、商品を販売し、又は販売をあっせんし、かつ、経営に関する指導を行う事業であって、当該事業に係る約款に、当該事業に加盟する者（以下この項において「加盟者」という。）の事業活動に伴い生ずる食品廃棄物等の処理に関する定めであって主務省令で定めるものがあるものを行う食品関連事業者にあっては、加盟者の事業活動に伴い生ずる食品廃棄物等の発生量を含むものとする。
（勧告及び命令）
第10条　主務大臣は、食品廃棄物等多量発生事業者の食品循環資源の再生利用等が第7条第1項に規定する判断の基準となるべき事項に照らして著しく不十分であると認めるときは、当該食品廃棄物等多量発生事業者に対し、その判断の根拠を示して、食品循環資源の再生利用等に関し必要な措置をとるべき旨の勧告をすることができる。
2　主務大臣は、前項に規定する勧告を受けた食品廃棄物等多量発生事業者がその勧告に従わなかったときは、その旨を公表することができる。
3　主務大臣は、第1項に規定する勧告を受けた食品廃棄物等多量発生事業

者が、前項の規定によりその勧告に従わなかった旨を公表された後において、なお、正当な理由がなくてその勧告に係る措置をとらなかった場合において、食品循環資源の再生利用等の促進を著しく害すると認めるときは、食料・農業・農村政策審議会及び中央環境審議会の意見を聴いて、当該食品廃棄物等多量発生事業者に対し、その勧告に係る措置をとるべきことを命ずることができる。

第4章　登録再生利用事業者

（登録）

第11条　食品循環資源を原材料とする肥料、飼料その他第2条第5項第1号の政令で定める製品（以下「特定肥飼料等」という。）の製造を業として行う者は、その事業場について、主務大臣の登録を受けることができる。

2　前項の登録の申請をしようとする者は、主務省令で定めるところにより、次に掲げる事項を記載した申請書を主務大臣に提出しなければならない。
　一　氏名又は名称及び住所並びに法人にあっては、その代表者の氏名
　二　再生利用事業（特定肥飼料等の製造の事業をいう。以下同じ。）の内容
　三　再生利用事業を行う事業場の名称及び所在地
　四　特定肥飼料等の製造の用に供する施設の種類及び規模
　五　特定肥飼料等を保管する施設及びこれを販売する事業場の所在地
　六　その他主務省令で定める事項

3　主務大臣は、第1項の登録の申請が次の各号のいずれにも適合していると認めるときは、その登録をしなければならない。
　一　再生利用事業の内容が、生活環境の保全上支障のないものとして主務省令で定める基準に適合するものであること。
　二　前項第4号に掲げる事項が、再生利用事業を効率的に実施するに足りるものとして主務省令で定める基準に適合するものであること。
　三　当該申請をした者が、再生利用事業を適確かつ円滑に実施するのに十分な経理的基礎を有するものであること。

4　次の各号のいずれかに該当する者は、第1項の登録を受けることができない。
　一　この法律の規定により罰金以上の刑に処せられ、その執行を終わり、又はその執行を受けることがなくなった日から2年を経過しない者

二　第17条第１項の規定により登録を取り消され、その取消しの日から２年を経過しない者

　三　法人であって、その業務を行う役員のうちに前２号のいずれかに該当する者があるもの

5　第１項の登録を受けた者（以下「登録再生利用事業者」という。）は、第２項各号に掲げる事項を変更したとき、又は第１項の登録に係る再生利用事業を廃止したときは、遅滞なく、その旨を主務大臣に届け出なければならない。

6　主務大臣は、第１項の登録をしたとき、又は前項の届出を受理したとき（第17条第１項の規定により第１項の登録を取り消す場合を除く。）は、遅滞なく、その旨を第２項第３号の事業場の所在地を管轄する都道府県知事に通知しなければならない。

　（登録の更新）

第12条　前条第１項の登録は、５年ごとにその更新を受けなければ、その期間の経過によって、その効力を失う。

2　前条第２項から第６項までの規定は、前項の更新について準用する。

　（名称の使用制限）

第13条　登録再生利用事業者でない者は、登録再生利用事業者という名称又はこれに紛らわしい名称を用いてはならない。

　（標識の掲示）

第14条　登録再生利用事業者は、当該登録に係る再生利用事業を行う事業場ごとに、公衆の見やすい場所に、主務省令で定める様式の標識を掲示しなければならない。

　（料金）

第15条　登録再生利用事業者は、再生利用事業の実施前に、当該再生利用事業に係る料金を定め、主務大臣に届け出なければならない。これを変更しようとするときも、同様とする。

2　主務大臣は、前項の料金が食品循環資源の再生利用の促進上不適当であり、特に必要があると認めるときは、登録再生利用事業者に対し、その変更を指示することができる。

3　登録再生利用事業者は、主務省令で定めるところにより、第１項の料金を公示しなければならない。

（差別的取扱いの禁止）
第16条　登録再生利用事業者は、再生利用事業の実施に関し、特定の者に対し不当に差別的取扱いをしてはならない。
（登録の取消し）
第17条　主務大臣は、登録再生利用事業者が次の各号のいずれかに該当するときは、第11条第1項の登録を取り消すことができる。
　一　不正な手段により第11条第1項の登録又はその更新を受けたとき。
　二　第11条第3項各号に掲げる要件に適合しなくなったとき。
　三　第15条第2項の規定による指示に違反したとき。
　四　この章の規定又は当該規定に基づく命令の規定に違反したとき。
2　第11条第6項の規定は、前項の規定による登録の取消しについて準用する。
（主務省令への委任）
第18条　この法律に定めるもののほか、登録再生利用事業者の登録に関し必要な事項は、主務省令で定める。

第5章　再生利用事業計画

（再生利用事業計画の認定）
第19条　食品関連事業者又は食品関連事業者を構成員とする事業協同組合その他の政令で定める法人は、特定肥飼料等の製造を業として行う者及び農林漁業者等（農林漁業者その他の者で特定肥飼料等を利用するものをいう。以下同じ。）又は農林漁業者等を構成員とする農業協同組合その他の政令で定める法人と共同して、再生利用事業の実施、当該再生利用事業により得られた特定肥飼料等の利用及び当該特定肥飼料等の利用により生産された農畜水産物、当該農畜水産物を原料又は材料として製造され、又は加工された食品その他の主務省令で定めるもの（以下「特定農畜水産物等」という。）の利用に関する計画（以下「再生利用事業計画」という。）を作成し、主務省令で定めるところにより、これを主務大臣に提出して、当該再生利用事業計画が適当である旨の認定を受けることができる。
2　再生利用事業計画には、次に掲げる事項を記載しなければならない。
　一　再生利用事業計画を作成する者の氏名又は名称及び住所並びに法人にあっては、その代表者の氏名
　二　再生利用事業の内容及び実施期間

三　再生利用事業により得られた特定肥飼料等の農林漁業者等による利用に関する事項
四　特定農畜水産物等の食品関連事業者による利用に関する事項
五　再生利用事業を行う事業場の名称及び所在地
六　特定肥飼料等の製造の用に供する施設の種類及び規模
七　特定肥飼料等を保管する施設及びこれを販売する事業場の所在地
八　再生利用事業に利用する食品循環資源の収集又は運搬を行う者及び当該収集又は運搬の用に供する施設
九　その他主務省令で定める事項

3　主務大臣は、第1項の認定の申請があった場合において、その再生利用事業計画が次の各号のいずれにも適合するものであると認めるときは、その認定をするものとする。

一　基本方針に照らして適切なものであり、かつ、第7条第1項に規定する判断の基準となるべき事項に適合するものであること。
二　特定肥飼料等の製造を業として行う者が、再生利用事業を確実に実施することができると認められること。
三　再生利用事業により得られた特定肥飼料等の製造量に見合う利用を確保する見込みが確実であること。
四　特定農畜水産物等の生産量のうち、食品関連事業者が利用すべき量として特定肥飼料等の利用の状況その他の事情を勘案して主務省令で定めるところにより算定される量に見合う利用を確保する見込みが確実であること。
五　前項第8号に規定する者が、主務省令で定める基準に適合すること。
六　前項第8号に規定する施設が、主務省令で定める基準に適合すること。

4　主務大臣は、第1項の認定をしたときは、遅滞なく、その旨を第2項第5号の事業場の所在地を管轄する都道府県知事に通知しなければならない。

（計画の変更等）

第20条　前条第1項の認定を受けた者（以下「認定事業者」という。）は、当該認定に係る再生利用事業計画を変更しようとするときは、共同して、主務大臣の認定を受けなければならない。

2　主務大臣は、次の各号のいずれかに該当すると認めるときは、前条第1

項の認定を取り消すことができる。
　一　認定事業者が、前条第1項の認定に係る再生利用事業計画（前項の規定による変更の認定があったときは、その変更後のもの。以下「認定計画」という。）に従って再生利用事業を実施していないとき。
　二　認定事業者が、認定計画に従って再生利用事業により得られた特定肥飼料等を利用していないとき。
　三　認定事業者が、認定計画に従って特定農畜水産物等を利用していないとき。
　四　前条第2項第8号に規定する者が、同条第3項第5号の主務省令で定める基準に適合しなくなったとき。
　五　前条第2項第8号に規定する施設が、同条第3項第6号の主務省令で定める基準に適合しなくなったとき。
3　前条第3項及び第4項の規定は第1項の規定による変更の認定について、同条第4項の規定は前項の規定による認定の取消しについて準用する。

第6章　雑則

（廃棄物処理法の特例）

第21条　一般廃棄物収集運搬業者（廃棄物の処理及び清掃に関する法律（昭和45年法律第137号。以下「廃棄物処理法」という。）第7条第12項に規定する一般廃棄物収集運搬業者をいう。以下同じ。）は、同条第1項の規定にかかわらず、食品関連事業者の委託を受けて、同項の運搬の許可を受けた市町村（都の特別区の存する区域にあっては、特別区）の区域から第11条第1項の登録に係る同条第2項第3号の事業場への食品循環資源の運搬（一般廃棄物（廃棄物処理法第2条第2項に規定する一般廃棄物をいう。以下この条において同じ。）の運搬に該当するものに限る。第4項において同じ。）を業として行うことができる。

2　認定事業者である食品関連事業者（認定事業者が第19条第1項の事業協同組合その他の政令で定める法人である場合にあっては、当該法人及びその構成員である食品関連事業者）の委託を受けて食品循環資源の収集又は運搬（一般廃棄物の収集又は運搬に該当するものに限る。以下この項において同じ。）を業として行う者（同条第2項第8号に規定する者である者に限る。）は、廃棄物処理法第7条第1項の規定にかかわらず、同項の規定による許可を受けないで、認定計画に従って行う再生利用事業に利用す

る食品循環資源の収集又は運搬を業として行うことができる。
3　前項に規定する者は、廃棄物処理法第7条第13項、第15項及び第16項、第7条の5並びに第19条の3の規定（これらの規定に係る罰則を含む。）の適用については、一般廃棄物収集運搬業者とみなす。
4　第1項の規定により一般廃棄物収集運搬業者が行う食品循環資源の運搬又は廃棄物処理法第7条第6項の許可を受けた登録再生利用事業者が食品関連事業者の委託を受けて行う再生利用事業（一般廃棄物に該当する食品循環資源を原材料とするものに限る。以下この項において同じ。）若しくは同条第6項の許可を受けた認定事業者が認定計画に従って行う再生利用事業については、同条第12項の規定は、適用しない。

（肥料取締法の特例）
第22条　特定肥飼料等の製造を業として行う者であって、肥料取締法（昭和25年法律第127号）第22条第1項又は第23条第1項の届出をしなければならないものが、第11条第1項の登録又は第19条第1項の認定を受けて特殊肥料（同法第2条第2項に規定する特殊肥料をいう。以下同じ。）の生産又は販売を行おうとする場合において、その者が第11条第1項の登録を受け、又は第19条第1項の認定を受けたときは、同法第22条第1項又は第23条第1項の届出があったものとみなす。
2　特定肥飼料等の製造を業として行う者であって、肥料取締法第22条第1項又は第23条第1項の届出をしているもの（前項の規定により当該届出をしたものとみなされる者を除く。）が、第11条第1項の登録又は第19条第1項の認定を受けて再生利用事業を行おうとする場合であり、かつ、当該再生利用事業を行うに当たり同法第22条第2項又は第23条第2項の規定による届出をしなければならない場合において、その者が第11条第1項の登録を受け、又は第19条第1項の認定を受けたときは、同法第22条第2項又は第23条第2項の届出があったものとみなす。
3　登録再生利用事業者又は認定事業者が再生利用事業を行っている場合（次項に規定する場合を除く。）において、肥料取締法第22条第1項又は第23条第1項の規定による届出をしなければならない事項について第11条第5項の届出をし、又は第20条第1項の変更の認定を受けたときは、同法第22条第1項又は第23条第1項の届出があったものとみなす。
4　登録再生利用事業者又は認定事業者が特殊肥料の生産又は販売を行って

いる場合において、肥料取締法第22条第 2 項又は第23条第 2 項の規定による届出をしなければならない事項について第11条第 5 項の届出をし、又は第20条第 1 項の変更の認定を受けたときは、同法第22条第 2 項又は第23条第 2 項の届出があったものとみなす。

（飼料安全法の特例）

第23条 特定肥飼料等の製造を業として行う者であって、飼料の安全性の確保及び品質の改善に関する法律（昭和28年法律第35号。以下「飼料安全法」という。）第50条第 1 項又は第 2 項の届出をしなければならないものが、第11条第 1 項の登録又は第19条第 1 項の認定を受けて飼料安全法第 3 条第 1 項の規定により基準又は規格が定められた飼料の製造又は販売を行おうとする場合において、その者が第11条第 1 項の登録を受け、又は第19条第 1 項の認定を受けたときは、飼料安全法第50条第 1 項又は第 2 項の届出があったものとみなす。

2 　特定肥飼料等の製造を業として行う者であって、飼料安全法第50条第 1 項又は第 2 項の届出をしているもの（前項の規定により当該届出をしたものとみなされる者を除く。）が、第11条第 1 項の登録又は第19条第 1 項の認定を受けて再生利用事業を行おうとする場合であり、かつ、当該再生利用事業を行うに当たり飼料安全法第50条第 4 項の規定による届出をしなければならない場合において、その者が第11条第 1 項の登録を受け、又は第19条第 1 項の認定を受けたときは、飼料安全法第50条第 4 項の届出があったものとみなす。

3 　登録再生利用事業者又は認定事業者が再生利用事業を行っている場合（次項に規定する場合を除く。）において、飼料安全法第50条第 1 項又は第 2 項の規定による届出をしなければならない事項について第11条第 5 項の届出をし、又は第20条第 1 項の変更の認定を受けたときは、飼料安全法第50条第 1 項又は第 2 項の届出があったものとみなす。

4 　登録再生利用事業者又は認定事業者が第 1 項に規定する飼料の製造又は販売を行っている場合において、飼料安全法第50条第 4 項の規定による届出をしなければならない事項について第11条第 5 項の届出をし、又は第20条第 1 項の変更の認定を受けたときは、飼料安全法第50条第 4 項の届出があったものとみなす。

（報告徴収及び立入検査）

第24条　主務大臣は、この法律の施行に必要な限度において、食品関連事業者に対し、食品廃棄物等の発生量及び食品循環資源の再生利用等の状況に関し報告をさせ、又はその職員に、これらの者の事務所、工場、事業場若しくは倉庫に立ち入り、帳簿、書類その他の物件を検査させることができる。

2　主務大臣は、この法律の施行に必要な限度において、登録再生利用事業者に対し、再生利用事業の実施状況に関し報告をさせ、又はその職員に、登録再生利用事業者の事務所、工場、事業場若しくは倉庫に立ち入り、帳簿、書類その他の物件を検査させることができる。

3　主務大臣は、この法律の施行に必要な限度において、認定事業者に対し、食品循環資源の再生利用等の状況に関し報告をさせ、又はその職員に、これらの者の事務所、工場、事業場若しくは倉庫に立ち入り、帳簿、書類その他の物件を検査させることができる。

4　前3項の規定により立入検査をする職員は、その身分を示す証明書を携帯し、関係者に提示しなければならない。

5　第1項から第3項までの規定による立入検査の権限は、犯罪捜査のために認められたものと解釈してはならない。

（主務大臣等）

第25条　この法律における主務大臣は、次のとおりとする。

一　第3条第1項の規定による基本方針の策定、同条第3項の規定による基本方針の改定及び同条第4項の規定による公表に関する事項については、農林水産大臣、環境大臣、財務大臣、厚生労働大臣、経済産業大臣及び国土交通大臣

二　第7条第1項の規定による判断の基準となるべき事項の策定、同条第2項の規定による当該事項の改定、第8条に規定する指導及び助言、第9条第1項の規定による報告の受理、第10条第1項に規定する勧告、同条第2項の規定による公表、同条第3項の規定による命令、第19条第1項に規定する認定、同条第4項（第20条第3項において準用する場合を含む。）の規定による通知、第20条第1項に規定する変更の認定、同条第2項の規定による認定の取消し並びに前条第1項及び第3項の規定による報告徴収及び立入検査に関する事項については、農林水産大臣、環境大臣及び当該食品関連事業者の事業を所管する大臣

三　第11条第1項に規定する登録、同条第2項（第12条第2項において準用する場合を含む。）の規定による申請書の受理、第11条第5項（第12条第2項において準用する場合を含む。）の規定による届出の受理、第11条第6項（第12条第2項及び第17条第2項において準用する場合を含む。）の規定による通知、第15条第1項の規定による届出の受理、同条第2項の規定による指示、第17条第1項の規定による登録の取消し並びに前条第2項の規定による報告徴収及び立入検査に関する事項については、農林水産大臣、環境大臣及び当該特定肥飼料等の製造の事業を所管する大臣

2　この法律における主務省令は、次のとおりとする。
　一　第2条第6項各号及び第7項の主務省令については、農林水産大臣及び環境大臣の発する命令
　二　第7条第1項、第9条並びに第19条第1項、第2項第9号及び第3項第4号から第6号までの主務省令については、農林水産大臣、環境大臣及び当該食品関連事業者の事業を所管する大臣の発する命令
　三　第11条第2項並びに第3項第1号及び第2号（これらの規定を第12条第2項において準用する場合を含む。）、第14条、第15条第3項並びに第18条の主務省令については、農林水産大臣、環境大臣及び当該特定肥飼料等の製造の事業を所管する大臣の発する命令

3　この法律に規定する主務大臣の権限は、政令で定めるところにより、その一部を地方支分部局の長に委任することができる。

（経過措置）

第26条　この法律の規定に基づき命令を制定し、又は改廃する場合においては、その命令で、その制定又は改廃に伴い合理的に必要と判断される範囲内において、所要の経過措置（罰則に関する経過措置を含む。）を定めることができる。

第7章　罰則

第27条　第10条第3項の規定による命令に違反した者は、50万円以下の罰金に処する。

第28条　次の各号のいずれかに該当する者は、30万円以下の罰金に処する。
　一　第11条第5項又は第15条第1項の規定による届出をせず、又は虚偽の届出をした者

二　第13条の規定に違反した者
　　三　第14条の規定による標識を掲示しなかった者
　　四　第15条第3項の規定による公示をせず、又は虚偽の公示をした者
　　五　第24条第2項の規定による報告をせず、又は虚偽の報告をした者
　　六　第24条第2項の規定による検査を拒み、妨げ、又は忌避した者
第29条　次の各号のいずれかに該当する者は、20万円以下の罰金に処する。
　　一　第9条第1項又は第24条第1項若しくは第3項の規定による報告をせず、又は虚偽の報告をした者
　　二　第24条第1項又は第3項の規定による検査を拒み、妨げ、又は忌避した者
第30条　法人の代表者又は法人若しくは人の代理人、使用人その他の従業者が、その法人又は人の業務に関し、前3条の違反行為をしたときは、行為者を罰するほか、その法人又は人に対しても、各本条の刑を科する。

　　　附　則
（施行期日）
第1条　この法律は、公布の日から起算して1年を超えない範囲内において政令で定める日から施行する。
（検討）
第2条　政府は、この法律の施行後5年を経過した場合において、この法律の施行の状況について検討を加え、その結果に基づいて必要な措置を講ずるものとする。
（経過措置）
第3条　この法律の施行の際現に登録再生利用事業者という名称又はこれに紛らわしい名称を用いている者については、第12条の規定は、この法律の施行後6月間は、適用しない。
（食料・農業・農村基本法の一部改正）
第4条　食料・農業・農村基本法（平成11年法律第106号）の一部を次のように改正する。
　　第40条第3項中「及び主要食糧の需給及び価格の安定に関する法律（平成6年法律第113号）」を「、主要食糧の需給及び価格の安定に関する法律（平成6年法律第113号）及び食品循環資源の再生利用等の促進に関する法律（平成12年法律第116号）」に改める。

附　則　（平成15年法律第74号）抄
（施行期日）
第１条　この法律は、公布の日から起算して３月を超えない範囲内において政令で定める日から施行する。

　　　附　則　（平成15年法律第93号）抄
（施行期日）
第１条　この法律は、平成15年12月１日から施行する。

　　　附　則　（平成19年法律第83号）抄
（施行期日）
第１条　この法律は、公布の日から起算して６月を超えない範囲内において政令で定める日から施行する。ただし、第３条第３項の改正規定、第７条第３項の改正規定、第９条第３項の改正規定（「食料・農業・農村政策審議会」の下に「及び中央環境審議会」を加える部分に限る。）並びに附則第６条及び第９条の規定は、公布の日から施行する。
（定期の報告に関する経過措置）
第２条　この法律による改正後の食品循環資源の再生利用等の促進に関する法律（附則第７条において「新法」という。）第９条第１項に規定する食品廃棄物等多量発生事業者は、同項の規定にかかわらず、この法律の施行の日の属する年度に係る食品廃棄物等の発生量及び食品循環資源の再生利用等の状況に関し、報告することを要しない。
（再生利用事業計画に関する経過措置）
第３条　この法律による改正前の食品循環資源の再生利用等の促進に関する法律（次条において「旧法」という。）第18条第１項の認定を受けた再生利用事業計画及びこの法律の施行後に次条の規定に基づきなお従前の例により認定を受けた再生利用事業計画に関する計画の変更の認定及び取消し、廃棄物の処理及び清掃に関する法律（昭和45年法律第137号）、肥料取締法（昭和25年法律第127号）及び飼料の安全性の確保及び品質の改善に関する法律（昭和28年法律第35号）の特例並びに報告の徴収及び立入検査については、なお従前の例による。
（施行前にされた再生利用事業計画の認定の申請に関する経過措置）
第４条　この法律の施行前にされた旧法第18条第１項の認定の申請であって、この法律の施行の際、認定をするかどうかの処分がされていないもの

に係る認定については、なお従前の例による。
　（罰則の適用に関する経過措置）
第5条　この法律の施行前にした行為及び附則第3条の規定によりなお従前の例によることとされる場合におけるこの法律の施行後にした行為に対する罰則の適用については、なお従前の例による。
　（政令への委任）
第6条　この附則に定めるもののほか、この法律の施行に関し必要な経過措置は、政令で定める。
　（検討）
第7条　政府は、この法律の施行後5年を経過した場合において、新法の施行の状況を勘案し、必要があると認めるときは、新法の規定について検討を加え、その結果に基づいて必要な措置を講ずるものとする。
　（登録免許税法の一部改正）
第8条　登録免許税法（昭和42年法律第35号）の一部を次のように改正する。
　別表第1第90号中「第10条第1項」を「第11条第1項」に改める。
　（環境基本法の一部改正）
第9条　環境基本法（平成5年法律第91号）の一部を次のように改正する。
　第41条第2項第3号中「（平成12年法律第110号）」の下に「、食品循環資源の再生利用等の促進に関する法律（平成12年法律第116号）」を加える。

○食品循環資源の再生利用等の促進に関する法律の施行期日を定める政令

〔平成13年4月25日　政令第１７５号〕

　内閣は、食品循環資源の再生利用等の促進に関する法律（平成12年法律第116号）附則第１条の規定に基づき、この政令を制定する。
　食品循環資源の再生利用等の促進に関する法律の施行期日は、平成13年５月１日とする。

○食品循環資源の再生利用等の促進に関する法律の一部を改正する法律の施行期日を定める政令

〔平成19年11月16日〕
〔政 令 第 334 号〕

　内閣は、食品循環資源の再生利用等の促進に関する法律の一部を改正する法律（平成19年法律第83号）附則第１条の規定に基づき、この政令を制定する。

　食品循環資源の再生利用等の促進に関する法律の一部を改正する法律の施行期日は、平成19年12月１日とする。

○食品循環資源の再生利用等の促進に関する法律施行令

〔平成13年4月25日
政令第176号〕

最終改正　平成19年11月16日政令第335号

（食事の提供を伴う事業）
第1条　食品循環資源の再生利用等の促進に関する法律（以下「法」という。）第2条第4項第2号の政令で定める事業は、次のとおりとする。
一　沿海旅客海運業
二　内陸水運業
三　結婚式場業
四　旅館業

（再生利用に係る製品）
第2条　法第2条第5項第1号の政令で定める製品は、次のとおりとする。
一　炭化の過程を経て製造される燃料及び還元剤
二　油脂及び油脂製品
三　エタノール
四　メタン

（基本方針）
第3条　法第3条第1項の基本方針は、おおむね5年ごとに、主務大臣が定める目標年度までの期間につき定めるものとする。

（食品関連事業者に係る発生量の要件）
第4条　法第9条第1項の政令で定める要件は、当該年度の前年度において生じた食品廃棄物等の発生量が100トン以上であることとする。

（再生利用事業計画に係る事業協同組合その他の法人）
第5条　法第19条第1項の事業協同組合その他の政令で定める法人は、次のとおりとする。
一　事業協同組合、事業協同小組合及び協同組合連合会
二　協業組合、商工組合及び商工組合連合会
三　商工会議所及び日本商工会議所
四　商工会及び商工会連合会

五　商店街振興組合及び商店街振興組合連合会
六　生活衛生同業組合、生活衛生同業小組合及び生活衛生同業組合連合会
七　消費生活協同組合連合会
八　農業協同組合連合会
九　漁業協同組合連合会、水産加工業協同組合及び水産加工業協同組合連合会
十　森林組合連合会
十一　民法（明治29年法律第89号）第34条の規定により設立された社団法人

> 注　第11号は、平成19年3月政令第39号により改正され、一般社団法人及び一般財団法人に関する法律の施行の日〔平成20年12月1日〕から施行
>
> 十一　一般社団法人

（再生利用事業計画に係る農業協同組合その他の法人）
第6条　法第19条第1項の農業協同組合その他の政令で定める法人は、次のとおりとする。
一　農業協同組合、農業協同組合連合会及び農事組合法人
二　地区たばこ耕作組合、たばこ耕作組合連合会及びたばこ耕作組合中央会
三　漁業協同組合及び漁業協同組合連合会
四　森林組合及び森林組合連合会
五　消費生活協同組合及び消費生活協同組合連合会
六　事業協同組合、事業協同小組合及び協同組合連合会
七　協業組合、商工組合及び商工組合連合会
八　民法第34条の規定により設立された社団法人

> 注　第8号は、平成19年3月政令第39号により改正され、一般社団法人及び一般財団法人に関する法律の施行の日〔平成20年12月1日〕から施行
>
> 八　一般社団法人

（権限の委任）
第7条　次の各号に掲げる農林水産大臣の権限は、当該各号に定める地方農政局長に委任するものとする。ただし、農林水産大臣が自らその権限を行うことを妨げない。

一　法第 9 条第 1 項の規定による権限　食品関連事業者の主たる事務所の所在地を管轄する地方農政局長
　二　法第11条第 1 項、第 2 項（法第12条第 2 項において準用する場合を含む。次項第 2 号及び第 5 項第 2 号において同じ。）、第 5 項（法第12条第 2 項において準用する場合を含む。次項第 2 号及び第 5 項第 2 号において同じ。）及び第 6 項（法第12条第 2 項及び第17条第 2 項において準用する場合を含む。次項第 2 号及び第 5 項第 2 号において同じ。）、第15条第 1 項及び第 2 項並びに第17条第 1 項の規定による権限　再生利用事業を行う事業場の所在地を管轄する地方農政局長
　三　法第24条第 1 項から第 3 項までの規定による権限　食品関連事業者、登録再生利用事業者又は認定事業者の事務所、工場、事業場又は倉庫の所在地を管轄する地方農政局長
2　次の各号に掲げる環境大臣の権限は、当該各号に定める地方環境事務所長に委任するものとする。ただし、環境大臣が自らその権限を行うことを妨げない。
　一　法第 9 条第 1 項の規定による権限　食品関連事業者の主たる事務所の所在地を管轄する地方環境事務所長
　二　法第11条第 1 項、第 2 項、第 5 項及び第 6 項、第15条第 1 項及び第 2 項並びに第17条第 1 項の規定による権限　再生利用事業を行う事業場の所在地を管轄する地方環境事務所長
　三　法第24条第 1 項から第 3 項までの規定による権限　食品関連事業者、登録再生利用事業者又は認定事業者の事務所、工場、事業場又は倉庫の所在地を管轄する地方環境事務所長
3　次の各号に掲げる財務大臣の権限のうち、国税庁の所掌に係るものについては、当該各号に定める国税局長（沖縄国税事務所長を含む。以下この項において同じ。）又は税務署長に委任するものとする。ただし、財務大臣が自らその権限を行うことを妨げない。
　一　法第 9 条第 1 項の規定による権限　食品関連事業者の主たる事務所の所在地を管轄する国税局長又は税務署長
　二　法第24条第 1 項及び第 3 項の規定による権限　食品関連事業者又は認定事業者の事務所、工場、事業場又は倉庫の所在地を管轄する国税局長又は税務署長

4 次の各号に掲げる厚生労働大臣の権限は、当該各号に定める地方厚生局長（四国厚生支局の管轄する区域にあっては、四国厚生支局長。以下この項において同じ。）に委任するものとする。ただし、厚生労働大臣が自らその権限を行うことを妨げない。
　一　法第9条第1項の規定による権限　食品関連事業者の主たる事務所の所在地を管轄する地方厚生局長
　二　法第24条第1項及び第3項の規定による権限　食品関連事業者又は認定事業者の事務所、工場、事業場又は倉庫の所在地を管轄する地方厚生局長
5 次の各号に掲げる経済産業大臣の権限は、当該各号に定める経済産業局長に委任するものとする。ただし、経済産業大臣が自らその権限を行うことを妨げない。
　一　法第9条第1項の規定による権限　食品関連事業者の主たる事務所の所在地を管轄する経済産業局長
　二　法第11条第1項、第2項、第5項及び第6項、第15条第1項及び第2項並びに第17条第1項の規定による権限　再生利用事業を行う事業場の所在地を管轄する経済産業局長
　三　法第24条第1項から第3項までの規定による権限　食品関連事業者、登録再生利用事業者又は認定事業者の事務所、工場、事業場又は倉庫の所在地を管轄する経済産業局長
6 次の各号に掲げる国土交通大臣の権限は、当該各号に定める地方運輸局長（国土交通省設置法（平成11年法律第100号）第4条第15号、第18号、第86号、第87号、第92号、第93号及び第128号に掲げる事務並びに同条第86号に掲げる事務に係る同条第19号及び第22号に掲げる事務に係る権限については、運輸監理部長を含む。以下この項において同じ。）に委任するものとする。ただし、国土交通大臣が自らその権限を行うことを妨げない。
　一　法第9条第1項の規定による権限　食品関連事業者の主たる事務所の所在地を管轄する地方運輸局長
　二　法第24条第1項及び第3項の規定による権限　食品関連事業者又は認定事業者の事務所、工場、事業場又は倉庫の所在地を管轄する地方運輸局長
　　　附　則

（施行期日）
第1条　この政令は、法の施行の日（平成13年5月1日）から施行する。
　　　　附　則　（平成14年政令第200号）抄
（施行期日）
第1条　この政令は、平成14年7月1日から施行する。
　　　　附　則　（平成17年政令第228号）抄
（施行期日）
第1条　この政令は、平成17年10月1日から施行する。
（処分、申請等に関する経過措置）
第16条　この政令の施行前に環境大臣が法律の規定によりした登録その他の処分又は通知その他の行為（この政令による改正後のそれぞれの政令の規定により地方環境事務所長に委任された権限に係るものに限る。以下「処分等」という。）は、相当の地方環境事務所長がした処分等とみなし、この政令の施行前に法律の規定により環境大臣に対してした申請、届出その他の行為（この政令による改正後のそれぞれの政令の規定により地方環境事務所長に委任された権限に係るものに限る。以下「申請等」という。）は、相当の地方環境事務所長に対してした申請等とみなす。
2　この政令の施行前に法律の規定により環境大臣に対し報告、届出、提出その他の手続をしなければならない事項（この政令による改正後のそれぞれの政令の規定により地方環境事務所長に委任された権限に係るものに限る。）で、この政令の施行前にその手続がされていないものについては、これを、当該法律の規定により地方環境事務所長に対して報告、届出、提出その他の手続をしなければならない事項についてその手続がされていないものとみなして、当該法律の規定を適用する。
（罰則に関する経過措置）
第17条　この政令の施行前にした行為に対する罰則の適用については、なお従前の例による。
　　　　附　則　（平成19年政令第39号）
　この政令は、一般社団法人及び一般財団法人に関する法律の施行の日から施行する。
　　　　附　則　（平成19年政令第335号）
　この政令は、食品循環資源の再生利用等の促進に関する法律の一部を改正する法律の施行の日（平成19年12月1日）から施行する。

○食品循環資源の再生利用等の促進に関する法律第2条第6項の基準を定める省令

平成19年11月30日
農林水産省
環　境　省令第5号

（熱回収に係る食品循環資源の利用の基準）
第1条　食品循環資源の再生利用等の促進に関する法律（以下「法」という。）第2条第6項第1号の主務省令で定める基準は、次の各号のいずれにも該当することとする。
一　次のいずれかに該当するものであること。
　イ　事業活動に伴い食品廃棄物等を生ずる食品関連事業者の工場又は事業場（以下「食品関連事業者の工場等」という。）から75キロメートルの範囲内に特定肥飼料等の製造の用に供する施設（以下「特定肥飼料等製造施設」という。）が存しない場合に行うものであること。
　ロ　食品関連事業者の工場等において生ずる食品循環資源が次のいずれかに該当することにより当該食品関連事業者の工場等から75キロメートルの範囲内に存する特定肥飼料等製造施設（以下「範囲内特定肥飼料等製造施設」という。）において受け入れることが著しく困難である場合に、当該食品循環資源についてのみ行うものであること。
　　(1)　いずれの範囲内特定肥飼料等製造施設においても再生利用に適さない種類のものであること。
　　(2)　いずれの範囲内特定肥飼料等製造施設においても再生利用に適さない性状をあらかじめ有するものであること。
　ハ　食品関連事業者の工場等において生ずる食品循環資源の量がその時点における範囲内特定肥飼料等製造施設において再生利用を行うことのできる食品循環資源の量の合計量を超える場合に、当該超える量についてのみ行うものであること。
二　食品循環資源であって、廃食用油又はこれに類するもの（その発熱量が1キログラム当たり35メガジュール以上のものに限る。）を利用する場合には、1トン当たりの利用に伴い得られる熱の量が28,000メガジュール以上となるように行い、かつ、当該得られた熱を有効に利用する

ものであること。
三　食品循環資源であって、前号に規定するもの以外のものを利用する場合には、1トン当たりの利用に伴い得られる熱又はその熱を変換して得られる電気の量が160メガジュール以上となるように行い、かつ、当該得られた熱又は電気を有効に利用するものであること。
（熱回収に係る食品循環資源の譲渡の基準）
第2条　法第2条第6項第2号の主務省令で定める基準は、前条に規定する基準を満たすことができる者に譲渡することとする。

　　　　附　則
　この省令は、食品循環資源の再生利用等の促進に関する法律の一部を改正する法律（平成19年法律第83号）の施行の日（平成19年12月1日）から施行する。

○食品循環資源の再生利用等の促進に関する法律第2条第7項の方法を定める省令

[平成13年5月1日　農林水産省　環境省令第2号]

最終改正　平成19年11月30日　農林水産省　環境省令第6号

　食品循環資源の再生利用等の促進に関する法律第2条第7項の主務省令で定める方法は、脱水、乾燥、発酵及び炭化とする。

　　　附　則
　この省令は、公布の日から施行する。

　　　附　則　（平成19年11月30日農林水産省、環境省令第6号）
　この省令は、食品循環資源の再生利用等の促進に関する法律の一部を改正する法律（平成19年法律第83号）の施行の日（平成19年12月1日）から施行する。

○食品循環資源の再生利用等の促進に関する食品関連事業者の判断の基準となるべき事項を定める省令

〔平成13年5月30日
財　務　省、厚生労働省
農林水産省、経済産業省　令第4号
国土交通省、環　境　省〕

最終改正　平成19年11月30日　財務省 厚生労働省 農林水産省 経済産業省 国土交通省 環境省 令第2号

（食品循環資源の再生利用等の実施の原則）

第1条　食品関連事業者は、食品循環資源の再生利用等の促進に関する法律（以下「法」という。）第3条第1項の基本方針に定められた食品循環資源の再生利用等を実施すべき量に関する目標を達成するため、食品循環資源の再生利用等に関する技術水準及び経済的な状況を踏まえつつ、その事業活動に伴い生ずる食品廃棄物等について、その事業の特性に応じて、食品循環資源の再生利用等を計画的かつ効率的に実施するものとする。

2　食品関連事業者は、次に定めるところにより、食品循環資源の再生利用等を実施するものとする。この場合において、次に定めるところによらないことが環境への負荷の低減にとって有効であると認められるときは、この限りでない。

　一　食品廃棄物等の発生を可能な限り抑制すること。

　二　食品循環資源の全部又は一部のうち、再生利用を実施することができるものについては、特定肥飼料等の需給状況を勘案して、可能な限り再生利用を実施すること。この場合において、飼料の原材料として利用することができるものについては、可能な限り飼料の原材料として利用すること。

　三　食品循環資源の全部又は一部のうち、前号の規定による再生利用を実施することができないものであって、熱回収を実施することができるものについては、可能な限り熱回収を実施すること。

　四　食品廃棄物等の全部又は一部のうち、前2号の規定による再生利用及び熱回収を実施することができないものについては、減量を実施することにより、事業場外への排出を可能な限り抑制すること。

（食品循環資源の再生利用等の実施に関する目標）
第2条　食品関連事業者は、食品循環資源の再生利用等の実施に当たっては、毎年度、当該年度における食品循環資源の再生利用等の実施率（付録第1の算式によって算出される率をいう。）が同年度における基準実施率（付録第2の算式によって算出される率をいう。）以上となるようにすることを目標とするものとする。
　（食品廃棄物等の発生の抑制）
第3条　食品関連事業者は、食品廃棄物等の発生の抑制を実施するに当たっては、主として次に掲げる措置を講ずるものとする。
　一　食品の製造又は加工の過程における原材料の使用の合理化を行うこと。
　二　食品の流通の過程における食品の品質管理の高度化その他配送及び保管の方法の改善を行うこと。
　三　食品の販売の過程における食品の売れ残りを減少させるための仕入れ及び販売の方法の工夫を行うこと。
　四　食品の調理及び食事の提供の過程における調理残さを減少させるための調理方法の改善及び食べ残しを減少させるためのメニューの工夫を行うこと。
　五　売れ残り、調理残さその他の食品廃棄物等の発生形態ごとに定期的に発生量を計測し、その変動の状況の把握に努めること。
　六　食品の販売を行う食品関連事業者にあっては売れ残りの、食事の提供を行う食品関連事業者にあっては食べ残しの量に関する削減目標を定める等必要に応じ細分化した実施目標を定め、計画的な食品廃棄物等の発生の抑制に努めること。
2　食品関連事業者は、食品廃棄物等の発生の抑制を促進するため、主務大臣が定める期間ごとに、当該年度における食品廃棄物等の発生原単位（付録第3の算式によって算出される値をいう。）が主務大臣が定める基準発生原単位以下になるよう努めるものとする。
　（食品循環資源の管理の基準）
第4条　食品関連事業者は、食品循環資源を特定肥飼料等の原材料として利用するに当たっては、次に掲げる基準に従って食品循環資源の管理を行うものとする。

一 食品循環資源の再生利用により得ようとする特定肥飼料等の種類及びその製造の方法を勘案し、食品循環資源と容器包装、食器、楊枝その他の異物及び特定肥飼料等の原材料の用途に適さない食品廃棄物等とを適切に分別すること。
二 異物、病原微生物その他の特定肥飼料等を利用する上での危害の原因となる物質の混入を防止すること。
三 食品循環資源の品質を保持するため必要がある場合には、腐敗防止のための温度管理、腐敗した部分の速やかな除去その他の品質管理を適切に行うこと。

（食品廃棄物等の収集又は運搬の基準）
第5条 食品関連事業者は、自ら食品廃棄物等の収集又は運搬を行うに当たっては、次に掲げる基準に従うものとする。
一 特定肥飼料等の原材料として利用することを目的として食品循環資源の収集又は運搬を行うに当たっては、次に掲げる措置を講ずること。
　イ 異物、病原微生物その他の特定肥飼料等を利用する上での危害の原因となる物質の混入を防止すること。
　ロ 食品循環資源の品質を保持するため必要がある場合には、腐敗防止のための温度管理、腐敗した部分の速やかな除去その他の品質管理を適切に行うこと。
二 食品廃棄物等の飛散及び流出並びに悪臭の発散その他による生活環境の保全上の支障が生じないよう適切な措置を講ずること。

（食品廃棄物等の収集又は運搬の委託の基準）
第6条 食品関連事業者は、他人に食品廃棄物等の収集又は運搬を委託するに当たっては、次に掲げる基準に従うものとする。
一 委託先として前条の基準に従って食品廃棄物等の収集又は運搬を行う者を選定すること。
二 前号の委託先における食品廃棄物等の収集又は運搬の実施状況を定期的に把握するとともに、当該委託先における食品廃棄物等の収集又は運搬が前条の基準に従って行われていないと認められるときは、委託先の変更その他必要な措置を講ずること。

（再生利用に係る特定肥飼料等の製造の基準）
第7条 食品関連事業者は、食品循環資源の再生利用として自ら特定肥飼料

等の製造を行うに当たっては、次に掲げる基準に従うものとする。
一 特定肥飼料等の需給状況を勘案して、農林漁業者等の需要に適合する品質を有する特定肥飼料等の製造を行うこと。
二 食品循環資源の再生利用により得ようとする特定肥飼料等の種類及びその製造の方法を勘案し、食品循環資源と容器包装、食器、楊枝その他の異物及び特定肥飼料等の原材料の用途に適さない食品廃棄物等とを適切に分別すること。
三 食品循環資源の品質を保持するため必要がある場合には、腐敗防止のための温度管理、腐敗した部分の速やかな除去その他の品質管理を適切に行うこと。
四 食品循環資源の組成に応じた適切な用途、手法及び技術の選択により、食品循環資源を特定肥飼料等の原材料として最大限に利用すること。
五 特定肥飼料等の安全性を確保し、及びその品質を向上させるため、次に掲げる措置を講ずること。
　イ 異物、病原微生物その他の特定肥飼料等を利用する上での危害の原因となる物質の混入の防止、機械装置の保守点検その他の工程管理を適切に行うこと。
　ロ 特定肥飼料等の製造に使用される食品循環資源及びそれ以外の原材料並びに特定肥飼料等の性状の分析及び管理を適正に行い、特定肥飼料等の含有成分の安定化を図ること。
六 食品廃棄物等の飛散及び流出並びに悪臭の発散その他による生活環境の保全上の支障が生じないよう適切な措置を講ずること。
七 特定肥飼料等を他人に譲渡する場合には、当該特定肥飼料等が利用されずに廃棄されることのないよう、農林漁業者等との安定的な取引関係の確立その他の方法により特定肥飼料等の利用を確保すること。
2 食品関連事業者は、前項の場合において肥料の製造を行うときは、その製造する肥料について、肥料取締法（昭和25年法律第127号）及びこれに基づく命令により定められた規格に適合させるものとする。
3 食品関連事業者は、第1項の場合において飼料の製造を行うときは、その製造する飼料について、飼料の安全性の確保及び品質の改善に関する法律（昭和28年法律第35号）及びこれに基づく命令により定められた基準及び規格に適合させるものとする。

4　食品関連事業者は、第1項の場合において配合飼料の製造を行うときは、粉末乾燥処理を行うものとする。
（再生利用に係る特定肥飼料等の製造の委託及び食品循環資源の譲渡の基準）
第8条　食品関連事業者は、食品循環資源の再生利用として他人に特定肥飼料等の製造を委託し、又は食品循環資源を譲渡するに当たっては、委託先又は譲渡先として、前条の基準に従って特定肥飼料等の製造を行う者を選定するものとする。
2　食品関連事業者は、前項の委託先又は譲渡先における特定肥飼料等の製造の実施状況を定期的に把握するとともに、当該委託先又は譲渡先における特定肥飼料等の製造が前条の基準に従って行われていないと認められるときは、委託先又は譲渡先の変更その他必要な措置を講ずるものとする。
（食品循環資源の熱回収）
第9条　食品関連事業者は、食品循環資源の熱回収を行うに当たっては、次に掲げる事項について適切に把握し、その記録を行うものとする。
　一　事業活動に伴い食品廃棄物等を生ずる自らの工場又は事業場から75キロメートルの範囲内における特定肥飼料等の製造の用に供する施設（次号において「特定肥飼料等製造施設」という。）の有無
　二　事業活動に伴い食品廃棄物等を生ずる自らの工場又は事業場から75キロメートルの範囲内に存する特定肥飼料等製造施設において、当該工場又は事業場において生ずる食品循環資源を受け入れて再生利用することが著しく困難であることを示す状況
　三　熱回収を行う食品循環資源の種類及び発熱量その他の性状
　四　食品循環資源の熱回収により得られた熱量（その熱を電気に変換した場合にあっては、当該電気の量）
　五　熱回収を行う施設の名称及び所在地
（情報の提供）
第10条　食品関連事業者は、特定肥飼料等を利用する者（第8条第1項に規定する場合にあっては、委託先又は譲渡先）に対し、特定肥飼料等の原材料として利用する食品循環資源について、その発生の状況、含有成分その他の必要な情報を提供するものとする。
2　食品関連事業者は、毎年度、当該年度の前年度における食品廃棄物等の

発生量及び食品循環資源の再生利用等の状況についての情報をインターネットの利用その他の方法により提供するよう努めるものとする。
　（食品廃棄物等の減量）
第11条　食品関連事業者は、食品廃棄物等の減量を実施するに当たっては、その実施後に残存する食品廃棄物等について、適正な処理を行うものとする。
　（費用の低減）
第12条　食品関連事業者は、食品循環資源の再生利用等の効率的な実施体制の整備を図ることにより、食品循環資源の再生利用等に要する費用を低減させるよう努めるものとする。
　（加盟者における食品循環資源の再生利用等の促進）
第13条　定型的な約款に基づき継続的に、商品を販売し、又は販売をあっせんし、かつ、経営に関する指導を行う事業を行う食品関連事業者（次項において「本部事業者」という。）は、当該事業に加盟する者（以下この条において「加盟者」という。）の事業活動に伴い生ずる食品廃棄物等について、当該加盟者に対し、食品循環資源の再生利用等に関し必要な指導を行い、食品循環資源の再生利用等を促進するよう努めるものとする。
２　加盟者は、前項の規定により本部事業者が実施する食品循環資源の再生利用等の促進のための措置に協力するよう努めるものとする。
　（教育訓練）
第14条　食品関連事業者は、その従業員に対して、食品循環資源の再生利用等に関する必要な教育訓練を行うよう努めるものとする。
　（再生利用等の実施状況の把握及び管理体制の整備）
第15条　食品関連事業者は、その事業活動に伴い生ずる食品廃棄物等の発生量及び食品循環資源の再生利用等の実施量その他食品循環資源の再生利用等の状況を適切に把握し、その記録を行うものとする。
２　食品関連事業者は、前項の規定による記録の作成その他食品循環資源の再生利用等に関する事務を適切に行うため、事業場ごとの責任者の選任その他管理体制の整備を行うものとする。
　　　附　則
この省令は、公布の日から施行する。
　　　附　則　（平成19年11月30日財務省、厚生労働省、農林水産省、経済産業省、

　　　　　国土交通省、環境省令第2号）
　この省令は、食品循環資源の再生利用等の促進に関する法律の一部を改正する法律（平成19年法律第83号）の施行の日（平成19年12月1日）から施行する。

付録第1（第2条関係）
　　R＝（A＋B＋C×0.95＋D）÷（A＋E）×100
　　A＝（F÷G－E÷H）×H
　　E＝B＋C＋D＋I＋J
　　F＝K＋L＋M＋N＋O
Rは、当該年度における食品循環資源の再生利用等の実施率
Aは、当該年度における食品廃棄物等の発生抑制の実施量
Bは、当該年度における食品循環資源の再生利用の実施量（事業活動に伴い生じた食品廃棄物等のうち、特定肥飼料等の原材料として利用された食品循環資源の量及び特定肥飼料等の原材料として利用するために譲渡された食品循環資源の量の合計量をいう。Kにおいて「再生利用の実施量」という。）
Cは、当該年度における食品循環資源の熱回収の実施量（事業活動に伴い生じた食品廃棄物等のうち、法第2条第6項第1号に規定する基準に適合するものとして熱を得ることに利用された食品循環資源の量及び同項第2号に規定する基準に適合するものとして熱を得ることに利用するために譲渡された食品循環資源の量の合計量をいう。Lにおいて「熱回収の実施量」という。）
Dは、当該年度における食品廃棄物等の減量の実施量（事業活動に伴い生じた食品廃棄物等のうち、法第2条第7項に規定する方法により減少した食品廃棄物等の量をいう。Mにおいて「減量の実施量」という。）
Eは、当該年度における食品廃棄物等の発生量。付録第3において同じ。
Fは、平成19年度における食品廃棄物等の発生量。付録第2において同じ。
Gは、平成19年度における売上高、製造数量その他の事業活動に伴い生ずる食品廃棄物等の発生量と密接な関係をもつ値
Hは、当該年度における売上高、製造数量その他の事業活動に伴い生ずる食品廃棄物等の発生量と密接な関係をもつ値（平成19年度における当該値と同じ種類の値に限る。）。付録第3において同じ。

Iは、当該年度における食品循環資源の再生利用等以外の実施量（事業活動に伴い生じた食品廃棄物等のうち、特定肥飼料等以外の製品の原材料として利用された食品循環資源の量及び特定肥飼料等以外の製品の原材料として利用するために譲渡された食品循環資源の量の合計量をいう。Nにおいて「再生利用等以外の実施量」という。）

Jは、当該年度における食品廃棄物等の廃棄物としての処分の実施量

Kは、平成19年度における再生利用の実施量。付録第2において同じ。

Lは、平成19年度における熱回収の実施量。付録第2において同じ。

Mは、平成19年度における減量の実施量。付録第2において同じ。

Nは、平成19年度における再生利用等以外の実施量

Oは、平成19年度における食品廃棄物等の廃棄物としての処分の実施量

付録第2 （第2条関係）

$P + Q$

Pは、当該年度の前年度における基準実施率

Qは、次の表の上欄に掲げる当該年度の前年度における基準実施率の区分に応じ、それぞれ同表の下欄に掲げる値

前年度における基準実施率	Qの値
20パーセント以上50パーセント未満	2
50パーセント以上80パーセント未満	1
備考 1　平成19年度における基準実施率は、平成19年度における食品循環資源の再生利用等の実施率（次の算式によって算出される率をいう。）とし、当該実施率が20パーセント未満の場合は、これを20パーセントとして計算するものとする。 　　　　$(K + L \times 0.95 + M) \div F \times 100$ 　2　前年度における基準実施率が80パーセント以上の場合は、当該実施率を維持向上させること	

付録第3 （第3条第2項関係）

$E \div H$

○食品廃棄物等多量発生事業者の定期の報告に関する省令

平成19年11月30日
財務省
厚生労働省
農林水産省
経済産業省
国土交通省
環境省
令第3号

（定期の報告）
第1条　食品循環資源の再生利用等の促進に関する法律（以下「法」という。）第9条第1項の規定による報告は、毎年度6月末日までに、別記様式による報告書を提出してしなければならない。

第2条　法第9条第1項の主務省令で定める事項は、前年度における次に掲げる事項とする。
一　食品廃棄物等の発生量（次の算式によって算出される値をいう。）
　算式
　　A＋B＋C＋D＋E
　算式の符号
　　A　食品循環資源の再生利用の実施量（事業活動に伴い生じた食品廃棄物等のうち、特定肥飼料等の原材料として利用された食品循環資源の量及び特定肥飼料等の原材料として利用するために譲渡された食品循環資源の量の合計量をいう。第4号F及び第5号において同じ。）
　　B　食品循環資源の熱回収の実施量（事業活動に伴い生じた食品廃棄物等のうち、法第2条第6項第1号に規定する基準に適合するものとして熱を得ることに利用された食品循環資源の量及び同項第2号に規定する基準に適合するものとして熱を得ることに利用するために譲渡された食品循環資源の量の合計量をいう。第4号G及び第6号において同じ。）
　　C　食品廃棄物等の減量の実施量（事業活動に伴い生じた食品廃棄物等のうち、法第2条第7項に規定する方法により減少した食品廃棄物等の量をいう。第4号H及び第7号において同じ。）

D　食品循環資源の再生利用等以外の実施量（事業活動に伴い生じた食品廃棄物等のうち、特定肥飼料等以外の製品の原材料として利用された食品循環資源の量及び特定肥飼料等以外の製品の原材料として利用するために譲渡された食品循環資源の量の合計量をいう。第4号Iにおいて同じ。）
　　　E　食品廃棄物等の廃棄物としての処分の実施量
二　売上高、製造数量その他の事業活動に伴い生ずる食品廃棄物等の発生量と密接な関係をもつ値
三　食品廃棄物等の発生原単位（第1号に掲げる量を前号に掲げる値で除して得た値をいう。）
四　食品廃棄物等の発生抑制の実施量（平成19年度における食品廃棄物等の発生量（次の算式によって算出される値をいう。）を同年度における売上高、製造数量その他の事業活動に伴い生ずる食品廃棄物等の発生量と密接な関係をもつ値（第2号に掲げる値と同じ種類の値に限る。）で除して得た値から前号に掲げる値を減じて得た値に第2号に掲げる値を乗じて得た量をいう。）
　　算式
　　　$F + G + H + I + J$
　　算式の符号
　　　F　平成19年度における食品循環資源の再生利用の実施量
　　　G　平成19年度における食品循環資源の熱回収の実施量
　　　H　平成19年度における食品廃棄物等の減量の実施量
　　　I　平成19年度における食品循環資源の再生利用等以外の実施量
　　　J　平成19年度における食品廃棄物等の廃棄物としての処分の実施量
五　食品循環資源の再生利用の実施量
六　食品循環資源の熱回収の実施量
七　食品廃棄物等の減量の実施量
八　食品循環資源の再生利用等の実施率（第4号、第5号及び前号に掲げる量並びに第6号に掲げる量に0.95を乗じて得られた量の合計量を第1号及び第4号に掲げる量の合計量で除して得た率をいう。）
九　食品循環資源の再生利用により得られた特定肥飼料等の製造量及び食品循環資源の熱回収により得られた熱量（その熱を電気に変換した場合

にあっては、当該電気の量）
十　法第7条第1項に規定する判断の基準となるべき事項の遵守状況その他の食品循環資源の再生利用等の促進のために実施した取組
十一　定型的な約款による契約に基づき継続的に、商品を販売し、又は販売をあっせんし、かつ、経営に関する指導を行う事業を行う食品関連事業者（次条において「本部事業者」という。）にあっては、次条各号のいずれかに該当することの有無
（約款の定め）
第3条　法第9条第2項の主務省令で定めるものは、次の各号に掲げるものとする。
一　食品廃棄物等の処理に関し本部事業者が加盟者を指導又は助言する旨の定め
二　食品廃棄物等の処理に関し本部事業者及び加盟者が連携して取り組む旨の定め
三　本部事業者と加盟者との間で締結した約款以外の契約書に第1号又は前号の定めが記載され、当該契約書を遵守するものとする定め
四　本部事業者が定めた環境方針又は行動規範に第1号又は第2号の定めが記載され、当該環境方針又は行動規範を遵守するものとする定め
五　食品廃棄物等の処理に関し、法に基づき食品循環資源の再生利用等を推進するための措置を講ずる旨記載された、本部事業者が定めたマニュアルを遵守するものとする定め

　　附　則
この省令は、食品循環資源の再生利用等の促進に関する法律の一部を改正する法律（平成19年法律第83号）の施行の日（平成19年12月1日）から施行する。

別記様式（第1条関係）

※受理年月日	月 　　　　日

定　期　報　告　書

農林水産大臣　殿
環境大臣　　　殿
　　　　　　　殿

　　　　　　　　　　　　　　　　　　　　　　　年　　月　　日
　　　　　　　　　　　　　　　　　　住　所
　　　　　　　　　　　　　　　　　　氏　名　　　　　　　　　印
　　　　　　　　　　　　　　（法人にあっては名称及び代表者の氏名）
　　　　　　　　　　　　　　　　　　電話番号　　　ー　　　ー

　食品循環資源の再生利用等の促進に関する法律第9条の規定に基づき、次のとおり報告します。

事業者名	
住所	郵便番号　　ー
業種	
法第9条第2項に規定する事業の有無	
報告書作成責任者氏名	

表1　食品廃棄物等の発生量（①＝⑥＋⑦＋⑧＋⑨＋⑩）

業種	発生量（t）	対前年度比（％）
合　計		
発生量の把握方法		

表2 食品廃棄物等の発生量と密接な関係をもつ値（②）

業種	売上高、製造数量等			対前年度比（％）
	名称	単位	値	
	名称	単位	値	
当該値を用いた理由				
前年度より当該値を変更した理由				

表3 食品廃棄物等の発生原単位（③＝①÷②）

業種	発生原単位	対前年度比（％）	基準発生原単位
発生原単位が対前年度比で100％を超えた理由又は発生原単位が基準発生原単位を上回った理由			

表4 食品廃棄物等の発生抑制の実施量（④＝（⑤－③）×②）

業種	平成19年度発生原単位（⑤＝平成19年度の①÷平成19年度の②）	発生抑制の実施量（t）（④）	対前年度比（％）
合　計			
発生抑制の具体的な取組内容			

表5　食品循環資源の再生利用の実施量（⑥）

業種	特定肥飼料等の種類	再生利用の実施量（t）	対前年度比（%）
	小計		
	小計		
合計			
総計			
再生利用の実施量の把握方法			

表6　食品循環資源の熱回収の実施量（⑦）

業種	熱回収の実施量（t）	対前年度比（%）
合計		
熱回収の実施量の把握方法		

表7　食品廃棄物等の減量の実施量（⑧）

業種	減量の方法	減量の実施量（t）	対前年度比（%）
	小計		
	小計		
合計			
総計			

表8　食品循環資源の再生利用等以外の実施量(⑨)

業種	特定肥飼料等以外の製品の種類	再生利用等以外の実施量(t)	対前年度比(％)
	小計		
	小計		
合計			
総計			
再生利用等以外の実施量の把握方法			

表9　食品廃棄物等の廃棄物としての処分の実施量(⑩)

業種	廃棄物としての処分の実施量(t)	対前年度比(％)
合計		
廃棄物としての処分の実施量の把握方法		

表10　食品循環資源の再生利用等の実施率　((④+⑥+⑦×0.95+⑧)÷(①+④)×100(％))

基準実施率(％)					
平成19年度	平成20年度	平成21年度	平成22年度	平成23年度	平成24年度

当年度の再生利用等の実施率	再生利用等の実施率(％)	対前年度比(％)
業種	再生利用等の実施率(％)	対前年度比(％)
再生利用等の実施率が基準実施率を下回った理由		

表11 平成19年度から平成24年度までの食品廃棄物等の発生量及び食品循環資源の再生利用等の変化状況

	平成19年度	平成20年度	平成21年度	平成22年度	平成23年度	平成24年度
食品廃棄物等の発生量（t）						
対前年度比(％)						
食品廃棄物等の発生原単位						
対前年度比(％)						
食品廃棄物等の発生抑制の実施量（t）						
対前年度比(％)						
食品循環資源の再生利用の実施量（t）						
対前年度比(％)						
食品循環資源の熱回収の実施量（t）						
対前年度比(％)						
食品廃棄物等の減量の実施量（t）						
対前年度比(％)						
食品循環資源の再生利用等以外の実施量（t）						
対前年度比(％)						
食品廃棄物等の廃棄物としての処分の実施量（t）						
対前年度比(％)						
食品循環資源の再生利用等の実施率（％）						
対前年度比(％)						

表12　特定肥飼料等の製造量（再生利用の委託先又は食品循環資源の譲渡先における製造量を含む。）

業種	特定肥飼料等の種類	製造量	単位
	小計		
	小計		
合計			
	総計		

委託先又は譲渡先の業者	氏名（法人にあっては名称及び代表者氏名）			
	住所			
	再生利用の実施量（ t ）			
	特定肥飼料等の種類	製造量	単位

委託先又は譲渡先の業者	氏名（法人にあっては名称及び代表者氏名）			
	住所			
	再生利用の実施量（ t ）			
	特定肥飼料等の種類	製造量	単位

表13 熱回収により得られた熱量（その熱を電気に変換した場合にあっては、当該電気の量）（熱回収の委託先又は食品循環資源の譲渡先における熱量又は電気の量を含む。）

業種	熱回収により得られた熱量又はその熱を変換して得られた電気の量	
	熱量（ＭＪ）	電気の量（ＭＪ）
合計		

委託先又は譲渡先の業者	氏名(法人にあっては名称及び代表者氏名)			
	住所			
	熱回収の実施量(ｔ)			
	熱量（ＭＪ）		電気の量（ＭＪ）	

委託先又は譲渡先の業者	氏名(法人にあっては名称及び代表者氏名)			
	住所			
	熱回収の実施量(ｔ)			
	熱量（ＭＪ）		電気の量（ＭＪ）	

表14 判断の基準となるべき事項の遵守状況

判断の基準となるべき事項	遵守状況
食品循環資源の再生利用等の実施の原則（食品循環資源の再生利用等の優先順位に関すること）	
食品廃棄物等の発生の抑制	
食品の製造又は加工の過程における原材料の使用の合理化を行うこと	
食品の流通の過程における食品の品質管理の高度化その他配送及び保管の方法の改善を行うこと	
食品の販売の過程における食品の売れ残りを減少させるための仕入れ及び販売の方法の工夫を行うこと	
食品の調理及び食事の提供の過程における調理残さを減少させるための調理方法の改善を行うこと	
食品の調理及び食事の提供の過程における食べ残しを減少させるためのメニューの工夫を行うこと	
売れ残りその他の食品廃棄物等の発生形態ごとに定期的に発生量を計測し、その変動の状況の把握に努めること	
必要に応じ細分化した実施目標を定め、計画的な食品廃棄物等の発生の抑制に努めること	
食品循環資源の管理の基準	
食品循環資源と容器包装その他の異物及び特定肥飼料等の原材料の用途に適さない食品廃棄物等とを適切に分別すること	
異物その他の特定肥飼料等を利用する上での危害の原因となる物質の混入を防止すること	
食品循環資源の品質を保持するため必要がある場合には、腐敗防止のための温度管理その他の品質管理を適切に行うこと	
食品廃棄物等の収集又は運搬の基準	
食品循環資源を特定肥飼料等の原材料として利用する場合は、異物その他の特定肥飼料等を利用する上での危害の原因となる物質の混入を防止すること	
食品循環資源を特定肥飼料等の原材料として利用する場合であって、食品循環資源の品質を保持するため必要がある場合には、腐敗防止のための温度管理その他の品質管理を適切に行うこと	
生活環境の保全上の支障が生じないよう適切な措置を講ずること	
食品廃棄物等の収集又は運搬の委託の基準	
上記の基準に従って食品廃棄物等の収集又は運搬を行う者を選定すること	

	委託先における食品廃棄物等の収集又は運搬の実施状況を定期的に把握すること	
	委託先における食品廃棄物等の収集又は運搬が上記の基準に従って行われていないと認められるときは、委託先の変更その他必要な措置を講ずること	
再生利用に係る特定肥飼料等の製造の基準		
	農林漁業者等の需要に適合する品質を有する特定肥飼料等の製造を行うこと	
	食品循環資源と容器包装その他の異物及び特定肥飼料等の原材料の用途に適さない食品廃棄物等とを適切に分別すること	
	食品循環資源の品質を保持するため必要がある場合には、腐敗防止のための温度管理その他の品質管理を適切に行うこと	
	食品循環資源を特定肥飼料等の原材料として最大限に利用すること	
	異物その他の特定肥飼料等を利用する上での危害の原因となる物質の混入の防止その他の工程管理を適切に行うこと	
	食品循環資源及びそれ以外の原材料並びに特定肥飼料等の性状の分析及び管理を適正に行い、特定肥飼料等の含有成分の安定化を図ること	
	生活環境の保全上の支障が生じないよう適切な措置を講ずること	
	特定肥飼料等を他人に譲渡する場合には、当該特定肥飼料等が利用されずに廃棄されることのないよう、特定肥飼料等の利用を確保すること	
	肥料の製造を行うときは、その製造する肥料について、肥料取締法及びこれに基づく命令により定められた規格に適合させること	
	飼料の製造を行うときは、その製造する飼料について、飼料の安全性の確保及び品質の改善に関する法律及びこれに基づく命令により定められた基準及び規格に適合させること	
	配合飼料の製造を行うときは、粉末乾燥処理を行うこと	
再生利用に係る特定肥飼料等の製造の委託及び食品循環資源の譲渡の基準		
	上記の基準に従って特定肥飼料等の製造を行う者を選定すること	
	委託先又は譲渡先における特定肥飼料等の製造の実施状況を定期的に把握すること	
	委託先又は譲渡先における特定肥飼料等の製造が上記の基準に従って行われていないと認められるときは、委託先又は譲渡先の変更その他必要な措置を講ずること	
食品循環資源の熱回収		

	食品循環資源を生ずる自らの工場又は事業場から75キロメートルの範囲内における特定肥飼料等製造施設の有無について適切に把握し、その記録を行うこと	
	食品循環資源を生ずる自らの工場又は事業場から75キロメートルの範囲内に存する特定肥飼料等製造施設において、当該食品循環資源を受け入れて再生利用することが著しく困難であることを示す状況について適切に把握し、その記録を行うこと	
	熱回収を行う食品循環資源の種類及び発熱量その他の性状について適切に把握し、その記録を行うこと	
	食品循環資源の熱回収により得られた熱量(その熱を電気に変換した場合にあっては、当該電気の量)について適切に把握し、その記録を行うこと	
	熱回収を行う施設の名称及び所在地について適切に把握し、その記録を行うこと	
情報の提供		
	特定肥飼料等の利用者(特定肥飼料等の製造を委託又は食品循環資源を譲渡している場合にあっては、当該委託先又は譲渡先)に対し、特定肥飼料等の原材料として利用する食品循環資源について、必要な情報を提供すること	
	食品廃棄物等の発生量等の状況についての情報をインターネットの利用その他の方法により提供するよう努めること	
食品廃棄物等の減量		
	減量の実施後に残存する食品廃棄物等について、適正な処理を行うこと	
費用の低減		
	食品循環資源の再生利用等の効率的な実施体制の整備を図ることにより、食品循環資源の再生利用等に要する費用を低減させるよう努めること	
加盟者における食品循環資源の再生利用等の促進		
	本部事業者は、加盟者の事業活動に伴い生ずる食品廃棄物等について、加盟者に対し、食品循環資源の再生利用等に関し必要な指導を行い、食品循環資源の再生利用等を促進するよう努めること	
	加盟者は、本部事業者が実施する食品循環資源の再生利用等の促進のための措置に協力するよう努めること	
教育訓練		
	従業員に対して、食品循環資源の再生利用等に関する必要な教育訓練を行うよう努めること	

再生利用等の実施状況の把握及び管理体制の整備	
事業活動に伴い生ずる食品廃棄物等の発生量及び食品循環資源の再生利用等の実施量その他食品循環資源の再生利用等の状況を適切に把握し、その記録を行うこと	
事業場ごとの責任者の選任その他管理体制の整備を行うこと	

表15　その他の食品循環資源の再生利用等の促進のために実施した取組

表16　国が公表を行うことについての同意の有無

［備考］

1　用紙の大きさは、日本工業規格Ａ４とすること。

2　文字は、かい書でインキ、タイプによる活字等により明確に記入すること。

3　報告書冒頭の※印を付した欄は記入しないこと。

4　「業種」の欄には、「畜産食料品製造業」、「水産食料品製造業」、「野菜缶詰・果実缶詰・農産保存食料品製造業」、「調味料製造業」、「糖類製造業」、「精穀・製粉業」、「パン・菓子製造業」、「動植物油脂製造業」、「その他の食料品製造業」、「清涼飲料製造業」、「酒類製造業」、「茶・コーヒー製造業」、「農畜産物・水産卸売業」、「食料・飲料卸売業」、「各種食料品小売業」、「酒小売業」、「食肉小売業」、「鮮魚小売業」、「野菜・果実小売業」、「菓子・パン小売業」、「米穀類小売業」、「その他の飲食料品小売業」、「一般飲食店」、「遊興飲食店」、「沿海旅客海運業」、「内陸水運業」、「結婚式場業」及び「旅館業」のうち、該当するものをすべて記入すること。

5　また、「法第９条第２項に規定する事業の有無」の欄には、該当する場合にあっては「有」を、該当しない場合にあっては「無」を記入すること。

6　「報告書作成責任者氏名」の欄には、本報告書の作成を担当した者の所属部署及び氏名を記入すること。

7　表１の食品廃棄物等の発生量については、法第９条第２項に掲げる食品関連事業者にあっては、加盟者の食品廃棄物等の発生量も含めた量を記入すること。

8　表２において、食品廃棄物等の発生量と密接な関係をもつ値として、「売上高」、

「製造数量」又は「その他の食品廃棄物等の発生量と密接な関係をもつ値」のいずれかについて、最も適切な値を選択し、その名称、単位及び数値を記入すること。

　なお、「食品廃棄物等の発生量と密接な関係をもつ値」を前年度より変更しようとする場合は、変更後の「食品廃棄物等の発生量と密接な関係をもつ値」については、平成19年度以前よりその数値を把握しているものに限る。

9　表3の「基準発生原単位」が定められていない場合は、「該当なし」と記入すること。

10　表3の発生原単位の対前年度比が100％を超えた場合又は発生原単位が基準発生原単位を上回った場合は、その理由について記入すること。

11　表8の食品循環資源の再生利用等以外の実施量については、事業活動に伴い生じた食品廃棄物等のうち、特定肥飼料以外の製品の原材料として利用された食品循環資源の量及び特定肥飼料等以外の製品の原材料として利用するために譲渡された食品循環資源の量の合計量を記入すること。

12　表10の「基準実施率（％）」の欄には、食品循環資源の再生利用等の促進に関する食品関連事業者の判断の基準となるべき事項を定める省令（平成13年財務省・厚生労働省・農林水産省・経済産業省・国土交通省・環境省令第4号）第2条に規定する基準実施率を記入すること。

　また、食品循環資源の再生利用等の実施率が基準実施率を下回った場合は、その理由について記入すること。

13　表14の「遵守状況」の欄には、「適」、「不適」又は「該当しない」のいずれかを記入すること。

14　表16において、当該定期報告の内容のうち事業者名、表3の発生原単位、表10の当年度の再生利用等の実施率及び表15の取組内容を国が公表することに同意する場合にあっては「有」を、同意しない場合にあっては「無」を記入すること。

○食品循環資源の再生利用等の促進に関する法律に基づく再生利用事業を行う者の登録に関する省令

> 平成13年5月1日
> 農 林 水 産 省
> 経 済 産 業 省令第1号
> 環 　 境 　 省

農林水産省
最終改正　平成19年11月30日経済産業省令第1号
環　境　省

（申請書に添付すべき書類及び図面）

第1条　食品循環資源の再生利用等の促進に関する法律（以下「法」という。）第11条第1項の登録の申請をしようとする者は、申請書に次に掲げる書類及び図面を添付しなければならない。

一　当該申請をしようとする者が法人である場合には、その定款、登記事項証明書並びに直前3年の各事業年度における貸借対照表、損益計算書並びに法人税の納付すべき額及び納付済額を証する書類

二　当該申請をしようとする者が個人である場合には、その住民票の写し（外国人にあっては、外国人登録証明書の写し）、資産に関する調書並びに直前3年の所得税の納付すべき額及び納付済額を証する書類

三　特定肥飼料等の製造の用に供する施設（以下「特定肥飼料等製造施設」という。）への食品循環資源の搬入に関する計画書

四　受け入れる食品循環資源が一般廃棄物（廃棄物の処理及び清掃に関する法律（昭和45年法律第137号。以下「廃棄物処理法」という。）第2条第2項に規定する一般廃棄物をいう。第3条第1項第2号において同じ。）に該当する場合には、再生利用事業を行う者が廃棄物処理法第7条第6項の許可（当該許可に係る廃棄物処理法第7条の2第1項の許可を受けなければならない場合にあっては、同項の許可）を受け、又は廃棄物の処理及び清掃に関する法律施行規則（昭和46年厚生省令第35号。以下「廃棄物処理法施行規則」という。）第2条の3第1号若しくは第2号の規定に該当して、当該食品循環資源の処分を行うことができる者であることを証する書類

五　受け入れる食品循環資源が産業廃棄物（廃棄物処理法第2条第4項に規定する産業廃棄物をいう。第3条第1項第3号において同じ。）に該

当する場合には、再生利用事業を行う者が廃棄物処理法第14条第6項の許可（当該許可に係る廃棄物処理法第14条の2第1項の許可を受けなければならない場合にあっては、同項の許可）を受け、又は廃棄物処理法施行規則第10条の3第2号の規定に該当して、当該食品循環資源の処分を行うことができる者であることを証する書類

六　特定肥飼料等の利用方法並びに価格及び需要の見込みを記載した書類

七　特定肥飼料等製造施設の構造を明らかにする平面図、立面図、断面図、構造図、処理工程図及び設計計算書

八　特定肥飼料等製造施設の付近の見取図

九　特定肥飼料等製造施設を設置しようとする場合には、工事の着工から当該施設の使用開始に至る具体的な計画書

十　特定肥飼料等製造施設の維持管理に関する計画書

十一　特定肥飼料等製造施設が廃棄物処理法第8条第1項に規定する一般廃棄物処理施設である場合には当該特定肥飼料等製造施設について同項の許可（当該許可に係る廃棄物処理法第9条第1項の許可を受けなければならない場合にあっては、同項の許可）を、特定肥飼料等製造施設が廃棄物処理法第15条第1項に規定する産業廃棄物処理施設である場合には当該特定肥飼料等製造施設について同項の許可（当該許可に係る廃棄物処理法第15条の2の5第1項の許可を受けなければならない場合にあっては、同項の許可）を受けていることを証する書類

十二　肥料取締法（昭和25年法律第127号）第2条第2項に規定する普通肥料を生産する場合には同法第10条の登録証若しくは仮登録証の写し又は同法第16条の2第1項の届出（当該届出に係る同条第3項の届出をしなければならない場合にあっては、同項の届出を含む。）をしていることを証する書類、当該普通肥料を販売する場合には同法第23条第1項の届出（当該届出に係る同条第2項の届出をしなければならない場合にあっては、同項の届出を含む。）をしていることを証する書類

十三　使用の経験のない飼料を製造する場合にあっては、動物試験の成績を記載した書類

十四　特定肥飼料等の含有成分量に関する分析試験の結果を記載した書類（申請書の記載事項）

第2条　法第11条第2項第6号の主務省令で定める事項は、次のとおりとす

る。
一　特定肥飼料等の種類及び名称
二　特定肥飼料等の製造及び販売の開始年月日
三　特定肥飼料等の製造に使用される食品循環資源及びそれ以外の原材料の種類

（登録の基準）

第3条　法第11条第3項第1号の主務省令で定める基準は、次のとおりとする。

一　受け入れる食品循環資源の大部分を特定肥飼料等製造施設に投入すること。

二　受け入れる食品循環資源が一般廃棄物に該当する場合には、再生利用事業を行う者が廃棄物処理法第7条第6項の許可（当該許可に係る廃棄物処理法第7条の2第1項の許可を受けなければならない場合にあっては、同項の許可）を受け、又は廃棄物処理法施行規則第2条の3第1号若しくは第2号の規定に該当して、当該食品循環資源の処分を行うことができる者であること。

三　受け入れる食品循環資源が産業廃棄物に該当する場合には、再生利用事業を行う者が廃棄物処理法第14条第6項の許可（当該許可に係る廃棄物処理法第14条の2第1項の許可を受けなければならない場合にあっては、同項の許可）を受け、又は廃棄物処理法施行規則第10条の3第2号の規定に該当して、当該食品循環資源の処分を行うことができる者であること。

四　再生利用事業により得られる特定肥飼料等の品質、需要の見込み等に照らして、当該特定肥飼料等が利用されずに廃棄されるおそれが少ないと認められること。

五　受け入れる食品循環資源及び再生利用事業により得られる特定肥飼料等の性状の分析及び管理を適切に行うこと。

六　特定肥飼料等製造施設については、次によること。
　イ　運転を安定的に行うことができ、かつ、適正な維持管理を行うことができるものであること。
　ロ　特定肥飼料等製造施設が廃棄物処理法第8条第1項に規定する一般廃棄物処理施設である場合には当該特定肥飼料等製造施設について同

項の許可（当該許可に係る廃棄物処理法第9条第1項の許可を受けなければならない場合にあっては、同項の許可）を、特定肥飼料等製造施設が廃棄物処理法第15条第1項に規定する産業廃棄物処理施設である場合には当該特定肥飼料等製造施設について同項の許可（当該許可に係る廃棄物処理法第15条の2の5第1項の許可を受けなければならない場合にあっては、同項の許可）を受けていること。

七　肥料取締法第2条第2項に規定する普通肥料を生産する場合には同法第4条第1項の登録若しくは同法第5条の仮登録を受けていること又は同法第16条の2第1項の届出（当該届出に係る同条第3項の届出をしなければならない場合にあっては、同項の届出を含む。）をしていること、当該普通肥料を販売する場合には同法第23条第1項の届出（当該届出に係る同条第2項の届出をしなければならない場合にあっては、同項の届出を含む。）をしていること。

2　法第11条第3項第2号の主務省令で定める基準は、特定肥飼料等製造施設の1日当たりの食品循環資源の処理能力が5トン以上であることとする。

（登録証明書の交付）

第4条　主務大臣は、法第11条第1項の登録をしたとき、又は法第12条第1項の登録の更新をしたときは、登録再生利用事業者に対し、次に掲げる事項を記載した登録証明書を交付するものとする。

一　登録番号及び登録年月日
二　登録の有効期限
三　氏名又は名称及び住所並びに法人にあっては、その代表者の氏名
四　再生利用事業の内容
五　再生利用事業を行う事業場の名称及び所在地

（変更に係る届出）

第5条　法第11条第5項の変更に係る届出をしようとする登録再生利用事業者は、次に掲げる事項を記載した届出書を主務大臣に提出しなければならない。この場合において、当該変更が第1条各号に掲げる書類又は図面の変更を伴うときは、当該変更後の書類又は図面を添付しなければならない。

一　登録番号及び登録年月日
二　氏名又は名称及び住所並びに法人にあっては、その代表者の氏名

三　変更の内容
　　四　変更の年月日
　　五　変更の理由
2　前項の場合において、当該変更の内容が前条第3号から第5号までのいずれかに該当するときは、当該登録再生利用事業者は、その所持する登録証明書を返納しなければならない。この場合において、主務大臣は、新たな登録証明書を作成し、当該登録再生利用事業者に対し、交付するものとする。
　（廃止に係る届出）
第6条　法第11条第5項の廃止に係る届出をしようとする登録再生利用事業者は、次に掲げる事項を記載した届出書を主務大臣に提出するとともに、その所持する登録証明書を返納しなければならない。
　　一　登録番号及び登録年月日
　　二　氏名又は名称及び住所並びに法人にあっては、その代表者の氏名
　　三　廃止の年月日
　　四　廃止の理由
　（登録の更新）
第7条　法第12条第1項の登録の更新を受けようとする登録再生利用事業者は、その者が現に受けている登録の有効期間の満了の日の2月前までに、同条第2項において準用する法第11条第2項に規定する申請書に第1条各号に掲げる書類及び図面を添えて、主務大臣に提出しなければならない。
2　前項の登録の更新の申請があった場合において、その登録の有効期間の満了の日までにその申請について処分がされないときは、従前の登録は、その有効期間の満了後もその処分がされるまでの間は、なおその効力を有する。
3　前項の場合において、登録の更新がされたときは、その登録の有効期間は、従前の登録の有効期間の満了の日の翌日から起算するものとする。
　（標識の様式）
第8条　法第14条の主務省令で定める様式は、別記様式のとおりとする。
　（料金の公示方法）
第9条　法第15条第3項の規定による再生利用事業に係る料金の公示は、法第11条第1項の登録に係る再生利用事業を行う事業場ごとに、公衆の見や

すい場所に掲示することにより行わなければならない。

　　　附　則

この省令は、公布の日から施行する。

　　　附　則　（平成15年11月28日農林水産省・経済産業省・環境省令第1号）

この省令は、平成15年12月1日から施行する。

　　　附　則　（平成17年3月7日農林水産省・経済産業省・環境省令第1号）

この省令は、不動産登記法の施行に伴う関係法律の整備等に関する法律の施行の日（平成17年3月7日）から施行する。

　　　附　則　（平成19年11月30日農林水産省、経済産業省、環境省令第1号）

この省令は、食品循環資源の再生利用等の促進に関する法律の一部を改正する法律（平成19年法律第83号）の施行の日（平成19年12月1日）から施行する。

別記様式

|←―――――40センチメートル以上―――――→|

<table>
<tr><td colspan="2" style="text-align:center">登録再生利用事業者証
　この標識は、食品循環資源の再生利用等の促進に関する法律に基づく登録再生利用事業者としての登録の主要な内容を表示しています。</td></tr>
<tr><td>登　録　番　号</td><td></td></tr>
<tr><td>登録年月日（登録有効期限）</td><td>　　年　　月　　日（　年　　月　　日まで有効）</td></tr>
<tr><td>氏　名　又　は　名　称</td><td></td></tr>
<tr><td>代　表　者　の　氏　名</td><td></td></tr>
<tr><td>再 生 利 用 事 業 の 内 容</td><td></td></tr>
<tr><td>事 業 場 の 名 称 及 び 所 在 地</td><td></td></tr>
</table>

↕ 30センチメートル以上

（備考）登録番号の欄には、番号の前に登録行政庁名を記載すること。

○食品循環資源の再生利用等の促進に関する法律に基づく再生利用事業計画の認定に関する省令

平成13年5月1日
財務省、厚生労働省
農林水産省、経済産業省令第2号
国土交通省、環境省

最終改正　平成19年11月30日　財務省　厚生労働省　農林水産省　経済産業省　令第4号　国土交通省　環境省

（申請書に添付すべき書類及び図面）

第1条　食品循環資源の再生利用等の促進に関する法律（以下「法」という。）第19条第1項の規定により再生利用事業計画の認定を受けようとする者は、申請書に次に掲げる書類及び図面を添付しなければならない。

一　当該申請をしようとする者が法人である場合には、その定款及び登記事項証明書

二　当該申請をしようとする者が個人である場合には、その住民票の写し（外国人にあっては、外国人登録証明書の写し）

三　再生利用事業に利用する食品循環資源の収集又は運搬を行う者が第6条各号に適合することを証する書類

四　再生利用事業に利用する食品循環資源の収集又は運搬の用に供する施設が第7条各号に適合することを証する書類

五　食品循環資源を発生させる事業場から特定肥飼料等の製造の用に供する施設（以下「特定肥飼料等製造施設」という。）への食品循環資源の収集、運搬及び搬入に関する計画書

六　特定肥飼料等製造施設において受け入れる食品循環資源が一般廃棄物（廃棄物の処理及び清掃に関する法律（昭和45年法律第137号。以下「廃棄物処理法」という。）第2条第2項に規定する一般廃棄物をいう。第6条第3号において同じ。）に該当する場合には、再生利用事業を行う者が廃棄物処理法第7条第6項の許可（当該許可に係る廃棄物処理法第7条の2第1項の許可を受けなければならない場合にあっては、同項の許可）を受け、又は廃棄物の処理及び清掃に関する法律施行規則（昭和46年厚生省令第35号。以下「廃棄物処理法施行規則」という。）第2

条の３第１号若しくは第２号の規定に該当して、当該食品循環資源の処分を行うことができる者であることを証する書類
七　特定肥飼料等製造施設において受け入れる食品循環資源が産業廃棄物（廃棄物処理法第２条第４項に規定する産業廃棄物をいう。第６条第４号において同じ。）に該当する場合には、再生利用事業を行う者が廃棄物処理法第14条第６項の許可（当該許可に係る廃棄物処理法第14条の２第１項の許可を受けなければならない場合にあっては、同項の許可）を受け、又は廃棄物処理法施行規則第10条の３第２号の規定に該当して、当該食品循環資源の処分を行うことができる者であることを証する書類
八　特定肥飼料等製造施設の構造を明らかにする平面図、立面図、断面図、構造図、処理工程図及び設計計算書
九　特定肥飼料等製造施設の付近の見取図
十　特定肥飼料等製造施設を設置しようとする場合には、工事の着工から当該施設の使用開始に至る具体的な計画書
十一　特定肥飼料等製造施設の維持管理に関する計画書
十二　特定肥飼料等製造施設が廃棄物処理法第８条第１項に規定する一般廃棄物処理施設である場合には当該特定肥飼料等製造施設について同項の許可（当該許可に係る同法第９条第１項の許可を受けなければならない場合にあっては、同項の許可）を、特定肥飼料等製造施設が同法第15条第１項に規定する産業廃棄物処理施設である場合には当該特定肥飼料等製造施設について同項の許可（当該許可に係る同法第15条の２の５第１項の許可を受けなければならない場合にあっては、同項の許可）を受けていることを証する書類
十三　当該再生利用事業により肥料取締法（昭和25年法律第127号）第２条第２項に規定する普通肥料を生産する場合には同法第10条に規定する登録証若しくは仮登録証の写し又は同法第16条の２第１項の届出（当該届出に係る同条第３項の届出をしなければならない場合にあっては、同項の届出を含む。）をしていることを証する書類、当該普通肥料を販売する場合には同法第23条第１項の届出（当該届出に係る同条第２項の届出をしなければならない場合にあっては、同項の届出を含む。）をしていることを証する書類
十四　当該再生利用事業により使用の経験のない飼料を製造する場合にあ

っては、動物試験の成績を記載した書類
十五 特定肥飼料等の含有成分量に関する分析試験の結果を記載した書類
（申請書の記載事項）
第2条 法第19条第2項第9号の主務省令で定める事項は、次のとおりとする。
一 特定肥飼料等の種類、名称及び製造量
二 特定肥飼料等の製造及び販売の開始年月日
三 特定肥飼料等の製造に使用される食品循環資源及びそれ以外の原材料の種類及び量
四 特定農畜水産物等の種類、生産量及び当該特定農畜水産物等を利用する食品関連事業者ごとの利用量
五 特定農畜水産物等の販売の開始年月日
六 特定農畜水産物等の種類ごとのその生産に使用される特定肥飼料等（当該再生利用事業計画に従って製造されるものに限る。）の種類及び量
七 特定農畜水産物等の種類ごとのその生産に使用される特定肥飼料等以外の肥料、飼料その他食品循環資源の再生利用等の促進に関する法律施行令（以下「令」という。）第2条各号に定める製品の種類及び量
（変更に係る認定の申請）
第3条 法第20条第1項の変更に係る認定を受けようとする認定事業者は、次に掲げる事項を記載した申請書を主務大臣に提出しなければならない。この場合において、当該変更が第1条各号に掲げる書類又は図面の変更を伴うときは、当該変更後の書類又は図面を添付しなければならない。
一 認定年月日
二 氏名又は名称及び住所並びに法人にあっては、その代表者の氏名
三 変更の内容
四 変更の年月日
五 変更の理由
（特定農畜水産物等）
第4条 法第19条第1項の主務省令で定めるものは、次に掲げるものとする。
一 特定肥飼料等の利用により生産された農畜水産物
二 前号に掲げる農畜水産物を原料又は材料として製造され、又は加工さ

れた食品であって、当該食品の原料又は材料として使用される農畜水産物に占める前号に掲げる農畜水産物の重量の割合が50パーセント以上のもの

（特定農畜水産物等の食品関連事業者による利用量）

第5条　法第19条第3項第4号の主務省令で定めるところにより算定される量は、付録の算式により算定される量とする。

（食品循環資源の収集運搬を行う者の基準）

第6条　法第19条第3項第5号の規定による主務省令で定める基準は、次に掲げるとおりとする。
一　当該再生利用事業に利用する食品循環資源の収集又は運搬を的確に行うに足りる知識及び技能を有すること。
二　当該再生利用事業に利用する食品循環資源の収集又は運搬を的確に、かつ、継続して行うに足りる経理的基礎を有すること。
三　当該再生利用事業に利用する食品循環資源が一般廃棄物に該当する場合には、廃棄物処理法第7条第5項第4号イからヌまでのいずれにも該当しないこと。
四　当該再生利用事業に利用する食品循環資源が産業廃棄物に該当する場合には、廃棄物処理法第14条第1項の許可（当該許可に係る廃棄物処理法第14条の2第1項の許可を受けなければならない場合にあっては、同項の許可）を受け、又は廃棄物処理法施行規則第9条第2号に該当して、当該食品循環資源の収集又は運搬を業として行うことができる者であること。
五　廃棄物処理法、浄化槽法（昭和58年法律第43号）又は廃棄物の処理及び清掃に関する法律施行令（昭和46年政令第300号）第4条の6に規定する法令の規定による不利益処分（行政手続法（平成5年法律第88号）第2条第4号に規定する不利益処分をいう。以下この号において同じ。）を受け、その不利益処分のあった日から5年を経過しない者に該当しないこと。
六　当該再生利用事業に利用する食品循環資源の収集又は運搬を自ら行う者であること。

（食品循環資源の収集運搬の用に供する施設の基準）

第7条　法第19条第3項第6号の規定による主務省令で定める基準は、次の

とおりとする。
一　当該再生利用事業に利用する食品循環資源が飛散し、及び流出し、並びに悪臭が漏れるおそれのない運搬車、運搬船、運搬容器その他の運搬施設を有すること。
二　積替施設を有する場合には、当該再生利用事業に利用する食品循環資源が飛散し、流出し、及び地下に浸透し、並びに悪臭が発散しないように必要な措置を講じたものであること。
三　異物、病原微生物その他の食品循環資源の再生利用上の危害の原因となる物質の混入を防止するために必要な措置を講じたものであること。
四　食品循環資源の腐敗防止のための温度管理その他の品質管理を行うために必要な措置を講じたものであること。

　　附　則
この省令は、公布の日から施行する。
　　附　則　（平成15年11月28日財務省・厚生労働省・農林水産省・経済産業省・
　　　　　　国土交通省・環境省令第1号）
この省令は、平成15年12月1日から施行する。
　　附　則　（平成17年3月7日財務省・厚生労働省・農林水産省・経済産業省・
　　　　　　国土交通省・環境省令第1号）
この省令は、不動産登記法の施行に伴う関係法律の整備等に関する法律の施行の日（平成17年3月7日）から施行する。
　　附　則　（平成19年11月30日財務省、厚生労働省、農林水産省、経済産業省、
　　　　　　国土交通省、環境省令第4号）
この省令は、食品循環資源の再生利用等の促進に関する法律の一部を改正する法律（平成19年法律第83号）の施行の日（平成19年12月1日）から施行する。

付録（第5条関係）
$$(A-B) \times \{(C \div D) \times (E \div F)\} \times 0.5$$
Aは、当該再生利用事業計画に従って農林漁業者等が生産する特定農畜水産物等の量
Bは、当該特定農畜水産物等のうち、当該農林漁業者等が当該食品関連事業者以外にその販売先を確保しているものの量

Cは、当該特定肥飼料等の製造に使用される食品循環資源のうち、当該食品関連事業者が排出するものの量

Dは、当該特定肥飼料等の製造に使用される原材料の量

Eは、当該農林漁業者等が当該特定農畜水産物等の生産に使用する特定肥飼料等(当該再生利用事業計画に従って製造されるものに限る。)の量

Fは、当該特定農畜水産物等の生産に使用される肥料、飼料その他令第2条各号に定める製品の総量

○食品循環資源の再生利用等の促進に関する法律第24条第1項及び第3項の規定による立入検査をする職員の携帯する身分を示す証明書の様式を定める省令

[平成13年5月1日 財務省 厚生労働省 農林水産省 経済産業省 国土交通省 環境省令第3号]

最終改正 平成19年11月30日 財務省 厚生労働省 農林水産省 経済産業省 国土交通省 環境省令第5号

食品循環資源の再生利用等の促進に関する法律第24条第1項及び第3項の規定により立入検査をする職員の携帯する身分を示す証明書は、別記様式によるものとする。

　　　附　則
この省令は、公布の日から施行する。
　　　附　則（平成14年6月28日財務省・厚生労働省・農林水産省・経済産業省・国土交通省・環境省令第1号）
（施行期日）
1　この省令は、平成14年7月1日から施行する。
（経過措置）
2　この省令の施行の際現にあるこの省令による改正前の別記様式により調製した用紙は、この省令の施行後においても当分の間、これを取り繕って使用することができる。
　　　附　則（平成17年9月20日財務省・厚生労働省・農林水産省・経済産業省・国土交通省・環境省令第3号）
（施行期日）
1　この省令は、平成17年10月1日から施行する。
（経過措置）
2　この省令の施行の際現にあるこの省令による改正前の別記様式により調製した用紙は、この省令の施行後においても当分の間、これを取り繕って

使用することができる。
　　　　附　則　（平成19年11月30日財務省、厚生労働省、農林水産省、経済産業省、国土交通省、環境省令第5号）

（施行期日）
1　この省令は、食品循環資源の再生利用等の促進に関する法律の一部を改正する法律（平成19年法律第83号）の施行の日（平成19年12月1日）から施行する。

（経過措置）
2　この省令の施行の際現にあるこの省令による改正前の別記様式により調製した用紙は、この省令の施行後においても当分の間、これを取り繕って使用することができる。

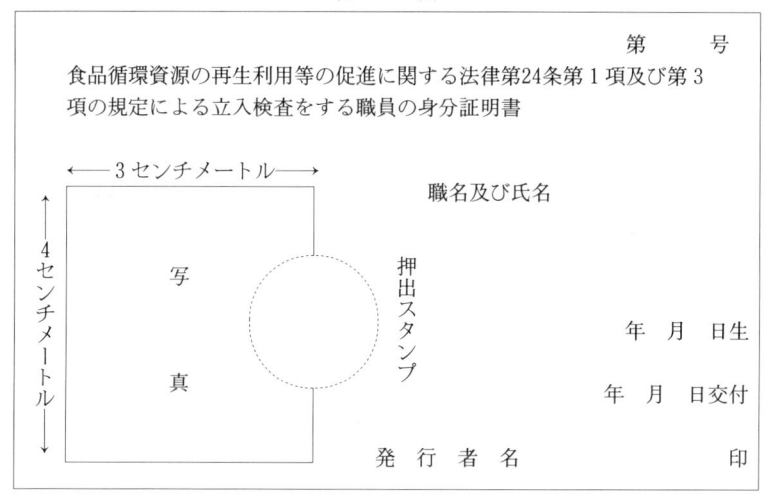

別記様式

表　　面

第　　号

食品循環資源の再生利用等の促進に関する法律第24条第1項及び第3項の規定による立入検査をする職員の身分証明書

←3センチメートル→

↕4センチメートル

写真

押出スタンプ

職名及び氏名

年　月　日生

年　月　日交付

発　行　者　名　　　　　　印

裏　　面

食品循環資源の再生利用等の促進に関する法律（抄）
第24条　主務大臣は、この法律の施行に必要な限度において、食品関連事業者に対し、食品廃棄物等の発生量及び食品循環資源の再生利用等の状況に関し報告をさせ、又はその職員に、これらの者の事務所、工場、事業場若しくは倉庫に立ち入り、帳簿、書類その他の物件を検査させることができる。
2　（略）
3　主務大臣は、この法律の施行に必要な限度において、認定事業者に対し、食品循環資源の再生利用等の状況に関し報告をさせ、又はその職員に、これらの者の事務所、工場、事業場若しくは倉庫に立ち入り、帳簿、書類その他の物件を検査させることができる。
4　前3項の規定により立入検査をする職員は、その身分を示す証明書を携帯し、関係者に提示しなければならない。
5　第1項から第3項までの規定による立入検査の権限は、犯罪捜査のために認められたものと解釈してはならない。
第25条　この法律における主務大臣は、次のとおりとする。
一　（略）
二　第7条第1項の規定による判断の基準となるべき事項の策定、同条第2項の規定による当該事項の改定、第8条に規定する指導及び助言、第9条第1項の規定による報告の受理、第10条第1項に規定する勧告、同条第2

項の規定による公表、同条第3項の規定による命令、第19条第1項に規定する認定、同条第4項（第20条第3項において準用する場合を含む。）の規定による通知、第20条第1項に規定する変更の認定、同条第2項の規定による認定の取消し並びに前条第1項及び第3項の規定による報告徴収及び立入検査に関する事項については、農林水産大臣、環境大臣及び当該食品関連事業者の事業を所管する大臣
　三　（略）
2　（略）
3　この法律に規定する主務大臣の権限は、政令で定めるところにより、その一部を地方支分部局の長に委任することができる。
第29条　次の各号のいずれかに該当する者は、20万円以下の罰金に処する。
　一　（略）
　二　第24条第1項又は第3項の規定による検査を拒み、妨げ、又は忌避した者

　　（備考）　1　この用紙の大きさは、日本工業規格B8とする。
　　　　　　2　発行者は、財務大臣、国税局長若しくは税務署長、厚生労働大臣、地方厚生局長若しくは四国厚生支局長、農林水産大臣若しくは地方農政局長、経済産業大臣若しくは経済産業局長、国土交通大臣、地方運輸局長若しくは運輸監理部長又は環境大臣若しくは地方環境事務所長とする。

◯食品循環資源の再生利用等の促進に関する法律第24条第2項の規定による立入検査をする職員の携帯する身分を示す証明書の様式を定める省令

［平成13年5月1日
農 林 水 産 省
経 済 産 業 省 令 第 2 号
環 境 省］

農林水産省
最終改正　平成19年11月30日経済産業省令第2号
環　境　省

　食品循環資源の再生利用等の促進に関する法律第24条第2項の規定により立入検査をする職員の携帯する身分を示す証明書は、別記様式によるものとする。

　　　附　則
　この省令は、公布の日から施行する。
　　　附　則　（平成17年9月20日農林水産省・経済産業省・環境省令第2号）
　（施行期日）
1　この省令は、平成17年10月1日から施行する。
　（経過措置）
2　この省令の施行の際現にあるこの省令による改正前の別記様式により調製した用紙は、この省令の施行後においても当分の間、これを取り繕って使用することができる。
　　　附　則　（平成19年11月30日農林水産省、経済産業省、環境省令第2号）
　（施行期日）
1　この省令は、食品循環資源の再生利用等の促進に関する法律の一部を改正する法律（平成19年法律第83号）の施行の日（平成19年12月1日）から施行する。
　（経過措置）
2　この省令の施行の際現にあるこの省令による改正前の別記様式により調製した用紙は、この省令の施行後においても当分の間、これを取り繕って使用することができる。

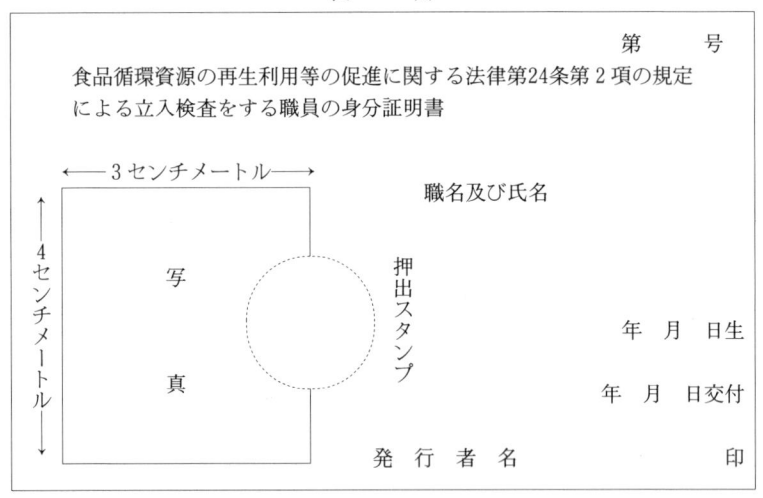

別記様式

表　　面

| | 第　　号 |

食品循環資源の再生利用等の促進に関する法律第24条第2項の規定による立入検査をする職員の身分証明書

←３センチメートル→

↕４センチメートル

写真

押出スタンプ

職名及び氏名

年　月　日生

年　月　日交付

発　行　者　名　　　　　　印

裏　　面

食品循環資源の再生利用等の促進に関する法律（抄）

第24条　（略）

2　主務大臣は、この法律の施行に必要な限度において、登録再生利用事業者に対し、再生利用事業の実施状況に関し報告をさせ、又はその職員に、登録再生利用事業者の事務所、工場、事業場若しくは倉庫に立ち入り、帳簿、書類その他の物件を検査させることができる。

3　（略）

4　前３項の規定により立入検査をする職員は、その身分を示す証明書を携帯し、関係者に提示しなければならない。

5　第１項から第３項までの規定による立入検査の権限は、犯罪捜査のために認められたものと解釈してはならない。

第25条　この法律における主務大臣は、次のとおりとする。

一・二　（略）

三　第11条第１項に規定する登録、同条第２項（第12条第２項において準用する場合を含む。）の規定による申請書の受理、第11条第５項（第12条第２項において準用する場合を含む。）の規定による届出の受理、第11条第６項（第12条第２項及び第17条第２項において準用する場合を含む。）の規定による通知、第15条第１項の規定による届出の受理、同条第２項の規定による指示、第17条第１項の規定による登録の取消し並びに前条第２項

の規定による報告徴収及び立入検査に関する事項については、農林水産大臣、環境大臣及び当該特定肥飼料等の製造の事業を所管する大臣
2　（略）
3　この法律に規定する主務大臣の権限は、政令で定めるところにより、その一部を地方支分部局の長に委任することができる。
第28条　次の各号のいずれかに該当する者は、30万円以下の罰金に処する。
　一〜五　　（略）
　六　第24条第2項の規定による検査を拒み、妨げ、又は忌避した者

（備考）　1　この用紙の大きさは、日本工業規格Ｂ8とする。
　　　　　2　発行者は、農林水産大臣若しくは地方農政局長、経済産業大臣若しくは経済産業局長又は環境大臣若しくは地方環境事務所長とする。

○食品循環資源の再生利用等の促進に関する基本方針

〔平成 19 年 11 月 30 日
財務省、厚生労働省、農林水産省　公表
経済産業省、国土交通省、環境省〕

　食品循環資源の再生利用等の促進に関する法律（平成12年法律第116号）第3条第1項の規定に基づき、食品循環資源の再生利用等の促進に関する基本方針を定めたので、同条第4項の規定に基づき、公表する。
　我が国においては、生産・流通段階において消費者の過度な鮮度志向等の要因により大量に食品が廃棄されるとともに、消費段階においては大量の食べ残しが発生している。このようにして生じた食品廃棄物等は、肥料や飼料等に再生利用することが可能であるにもかかわらず、利用されずに大量に廃棄されている。一方で、最終処分場の残余容量のひっ迫等廃棄物処理をめぐる問題が深刻化している。このような状況の中で、食品に係る資源の有効な利用の確保及び食品に係る廃棄物の排出の抑制を図ることを目的として、食品循環資源の再生利用等の促進に関する法律（平成12年法律第116号。以下「法」という。）が制定され、これに基づき食品循環資源の再生利用等の促進に関する基本方針が定められたところである。
　法の施行から5年が経過し、その施行状況を見てみると、重量ベースで見た我が国食品産業全体の食品循環資源の再生利用等の実施率は、平成13年度の37パーセントから平成17年度の52パーセントへと着実に向上し、一定の成果が認められるものの、一部の業種から発生する食品廃棄物等については、依然として十分に再生利用等がなされず、大量に、かつ、単純に焼却処理されている。一方、地域住民の生活環境に対する意識の高まり等を背景として、廃棄物の最終処分場の確保は一層困難となっており、最終処分量の削減の重要性がますます高まっている。
　また、近年の経済社会情勢を見ると、エネルギー源の多様化や地球温暖化の防止の観点からのバイオマスのエネルギー利用等や、飼料自給率の向上、環境保全型農業、地域内で生産された農産物を地域内で消費する地産地消の取組、食に関する感謝の念と理解の醸成等を図る食育等が推進される中で、食品循環資源を有効利用していくことの重要性が高まっている。
　この基本方針は、このような認識の下に、食品循環資源の再生利用等の促

進に関する法律の一部を改正する法律（平成19年法律第83号）が公布されたことを踏まえ、食品循環資源の再生利用等を総合的かつ計画的に推進するため、必要な事項を定めるものである。
一　食品循環資源の再生利用等の促進の基本的方向
　1　基本理念
　　　食品に係る資源の有効な利用の確保及び食品に係る廃棄物の排出の抑制を図るためには、食品の製造、流通、消費、廃棄等の各段階において、食品廃棄物等の発生抑制に優先的に取り組んだ上で、次いで食品循環資源の再生利用及び熱回収並びに食品廃棄物等の減量を推進し、もって環境への負荷の少ない循環を基調とする循環型社会を構築していくことが必要である。
　　　このため、個別の食品廃棄物等に着目して、その再生利用等を促進するために、食品産業の特性、特定肥飼料等の利用の実態等を踏まえつつ、必要な措置を一体的に講ずる必要がある。
　2　制度的基盤の充実強化
　　　我が国食品産業全体の食品循環資源の再生利用等の実施率については着実な向上が認められるが、個々の食品関連事業者の取組で見た場合、食品循環資源の再生利用等の実施率（以下「実施率」という。）が平成18年度の目標である20パーセントを超えている食品関連事業者数の割合は、平成17年度において全体の約2割弱と非常に低い水準であり、必ずしも取組が進展してきたとはいえない状況である。
　　　この背景には、食品廃棄物等が大量に発生する食品製造業のうち、ごく一部の事業者が全体の実施率の向上に大きく寄与する一方、食品関連事業者の相当数を占める食品小売業や外食産業といった食品流通のいわゆる「川下」に位置する事業者の取組が進展していないことがある。
　　　こうした状況を踏まえ、平成19年度における法の改正においては、食品関連事業者、特に食品小売業や外食産業に対する指導監督の強化と取組の円滑化措置が講じられたところである。
　　　具体的には、第一に、食品廃棄物等を多量に発生させる事業者として、前年度の発生量が100トン以上の食品関連事業者に食品廃棄物等の発生量及び食品循環資源の再生利用等の状況に関し定期の報告を義務付けることとされた。

第二に、フランチャイズチェーン事業を展開する食品関連事業者であって、当該フランチャイズチェーン事業に係る約款に加盟者の食品廃棄物等の処理に関する定めがある事業者については、加盟者の食品廃棄物等の発生量を含めて定期の報告を求め、一体として勧告等の対象とすることとされた。

　第三に、特定肥飼料等を用いて生産された農畜水産物等の食品関連事業者による利用の確保を通じて、食品産業と農林水産業の一層の連携が図られる場合には、食品循環資源の収集又は運搬について一般廃棄物に係る廃棄物の処理及び清掃に関する法律（昭和45年法律第137号。以下「廃棄物処理法」という。）の許可を不要とすることとされた。

　第四に、食品循環資源の有効な利用方法の一つとして、再生利用が困難な食品循環資源について一定の効率以上の熱回収が選択できることとされた。

　こうした措置の実施を通じて、今後食品循環資源の再生利用等の一層の促進を図るものとする。

3　関係者の取組の方向

　食品循環資源の再生利用等の推進に当たっては、関係者は、適切な役割分担の下でそれぞれが連携しつつ積極的に参加することが必要である。

　イ　食品関連事業者の取組の方向

　　食品関連事業者は、その事業活動に伴い食品廃棄物等を排出する者として、食品循環資源の再生利用等の推進に当たっての主導的な役割を担う責務があり、二に掲げる業種別の目標を達成するため、食品循環資源の再生利用等の促進に関する食品関連事業者の判断の基準となるべき事項を定める省令（平成13年財務省・厚生労働省・農林水産省・経済産業省・国土交通省・環境省令第4号。以下「判断基準省令」という。）に従って、食品廃棄物等の分別、適正な管理等を行いつつ、計画的に食品循環資源の再生利用等に取り組むものとする。

　　また、食品関連事業者は、特定肥飼料等を用いて生産された農畜水産物等を利用することにより、農林漁業者等との安定的な取引関係を確立し、地産地消や地域における資源循環の環の構築に努めるものとする。

ロ　再生利用事業者及び農林漁業者等の取組の方向
　　食品関連事業者から委託を受け、又は食品循環資源を譲渡され再生利用事業を実施する者（以下「再生利用事業者」という。）は、食品関連事業者と特定肥飼料等の利用者とを結ぶ立場にある。このため、再生利用事業者は、食品循環資源の品質及び安全性の確保に関し必要な情報を食品関連事業者に伝えるよう努めるとともに、利用者のニーズに適合する品質及び量の特定肥飼料等の製造を行うものとする。その際には、再生利用事業の実施に伴い生活環境の保全上支障が生じないよう必要な措置を講ずるものとする。
　　特定肥飼料等の利用者である農林漁業者等は、飼料自給率の向上、環境保全型農業の推進、地球温暖化の防止等に寄与する観点から、特定肥飼料等の一層の利用に努めるものとする。
ハ　消費者の取組の方向
　　一般家庭から排出される食品廃棄物等の量は食品廃棄物等全体の約半分と大きな割合を占めている。このため、消費者は、自らの食生活に起因する環境への負荷に対する理解を深め、食品を消費する各段階において食品廃棄物等の発生の抑制に努めるとともに、食品関連事業者による食品循環資源の再生利用等についての積極的な取組への理解を深め、その取組への協力に努めるものとする。
　　具体的には、まず、食品の購入に際しては、賞味期限と消費期限の違いを正しく理解するとともに、量り売りの利用等により買い過ぎを防ぎ、消費しきれない食品の廃棄をできるだけ避けるものとする。
　　また、飲食店等での食事に際しては、無理なく食べられるメニューを注文すること等により、食べ残しの削減に努めるとともに、商品の選択に当たっては、特定肥飼料等を用いて生産された農畜水産物等の購入及びこれを用いたメニューの注文等を通じ、食品関連事業者による食品循環資源の再生利用等の取組を促進するよう努めるものとする。
　　加えて、家庭においては、調理方法や献立の工夫等による食品廃棄物等の発生の抑制に努めるとともに、食品を廃棄する際には、生ごみの水切り等により食品廃棄物等の減量に努めるものとする。
ニ　食品関連事業者以外の事業者の取組の方向

食品関連事業者以外の事業者であって、社員食堂等を通じて自ら食品廃棄物等を発生させる者、百貨店業を営む者及びビルの所有者等のテナントとして入居する事業者が発生させる食品廃棄物等を管理する商業施設の設置者も、食品関連事業者の取組に準じて、食品循環資源の再生利用等を促進するよう努めるものとする。
　　ホ　国の取組の方向
　　　国は、食品関連事業者に対する指導、勧告等の法に基づく措置を適確に実施するとともに、食品循環資源の再生利用等を促進するために必要な情報提供、普及啓発、研究開発及び資金の確保に努めるものとする。また、国と地方公共団体との連携及び地方公共団体間の連携の確保を図るとともに、地方公共団体に対し、地域における食品循環資源の再生利用等を促進する上での取組の考え方等の参考となる事項等を示すものとする。
　　ヘ　地方公共団体の取組の方向
　　　地方公共団体は、その区域の経済的社会的諸条件に応じて、地域における食品関連事業者、再生利用事業者及び農林漁業者等の連携を図ること等により、食品循環資源の再生利用等を促進するため必要な措置を講ずるよう努めるものとする。
　4　食品循環資源の再生利用等の手法に関する優先順位及び手法ごとの取組の方向
　　食品循環資源の再生利用等を行うに当たっては、循環型社会形成推進基本法（平成12年法律第110号）第３条から第７条までに定める基本原則にのっとり、まず、食品廃棄物等の発生ができるだけ抑制されなければならない。次に、発生した食品循環資源については、製品の原材料としての再生利用を進め、再生利用が困難な場合であって、一定の効率以上でエネルギーを利用できるときに限り熱回収を行い、そのエネルギーの有効な利用を図るものとする。さらに、再生利用及び熱回収ができない食品廃棄物等については、減量を行い、廃棄処分される食品廃棄物等の量を減少させるとともに、その後の廃棄処分の実施を容易にするものとする。
　　各手法の実施に当たっての基本的方向は次のとおりである。
　　イ　発生の抑制

第一に、食品循環資源の再生利用等を行うに当たっては、食品廃棄物等の発生の抑制を最優先することが重要であるが、食品廃棄物等の年間発生量は、平成13年度と比べ増加してきており、取組が十分に進んでいない状況にある。散在する事業所から少量ずつ排出されることの多い食品廃棄物等について再生利用、熱回収又は減量を行うことは技術的・経済的・エネルギー的に制約が多いことからも、発生の抑制が有効かつ重要である。

　このような状況を踏まえ、食品関連事業者においては、判断基準省令に従った取組を行うことはもとより、業種の特性や取引・販売の実態にかんがみ、以下のような取組を行うことが求められる。

　まず、食品製造業にあっては、更なる不良品の発生率の低下に努めるとともに、売れ残りの製品の返品を前提として食品小売業者等に対し製品を過剰に納入する等の販売促進活動が将来の食品の廃棄の増加につながらないよう特に留意するものとする。

　また、品質上の問題はなく、単に外箱が毀損したなどの外形的な要因により返品された製品については、通常の販売経路の外での需要の有無についても検討し、廃棄処分せずに、これを有効に利用できる施設等へ提供する等、可能な限り食品としての利用を図るものとする。さらに、賞味期限内又は消費期限内の売れ残り製品や未使用の原材料、食品製造工程において発生した副産物等を、他の製品として販売し、又は他の製品の原材料として再利用することは、食品廃棄物等の発生の抑制と食品に係る資源の有効な利用を図る上で効果的な取組である。このため、食品衛生法（昭和22年法律第233号）や農林物資の規格化及び品質表示の適正化に関する法律（昭和25年法律第175号）等の関係法令を遵守しつつ、こうした取組を推進するものとする。

　なお、製造・加工段階での食品廃棄物等の発生を抑制するため、原材料を海外で製造されたカット野菜や調理済み食材等に切り換えることは、食品廃棄物等の発生場所を単に海外に移転しただけに過ぎず、国際的視点からは、食品廃棄物等の発生の抑制や食品に係る資源の有効な利用につながるものではない点に留意する必要がある。

　次に、食品卸売業及び食品小売業にあっては、食品の廃棄につながりかねない製品の過剰な仕入れ、売れ残り製品や本来の賞味期限より

早期の時点に設定された販売期限を経過した製品の食品製造業者等への安易な返品を抑制するとともに、食品小売業においては、購入者の持ち帰りの時間や鮮度、見映え等を考慮して消費期限の数時間前に商品棚から商品を撤去・廃棄する等の商慣行を見直し、きめ細かな配送や消費期限が近づいている商品の値引き販売等、食品が廃棄物とならないような販売方法を工夫するものとする。
　さらに、外食産業にあっては、消費者の食べ残しが食品廃棄物等の発生量の相当部分を占めていることから、メニュー、盛り付けの工夫や食べ残しがなかった場合にメリットを付与する等のサービスを通じて、食べ残しの削減に積極的に取り組むものとする。
　すべての食品関連事業者、とりわけ消費者と直接接する機会の多い食品小売業及び外食産業は、このような自らの取組を適切に情報提供すること等により、消費者の理解の促進に努めるものとする。
　ロ　再生利用
　第二に、食品循環資源については、特定肥飼料等の需給の動向等を踏まえ、可能な限り再生利用を進めることが必要である。
　食品関連事業者は、食品循環資源の再生利用を行うに当たっては、判断基準省令に従った取組を行うことはもとより、自らが発生させる食品廃棄物等の量、組成及び特定肥飼料等の原材料としての需要等を十分に把握し、これらを踏まえた適切な再生利用の手法を選択する必要がある。
　その際、飼料化は、食品循環資源の有する成分や熱量（カロリー）を最も有効に活用できる手段であり、飼料自給率の向上にも寄与するため、優先的に選択することが重要である。特に、受け皿である畜産農家が多く存在する地域にあっては、家畜排せつ物由来のたい肥との競合を避ける観点からも、飼料化を推進することが望まれる。
　肥料化については、持続性の高い農業生産方式の導入の促進に関する法律（平成11年法律第110号）第4条の認定を受けた農業者（エコファーマー）の増加や農業環境規範の普及により、今後の需要の増加が見込まれるところであるが、地域や市場における有機質肥料の需給状況や農業者の品質ニーズ等を十分に踏まえつつ、利用先の確保を前提とした上で実行していく必要がある。

炭化の過程を経て燃料及び還元剤を製造することについては、化石燃料の代替品としての需要が主と見込まれるため、地球温暖化対策の観点から、取組を促進することが重要である。

　油脂及び油脂製品化については、多くが飼料添加用油脂や脂肪酸原料として有効活用が図られてきているが、近年、廃食用油をバイオ燃料として有効活用する取組が進展を見せているところである。また、エタノール化にあっても、バイオ燃料として有効活用する取組が進んでいるところである。これらの取組は、化石燃料の使用量の削減とそれに伴う二酸化炭素の排出量の削減につながり、地球温暖化の防止に寄与することから、処理残さの適正な処理に配慮した上で、今後促進していく必要がある。

　メタン化については、その利用が二酸化炭素の増加を招かないことから地球温暖化の防止に寄与するものである。また、メタンは発電に利用できることから、食品廃棄物等が大量に発生する地域でありながら、肥料や飼料の消費地からは遠いことが多い都市部においても需要があり、地域性に左右されない再生利用の受け皿として有効である。このため、発酵廃液等の肥料化等効果的・効率的に処理残さ対策を講じつつ、一層の取組を促進していく必要がある。

　今後、食品循環資源の再生利用を一層促進するためには、技術進歩等に応じた手法の多様化を図っていく必要がある。このため、国は、製品の品質を確保できる技術が確立され、一定の需要が確実に見込まれ、不適正な処理がなされるおそれが少ない等の一定の条件に適合する場合には、新たな再生利用の手法を追加していくこととする。

　なお、これら食品循環資源の再生利用を行うに当たっては、特定肥飼料等の品質及び安全性の確保が不可欠である。このため、国及び地方公共団体は、肥料取締法（昭和25年法律第127号）、飼料の安全性の確保及び品質の改善に関する法律（昭和28年法律第35号。以下「飼料安全法」という。）等関係法令の適正な運用を行うものとする。特に、飼料化に際しては、国において、飼料安全法に基づく遵守事項を整理した、食品残さ等利用飼料における安全性確保のためのガイドラインが定められていることから、この内容を踏まえた再生利用に取り組むことが求められている。当該ガイドラインに記載されている内容は、

製品の品質を確保する観点から、肥料化等他の再生利用の手法にも十分通用するものであることから、これが広く活用されることが望ましい。

食品循環資源は、腐敗しやすいという特性を有することから、再生利用の実施に当たっては、生活環境の保全上の支障が生じないよう悪臭、水質の汚濁その他の公害の防止に関する関係法令も遵守しなければならない。

ハ　熱回収

第三に、食品循環資源の再生利用を実施することができない場合であっても、食品に係る資源の有効な利用を図ることが重要である。

このため、バイオマスである食品循環資源のエネルギー利用は、二酸化炭素の増加を招かず地球温暖化の防止に寄与するものであることを踏まえ、平成19年度の法の改正において、再生利用施設の立地状況又は受入状況上の問題から再生利用が困難な食品循環資源については、メタン化等と同等以上の効率でエネルギーを利用できる場合に限り、食品循環資源の焼却によって得られる熱を熱のまま又は電気に変換して利用する熱回収を行うことを再生利用等の一環として位置付けることとしたところである。このため、食品関連事業者は、食品循環資源の再生利用等の促進に関する法律第2条第6項の基準を定める省令（平成19年農林水産省・環境省令第5号）及び判断基準省令を遵守しつつ、その適正な活用を図るものとする。

ニ　減量

第四に、再生利用及び熱回収ができない食品廃棄物等については、腐敗しやすいという特性にかんがみ、食品関連事業者が自ら、脱水、乾燥、発酵又は炭化を実施することにより、廃棄処分される食品廃棄物等の重量を減少させるとともに、その後の廃棄処分を容易にし、生活環境の保全を図ることが必要である。

なお、食品廃棄物等の減量を行う場合には、減量装置等の排水の適正処理、臭気の漏れの防止等生活環境の保全上必要な措置を講ずるものとする。

二　食品循環資源の再生利用等を実施すべき量に関する目標

食品循環資源の再生利用等を実施すべき量は、実施率で計算するものと

し、平成24年度までに、食品製造業にあっては全体で85パーセント、食品卸売業にあっては全体で70パーセント、食品小売業にあっては全体で45パーセント、外食産業にあっては全体で40パーセントに向上させることを目標とする。また、この業種別の実施率の目標を達成するために、各々の食品関連事業者に適用される実施率の目標を判断基準省令で定めたところである。

なお、ここで示す業種別の実施率の目標は、その業種に属する各々の食品関連事業者が実施すべき実施率の目標ではなく、各々の食品関連事業者が、判断基準省令に従い食品循環資源の再生利用等に計画的に取り組むことにより、その業種全体で達成されることが見込まれる目標である。

この目標は、目標の達成状況、社会経済情勢の変化等を踏まえて必要な見直しを行うものとする。

三 食品循環資源の再生利用等の促進のための措置に関する事項

食品循環資源の再生利用等を実施すべき量に関する目標の達成に向け、食品循環資源の再生利用等を促進していくため、次のような措置を講ずるものとする。

1 食品関連事業者に対する指導監督の強化

イ 定期報告制度の運用

国は、食品廃棄物等多量発生事業者から報告された食品廃棄物等の発生量及び食品循環資源の再生利用等の状況に関するデータを、業種・業態ごとに整理し、公表すること等を通じて、食品循環資源の再生利用等の取組に関する食品関連事業者の意識の向上とその取組の促進を図るものとする。

具体的には、食品廃棄物等の発生量を、これと密接な関係をもつ売上高、製造数量等で除して得られる単位当たりの発生量（以下「発生原単位」という。）が、業種・業態の中で最も低い食品関連事業者及び実施率が業種・業態の中で最も高い食品関連事業者の名称と取組内容、発生原単位及び実施率の業種・業態の平均値とその分布を公表する。これにより、各食品関連事業者が同一の業種・業態における平均的な水準と自らの水準とを比較・評価し、優れた取組を参考にすることを可能とすることにより、その取組の促進を図るものとする。

また、定期報告した内容の公表に同意する食品関連事業者の事業

名、発生原単位及び実施率の一覧を国において公表することにより、食品関連事業者の積極的な取組・努力に対する消費者の理解の醸成を図るものとする。
　ロ　フランチャイズチェーン等における取組
　　法第9条第2項に規定する食品関連事業者が、本部事業者として経営するフランチャイズチェーンについては、本部事業者に対し加盟者の取組も含めて定期報告を求めることとしていることにかんがみ、フランチャイズチェーン全体の取組が遅れている場合には、国は、当該本部事業者に対して指導、勧告等を行うこととする。
　　また、法第9条第2項に規定する食品関連事業者に該当しないフランチャイズチェーンやボランタリーチェーン等においては、本部事業者が加盟者における食品循環資源の再生利用等の推進を要請等することにより、また、加盟者においては、本部事業者が実施する食品循環資源の再生利用等の促進のための措置に協力することにより、チェーン全体での取組を促進するよう努めるものとする。
　ハ　食品廃棄物等多量発生事業者以外の食品関連事業者の取組
　　食品廃棄物等多量発生事業者以外の食品関連事業者についても、判断基準省令に即した取組が求められているところであるが、これらは中小規模の食品関連事業者が多いことから、他の食品関連事業者と連携し、食品循環資源の収集運搬や再生利用の委託先を共通にすることで収集運搬等の効率を高め、食品循環資源の再生利用等の費用の削減に努めることが有効であり、このような取組の検討が必要である。
　　国は、これらの食品関連事業者に対しても判断基準省令第15条第1項に基づき一定の記録を求めているところであり、各地方農政事務所等の調査・点検を通じて、その食品循環資源の再生利用等の状況を把握し、指導及び助言を行うとともに、必要に応じて地方公共団体とも連携してその取組の促進を図るものとする。
2　登録再生利用事業者の育成・確保とその適正な処理の推進
　　登録再生利用事業者の数は、平成18年度末時点で106事業場となり、法の制定以降着実に増加しつつあるが、登録再生利用事業者が存在しない県もあることから、国は、特にこうした県を中心に事業者に対する登録再生利用事業者制度の普及啓発を重点的に行うものとする。

また、登録再生利用事業者の増加に伴い、不適正な処理を行う登録再生利用事業者も見られることから、法に基づく報告徴収や立入検査を通じて、その適正な処理を確保していくものとする。
　さらに、国及び地方公共団体は、食品関連事業者が食品循環資源の再生利用を第三者に委託し、又は譲渡する場合に、その委託又は譲渡先の選定を容易にするため、地域における登録再生利用事業者に関する情報の提供を充実させていくものとする。

3　食品関連事業者、再生利用事業者及び農林漁業者等の連携の確保
　食品循環資源の再生利用を促進していくためには、食品循環資源の発生者である食品関連事業者、これらの食品循環資源について再生利用を実施する再生利用事業者、製造された特定肥飼料等を利用する農林漁業者等の三者が連携し、計画的な再生利用を実施することが重要である。
　平成19年度の法の改正により、再生利用事業計画の認定を受けた場合には、当該計画に位置づけられた一般廃棄物の収集又は運搬を業として行う者について廃棄物処理法に基づく市町村の許可が不要となることとされたことから、食品関連事業者においては、食品循環資源を広域的に収集し、低コストで効率的な再生利用の取組を行うことが可能となった。
　このため、複数の市町村で広域的に事業を展開する食品小売業や外食産業においては、食品循環資源の再生利用を行うに当たり、再生利用事業計画の認定制度の積極的な活用を図るものとする。
　また、消費者はこれらの三者の連携に対する理解を深め、特定肥飼料等を用いて生産された農畜水産物等の購入を通じて、三者による食品循環資源の再生利用の取組を促進するよう努めるものとする。
　さらに、国は、再生利用事業計画の認定制度の活用を促進するため、これら三者に対し、制度の詳細や事業の優良事例に関する情報提供を充実させるとともに、食品廃棄物等の組成・成分や発生原単位等を調査し、得られる再生利用製品やエネルギーの量の予測を可能とするデータベースを構築し、その活用を進めるものとする。
　再生利用事業計画の認定に当たっては、特定肥飼料等を用いて生産された農畜水産物等を食品関連事業者が一定量以上引取ることが条件となるため、国は、このような取組のうち優良な取組について表彰・認証・公表を行うとともに、特定肥飼料等を用いて生産された農畜水産物等を

識別するマークの在り方を検討するものとする。

　なお、このような新たな再生利用事業計画の認定制度が社会の信頼を得て、普及、定着するためには、廃棄物処理法の特例を悪用した不適正な処理が起こらないよう万全を期す必要があることから、国は、再生利用事業計画の認定時の審査を適確に実施することとする。また、認定後は、関係する地方公共団体と連携・協力して、食品循環資源の収集運搬を実施する者を始め、再生利用事業計画の実施に携わる者を適切に監視し、再生利用事業の適正な実施を確保するものとする。

4　研究開発の推進

　食品循環資源の再生利用等を一層促進していくためには、経済性及び効率性に優れた技術の開発及び普及が必要不可欠である。

　このため、これまでに開発した食品循環資源を肥料及び飼料等に再生利用する技術の普及に努めるほか、広く食品関連事業者が取り組みやすい食品循環資源の再生利用の用途は限られていることを踏まえ、効率的にバイオ燃料を製造する技術や熱・電力へ高効率に転換するエネルギー回収技術、バイオプラスチックなどを効率的に製造するマテリアルリサイクル技術の開発や再生利用をさらに促進するために必要な新たな食品循環資源の再生利用等の手法の開発及び普及を促進していく必要がある。

　また、再生利用製品の安定的かつ確実な利用を図るためには、地域特性を踏まえた食品循環資源の再生利用等を実施していく必要があることから、地域の物質収支（マテリアルバランス）を考慮しつつ、原料確保から利用・廃棄物としての処分に至るまでの総合的な資源循環システムを設計・構築する技術や実用化するための要素技術の開発及び普及を促進するとともに、構築したシステムの地域社会経済への貢献度を評価する手法を確立していく必要がある。

　さらに、様々な状況の中で最適な食品循環資源の再生利用等の手法を選択していく観点から、農林水産物等の生産から食品廃棄物等の廃棄に至るまでの全段階における環境への負荷の評価（ライフ・サイクル・アセスメント）の手法について、調査や研究開発を促進していく必要がある。

5　施設整備の促進

食品循環資源の再生利用等を促進するためには、再生利用施設の整備を推進し、我が国における再生利用可能量を向上させていくことが重要である。再生利用施設の整備の推進に当たっては、再生利用に係るコスト負担が重く、取組が低迷する傾向にある中小・零細規模の食品関連事業者の取組を促進するため、ＰＦＩ事業を含め、市町村が設置する一般廃棄物処理施設でのメタン化、肥料化等の再生利用等を推進することも選択肢と考えられることから、地域の実情に応じた意欲的な取組を行う市町村に対しては、資源の循環利用やバイオマスの有効活用の観点から、家庭の生ごみも含めた再生利用やエネルギー利用施設の整備に対する支援を行っていく必要がある。

　また、特定肥飼料等を用いて生産された農畜水産物等を食品関連事業者が引き取る計画的な再生利用の受け皿となる優良な施設の整備が図られるよう支援を行っていく必要がある。

四　環境の保全に資するものとしての食品循環資源の再生利用等の促進の意義に関する知識の普及に係る事項

　食品循環資源の再生利用等の促進のためには、食品廃棄物等の発生の抑制をはじめとする広範な国民の協力が必要であることにかんがみ、国及び地方公共団体は、環境の保全に資するものとしての食品循環資源の再生利用等の促進の意義に関する知識について、広く国民への普及啓発を図ることが必要である。

　具体的には、国及び地方公共団体は、様々な情報伝達、環境教育・環境学習や広報活動、消費者団体との連携等を通じて、食品廃棄物等の発生状況、食品関連事業者の優良な食品循環資源の再生利用等の取組、賞味期限や消費期限を含めた食品表示に関する正しい理解を促すものとする。

　さらに、食品循環資源の再生利用等に積極的な食品関連事業者の提供する農畜水産物や食品又は当該事業者の店舗の積極的な利用、必要量以上の食品を購入・注文しない消費行動への変革、食品廃棄物等をなるべく出さない調理方法や献立の普及、食品循環資源の再生利用等を円滑に実施するための適切な分別等に関する知識の普及及び「もったいない」という意識の普及・醸成を図るものとする。

　また、このような意識の普及・醸成を図る上で、食品循環資源の再生利用等に関する体験活動を推進することの重要性が近年高まっていることに

かんがみ、学校における食育の一環として、学校給食等から排出される食品循環資源を肥料等に活用するなどの取組も進められており、このような取組を通じて、子どもの食品循環資源の再生利用等に対する理解が一層促進されるよう努めるものとする。

　さらに、食品関連事業者は、自らの食品循環資源の再生利用等の取組を、自社のホームページや環境報告書、店頭での掲示等を通じて積極的に情報提供していくものとする。

五　その他食品循環資源の再生利用等の促進に関する重要事項

　家庭や事業場において、炊事場の流しの排水口に設けられ、生ごみの粉砕処理に使用されるディスポーザーは、市町村のごみの収集に合わせ、一定の日時・場所に生ごみを持ち寄るという行為から住民を解放するという利便性を有する一方、生ごみを廃棄物の処理から下水処理に移行することによって、資源として飼料や肥料に再生利用することを困難にするものであることから、その設置等について、多角的に検討し、評価する必要がある。

○再生利用等の促進に関する法律に基づく再生利用事業を行う者の登録事務等取扱要領

［平成13年10月26日付け13総合第2815号、
平成13・10・4産局第1号、
13年環廃企第374号］

農林水産省総合食料局長
農林水産省生産局長
経済産業省産業技術環境局長   連名通知
環境省大臣官房
廃棄物・リサイクル対策部長

第一　制度の趣旨

　食品循環資源の再生利用等の促進に関する法律（平成12年法律第116号。以下「法」という。）第11条第1項において、食品循環資源を原材料とする肥料、飼料及び食品循環資源の再生利用等の促進に関する法律施行令（平成13年政令第176号）第2条で定める製品（以下「特定肥飼料等」という。）の製造を業として行う者は、その事業場について、主務大臣の登録を受けることができ、その登録を受けた事業者（以下「登録再生利用事業者」という。）については、廃棄物の処理及び清掃に関する法律（昭和45年法律第137号。以下「廃棄物処理法」という。）等の特例措置が講じられることとされている。

　これは、主務大臣が特定肥飼料等の製造を的確かつ効率的に行い得る事業者を登録することにより、食品関連事業者が食品循環資源の再生利用として特定肥飼料等の製造を委託し、又は食品循環資源を譲渡する際の委託先、譲渡先の選択を容易にするとともに、登録再生利用事業者を通じた的確な再生利用の実施、また、廃棄物処理法の許可手続等の簡素化による効率的な食品循環資源の再生利用の実施を確保すること等を目的としている。

第二　登録

1　登録の申請

　(1)　申請者

　　　特定肥飼料等の製造を業として行う者は、その食品循環資源の再生利用を実施する事業場について、登録の申請を行うことができる。

　　　ただし、申請者が法第11条第4項各号のいずれかに該当する場合は、登録を受けることができない。

　(2)　申請書及び添付書類

　　　登録の申請をしようとする者は、登録を受けようとする事業場ごとに、

様式第1号により登録の申請書を作成し、肥料、飼料、油脂又は油脂製品(油脂製品にあっては、農林水産省の所掌に係るものに限る。)を製造する場合は農林水産大臣及び環境大臣あて、炭化の過程を経て製造される燃料及び還元剤、油脂製品、エタノール又はメタン(油脂製品にあっては、農林水産省の所掌に係るものを除く。)を製造する場合は農林水産大臣、経済産業大臣及び環境大臣あてに、それぞれ1部ずつ提出するものとする。

また、申請書には、食品循環資源の再生利用等の促進に関する法律に基づく再生利用事業を行う者の登録に関する省令(平成13年農林水産省、経済産業省、環境省令第1号。以下「登録省令」という。)第1条に定める書類及び図面を添付するものとする。

(3) 申請書の記載上の留意事項

申請書の各欄の記載に当たっては、以下の点に留意するものとする。

① 再生利用事業(特定肥飼料等の製造の事業をいう。以下同じ。)の内容の欄については、事業の内容として、肥料化事業、飼料化事業、炭化事業(炭化の過程を経て製造される燃料及び還元剤を製造する事業に限る。以下同じ。)、油脂化事業、油脂製品化事業、エタノール化事業及びメタン化事業の別を記載する。なお、再生利用事業が複数の事業に該当する場合には、該当する事業を全て記載する。

② 再生利用事業を行う事業場の名称の欄については、工場名等を記載する。なお、事業場の一般の名称がない場合でも、事業場を特定する名称(例、本社工場)を記載する。

③ 特定肥飼料等の製造の用に供する施設の種類の欄については、特定肥飼料等の製造に使用する主たる設備について、機器の名称、製造メーカー名、型式等を具体的に記載する。

④ 特定肥飼料等の製造の用に供する施設の規模の欄については、施設全体における一日あたり処理能力及びうち食品循環資源の処理能力をそれぞれを記載する。

⑤ 特定肥飼料等を保管する施設の所在地の欄については、自らの施設の所在地のほか、他業者の倉庫等を恒常的に利用しているときは、当該倉庫等の所在地についても記載する。

⑥ 再生利用事業により得られる特定肥飼料等の種類の欄については、

以下の内容を記載する。
ア　肥料化事業の場合

　　肥料取締法（昭和25年法律第127号）第2条第2項に定める普通肥料（同法第4条第1項に定める指定配合肥料に該当する場合はその旨も併せて記載）又は特殊肥料の別を記載する。

　　また、当該肥料が普通肥料に該当し、かつ、肥料取締法第3条に基づく公定規格が定められている場合については、肥料取締法に基づき普通肥料の公定規格を定める等の件（昭和61年農林水産省告示第284号）の肥料の種類の項に掲げる名称を、特殊肥料に該当する場合は、特殊肥料等の指定（昭和25年農林省告示第177号）に定められた肥料の種類を併せて記載する。

イ　飼料化事業の場合

　　次に掲げるところにより記載する。

　　a　飼料の安全性の確保及び品質の改善に関する法律（昭和28年法律第35号。以下「飼料安全法」という。）第26条に基づく公定規格の定められている飼料

　　　　飼料の公定規格を定める等の件（昭和51年7月24日農林省告示第756号。以下「飼料規格告示」という。）の飼料の種類の項に掲げる名称。

　　b　a以外の飼料

　　　a）単体飼料にあっては、飼料規格告示の備考の3の別表の原料名の欄に掲げる名称、同欄に該当しないものは原料の一般的な名称。

　　　b）混合飼料にあっては、動物性たん白質混合飼料、動植物性たん白質混合飼料、フィッシュソリュブル吸着飼料等そのものの特性又は製法が明らかとなる名称。

　　　c）配合飼料にあっては、飼料規格告示の1の表の種類の項に掲げる名称に準じた名称。

ウ　炭化事業の場合

　　発電用石炭代替燃料、コークス代替材等具体的に記載する。

エ　油脂化事業の場合

　　飼料添加油脂、塗料原材料油脂等具体的に記載する。

オ　油脂製品化事業の場合
　　　石鹸、グリセリン等具体的に記載する。
　　カ　エタノール化事業
　　　自動車燃料用エタノール等具体的に記載する。
　　キ　メタン化事業の場合
　　　燃料用メタン、発電用メタン、工業原材料用メタン等具体的に記載する。
　⑦　再生利用事業により得られる特定肥飼料等の名称の欄については、商品名、銘柄名等を記載する。なお、名称については、文字のみをもって表示し、図形又は記号等を用いてはならない。また、用途、原材料等を誤認させる等の不適切な名称を用いてはならない。
　⑧　特定肥飼料等の製造に使用される食品循環資源の種類の欄については、一般廃棄物（廃棄物処理法第2条第2項に規定する一般廃棄物をいう。以下同じ。）、産業廃棄物（廃棄物処理法第2条第4項に規定する産業廃棄物をいう。以下同じ。）の別及び、動物性残さ、植物性残さ、無機性残さ、廃油等食品循環資源の内容を記載する。なお、使用する食品循環資源の種類が複数ある場合は、該当するものを全て記載する。
　⑨　特定肥飼料等の製造に使用される食品循環資源以外の原材料の種類の欄については、使用される副原料等を具体的に記載する。なお、飼料化事業にあっては、⑥のイに準じて原材料として使用する飼料の名称を記載し、飼料添加物については、飼料及び飼料添加物の成分規格等に関する省令（昭和51年農林省第35号）の別表第2の7の各条に規定する名称を記載する。
(4)　添付書類及び図面の作成上の留意事項
　　添付書類及び図面の作成に当たっては、以下の点に留意するものとする。
　①　特定肥飼料等の製造の用に供する施設（以下「特定肥飼料等製造施設」という。）への食品循環資源の搬入に関する計画書については、原料となる食品循環資源の収集範囲（収集先市町村名、収集対象事業者等）、収集・運搬を行う事業者名（当該事業者が廃棄物処理法上の一般廃棄物収集運搬業又は産業廃棄物収集運搬業の許可を受けている

場合はその許可番号)、搬入を行う車両等の種類及び台数、搬入を行う時間帯、搬入を行う食品循環資源の見込量等を具体的に記載する。
② 特定肥飼料等の利用方法並びに価格及び需要の見込みを記載した書類については、特定肥飼料等の利用方法、販売を行う場合はその価格、特定肥飼料等の生産見込量と需要見込量、需要先等を具体的に記載する。
③ 特定肥飼料等製造施設の構造を明らかにする平面図、立面図、断面図、構造図、処理工程図及び設計計算書のうち、処理工程図については、特定肥飼料等の製造の工程について、原料の搬入、前処理、再生処理等の各段階ごと、その処理の内容を具体的に図示する。
④ 特定肥飼料等製造施設の維持管理に関する計画書については、管理者の設置等の維持管理の体制、施設の保守管理の計画等を具体的に記載する。
⑤ 動物試験の成績を記載した書類については、製造する飼料が飼料安全法第23条第3号の使用経験が少ないため、有害でない旨の確証がないと認められる飼料に該当する可能性があると認められる場合に、飼料の安全性評価基準の制定について(昭和63年4月12日付け63畜B第617号畜産局長通知)及び養殖水産動物用飼料の安全性評価基準の制定について(平成3年2月13日付け2畜B第2103号畜産局長、水産庁長官通知)に基づく試験成績を添付する。
なお、動物試験及び分析試験の実施に当たっては、事前に農林水産省消費・安全局畜水産安全管理課に照会を行うものとする。
⑥ 特定肥飼料等の含有成分量に関する分析試験の結果を記載した書類については、特定肥飼料等の種類に応じた有効成分の含有量及び有害成分の含有量の検査結果を添付する。
なお、飼料化事業であって、⑤に基づき動物試験の成績を記載した書類を提出している場合においては、同書類において、含有成分量に関する分析結果が記載されているため不要とする。
(5) 申請に当たっての地方農政局等の経由
登録の申請は、農林水産大臣あてについては、再生利用事業を行う事業場の所在地を管轄する地方農政局(沖縄県にあっては、沖縄総合事務局)を経由してこれを行うものとする。ただし、事業所の所在地が北海

道の場合にあっては、直接、農林水産省本省に申請を行うものとする。
　　経済産業大臣あてについては、再生利用事業を行う事業場の所在地を管轄する経済産業局（沖縄県にあっては、沖縄総合事務局）を経由してこれを行うものとする。
　　環境大臣あてについては、再生利用事業を行う事業場の所在地を管轄する地方環境事務所を経由してこれを行うものとする。
(6)　その他
　　申請を受理した農林水産大臣、経済産業大臣及び環境大臣は、再生利用事業を行う事業場の所在地を管轄する都道府県の関係部局に申請の内容について必要に応じ意見照会を行うものとする。
　　また、申請を受理した農林水産大臣は、技術的な面で疑問が生じたときは、必要に応じ、農業に関する試験研究・検査検定等を行う独立行政法人又は都道府県の試験研究機関の学識経験者の意見を聴取するものとする。
2　登録の基準
　農林水産大臣、経済産業大臣及び環境大臣は、申請内容の検討の結果、申請が次に掲げる基準の全てに適合していると認められる場合は、その申請に基づき登録を行うものとする。
(1)　生活環境の保全に係る基準
　　ア　受け入れる食品循環資源の大部分を特定肥飼料等製造施設に投入すること。
　　イ　受け入れる食品循環資源が一般廃棄物に該当する場合には、再生利用事業を行う者が廃棄物処理法第7条第6項の許可（当該許可に係る廃棄物処理法第7条の2第1項の許可を受けなければならない場合にあっては、同項の許可）を受け、又は廃棄物の処理及び清掃に関する法律施行規則（昭和46年厚生省令第35号。以下「廃棄物処理法施行規則」という。）第2条の3第1号若しくは第2号の規定に該当して、当該食品循環資源の処分を行うことができる者であること。
　　ウ　受け入れる食品循環資源が産業廃棄物に該当する場合には、再生利用事業を行う者が廃棄物処理法第14条第6項の許可（当該許可に係る廃棄物処理法第14条の2第1項の許可を受けなければならない場合にあっては、同項の許可）を受け、又は廃棄物処理法施行規則第10条の

3第2号の規定に該当して、当該食品循環資源の処分を行うことができる者であること。
　エ　再生利用事業により得られる特定肥飼料等の品質、需要の見込み等に照らして、当該特定肥飼料等が利用されずに廃棄されるおそれが少ないと認められること。
　オ　受け入れる食品循環資源及び再生利用事業により得られる特定肥飼料等の性状の分析及び管理を適切に行うこと。
　カ　特定肥飼料等製造施設については、次によること。
　　a　運転を安定的に行うことができ、かつ、適正な維持管理を行うことができるものであること。
　　b　特定肥飼料等製造施設が廃棄物処理法第8条第1項に規定する一般廃棄物処理施設である場合には当該特定肥飼料等製造施設について同項の許可（当該許可に係る廃棄物処理法第9条第1項の許可を受けなければならない場合にあっては、同項の許可）を、特定肥飼料等製造施設が廃棄物処理法第15条第1項に規定する産業廃棄物処理施設である場合には当該特定肥飼料等製造施設について同項の許可（当該許可に係る廃棄物処理法第15条の2の5第1項の許可を受けなければならない場合にあっては、同項の許可）を受けていること。
　キ　肥料取締法第2条第2項に規定する普通肥料を生産する場合には同法第4条第1項の登録若しくは同法第5条の仮登録を受けていること又は同法第16条の2第1項の届出（当該届出に係る同条第3項の届出をしなければならない場合にあっては、同項の届出を含む。）をしていること、当該普通肥料を販売する場合には同法第23条第1項の届出（当該届出に係る同条第2項の届出をしなければならない場合にあっては、同項の届出を含む。）をしていること。
(2)　再生利用事業の効率的実施に係る基準
　特定肥飼料製造施設の1日当たりの食品循環資源の処理能力が5トン以上であること。
(3)　経理的な基礎に係る基準
　当該申請をした者が、再生利用事業を適確かつ円滑に実施するのに十分な経理的基礎を有するものであること。

3　登録証明書の交付・通知

　　農林水産大臣、経済産業大臣及び環境大臣は、再生利用事業の登録の申請のあった事業場について登録を行った場合は、当該登録再生利用事業者に対し、様式第6号により、登録証明書を交付するものとする。

　　農林水産大臣、経済産業大臣及び環境大臣は、登録再生利用事業者に登録証明書を交付したときは、その旨を、登録を受けた事業場の所在地を管轄する都道府県知事（事業場の所在地を管轄する特別区長、及び市町村長も含む。以下「都道府県知事等」とする。）に通知するものとする。

第三　登録の変更
1　登録の変更の届出
(1)　変更届出書及び添付書類

　　登録再生利用事業者は、既に登録を受けている法第11条第2項各号に掲げる事項を変更したときは、様式第2号により登録の変更の届出書を作成し、当該登録を受けた大臣あてに、それぞれ1部ずつ、速やかに提出するものとする。

　　また、登録内容の変更に伴い、登録の申請の際に添付した書類又は図面についても変更が生じる場合は、変更後の書類又は図面を変更の届出書に添付するものとする。

　　なお、届出に係る登録の変更の内容が、製造する特定肥飼料等の追加を伴うものであり、かつ、登録を受けるべき大臣の追加を伴う場合は、申請者は改めて第二の登録の申請の手続きを行うものとする。

(2)　届出に当たっての地方農政局等の経由

　　変更の届出は、農林水産大臣あてについては、再生利用事業を行う事業場の所在地を管轄する地方農政局（沖縄県にあっては、沖縄総合事務局）を経由してこれを行うものとする。ただし、事業所の所在地が北海道の場合にあっては、直接、農林水産省本省に届出を行うものとする。

　　経済産業大臣あてについては、再生利用事業を行う事業場の所在地を管轄する経済産業局（沖縄県にあっては、沖縄総合事務局）を経由してこれを行うものとする。

　　環境大臣あてについては、再生利用事業を行う事業場の所在地を管轄する地方環境事務所を経由してこれを行うものとする。

(3)　その他

届出を受理した農林水産大臣、経済産業大臣及び環境大臣は、再生利用事業を行う事業場の所在地を管轄する都道府県の関係部局に申請の内容について必要に応じ意見照会を行うものとする。
2　登録の変更の届出の受理

　　農林水産大臣、経済産業大臣及び環境大臣は、登録の変更の届出の内容が、第二の2に掲げる基準に適合すると認めるときは、変更の届出を受理し、登録の変更を行うものする。
3　登録証明書の交付・通知

　　農林水産大臣、経済産業大臣及び環境大臣は、登録の変更を行った場合で、当該変更の内容が法第11条第2項第1号から第3号までに該当する場合は、当該登録再生利用事業者に対し、既に交付されている登録証明書の返納を命ずるとともに、様式第6号により、新たな登録証明書を作成し、交付するものとする。

　　また、農林水産大臣、経済産業大臣及び環境大臣は、再生利用事業の登録の変更を行った旨を、当該登録を受けている事業場の所在地を管轄する都道府県知事等に通知するものとする。

第四　登録の廃止
1　登録の廃止の届出
（1）廃止届出書

　　登録再生利用事業者は、既に登録を受けている再生利用事業を廃止した場合は、様式第3号により登録の廃止の届出書を作成し、当該登録を受けた大臣あてに、それぞれ1部ずつ、速やかに提出するものとする。
（2）届出に当たっての地方農政局等の経由

　　廃止の届出は、農林水産大臣あてについては、再生利用事業を行う事業場の所在地を管轄する地方農政局（沖縄県にあっては、沖縄総合事務局）を経由してこれを行うものとする。ただし、事業所の所在地が北海道の場合にあっては、直接、農林水産省本省に届出を行うものとする。

　　経済産業大臣あてについては、再生利用事業を行う事業場の所在地を管轄する経済産業局（沖縄県にあっては、沖縄総合事務局）を経由してこれを行うものとする。

　　環境大臣あてについては、再生利用事業を行う事業場の所在地を管轄する地方環境事務所を経由してこれを行うものとする。

2 登録証明書の返納・通知

　　農林水産大臣、経済産業大臣及び環境大臣は、登録の廃止の届出を受理した場合は、当該登録再生利用事業者に対し、登録証明書の返納を命ずるものとする。

　　また、農林水産大臣、経済産業大臣及び環境大臣は、登録の廃止の届出を受理した旨を、当該登録を受けていた事業場の所在地を管轄する都道府県知事等に通知するものとする。

第五　登録の更新
1　更新の申請
　(1)　登録の更新を受けようとする登録再生利用事業者は、様式第4号により登録の更新の申請書を作成し、登録の効力が失われる2ヶ月前までに、当該登録を受けた大臣あてに、それぞれ1部ずつ提出するものとする。

　　　なお、更新の申請に係るその他の手続きについては、第二の1(2)から(6)に準ずるものとし、登録の申請の際に必要とされる書類及び図面についても、改めて提出するものとする。

　(2)　(1)の登録の更新の申請があった場合において、その登録の有効期間の満了の日までにその申請について処分がされないときは、従前の登録は、その有効期間の満了後もその処分がされるまでの間は、なおその効力を有するものとする。

　(3)　(2)の場合において、登録の更新がされたときは、その登録の有効期間は、従前の登録の有効期間の満了の日の翌日から起算するものとする。

2　登録の更新の基準

　　農林水産大臣、経済産業大臣及び環境大臣は、登録を受けている再生利用事業が第二の2に掲げる基準に適合していないと認められる場合を除き、登録の更新を行うものとする。

3　登録証明書の交付・通知

　　農林水産大臣、経済産業大臣及び環境大臣は、登録の更新を行った場合は、当該登録再生利用事業者に対し、既に交付されている登録証明書の返納を命ずるとともに、様式第6号により、新たな登録証明書を作成し、交付するものとする。

　　また、農林水産大臣、経済産業大臣及び環境大臣は、再生利用事業の登録の更新を行った旨を、当該登録を受けている事業場の所在地を管轄する

都道府県知事等に通知するものとする。
4　登録の失効
　　登録再生利用事業者が登録の更新を受けないことにより、又は、第五の2の登録の更新の基準を満たさないことにより、その登録の効力を失効した場合、農林水産大臣、経済産業大臣及び環境大臣は、当該登録再生利用事業者に対し、登録証明書の返納を命ずるものとする。
　　また、農林水産大臣、経済産業大臣及び環境大臣は、再生利用事業の登録が失効した旨を、当該登録を受けていた事業場の所在地を管轄する都道府県知事等に通知するものとする。
第六　登録の取消し
　登録再生利用事業者が法第17条第1項各号に掲げる事項に該当する場合は、農林水産大臣、経済産業大臣及び環境大臣は、当該登録を取り消すことができる。
　農林水産大臣、経済産業大臣及び環境大臣は、登録を取り消した場合は、当該登録再生利用事業者に対し、登録証明書の返納を命ずるものとする。
　また、農林水産大臣、経済産業大臣及び環境大臣は、再生利用事業の登録を取り消した旨を、当該登録を受けていた事業場の所在地を管轄する都道府県知事等に通知するものとする。
第七　再生利用事業に係る料金
1　料金の届出
　(1)　料金の届出書
　　　登録再生利用事業者は、再生利用事業を実施前に、様式第5号により再生利用事業に係る料金の届出書を作成し、当該登録を受けた大臣あてに、それぞれ1部ずつ、提出するものとする。また、当該料金を変更しようとする場合も同様に届出書を作成し、提出するものとする。
　(2)　届出に当たっての地方農政局等の経由
　　　料金の届出は、農林水産大臣あてについては、再生利用事業を行う事業場の所在地を管轄する地方農政局（沖縄県にあっては、沖縄総合事務局）を経由してこれを行うものとする。ただし、事業所の所在地が北海道の場合にあっては、直接、農林水産省本省に届出を行うものとする。
　　　経済産業大臣あてについては、再生利用事業を行う事業場の所在地を管轄する経済産業局（沖縄県にあっては、沖縄総合事務局）を経由して

これを行うものとする。
　環境大臣あてについては、再生利用事業を行う事業場の所在地を管轄する地方環境事務所を経由してこれを行うものとする。
2　料金の変更の指示
　農林水産大臣、経済産業大臣及び環境大臣は、当該届出に係る料金が食品循環資源の再生利用の促進上不適当であり、特に必要があると認めるときは、当該登録再生利用事業者に対し、その変更を指示することができる。
3　料金の公示
　登録再生利用事業者は、登録に係る再生利用事業を行う事業場ごとに、公衆の見やすい場所に、再生利用事業に係る料金を掲示しなければならない。

第八　登録免許税
　登録再生利用事業者は、法第11条第1項に基づく登録を受けたときは、登録免許税法（昭和42年法律第35号。以下「税法」という。）別表第1第90号に定める額の登録免許税を国に納付するものとする。
　なお、税法で定める以外の登録免許税に係る取扱いについては、以下によるものとする。
1　納付の方法
　登録免許税の納付は、税法第21条の規定に基づき、日本銀行の本支店、国税の収納を行うその代理店、郵便局又は税務署において納付し、領収証書を受領することにより行うものとする。
2　納付の期限
　登録免許税の納付は、当該登録のあった日から一月を経過する日までに行うものとする。
3　領収証書の提出
　(1)　登録免許税を納付後は、速やかに、当該納付に係る領収証書（農林水産大臣あてにあっては原本、その他の主務大臣あてにあってはその写し）を様式第7号に貼り付け、当該登録を受けた主務大臣にそれぞれ提出するものとする。
　(2)　提出に当たっての地方農政局等の経由
　　　領収証書の提出は、農林水産大臣あてについては、再生利用事業を行う事業場の所在地を管轄する地方農政局（沖縄県にあっては、沖縄総合

事務局）を経由してこれを行うものとする。ただし、事業所の所在地が北海道の場合にあっては、直接、農林水産省本省に届出を行うものとする。

　経済産業大臣あてについては、再生利用事業を行う事業場の所在地を管轄する経済産業局（沖縄県にあっては、沖縄総合事務局）を経由してこれを行うものとする。

　環境大臣あてについては、再生利用事業を行う事業場の所在地を管轄する地方環境事務所を経由してこれを行うものとする。

第九　報告徴収・立入検査

　農林水産大臣、地方農政局長（沖縄総合事務局長を含む。）、経済産業大臣、経済産業局長（沖縄総合事務局長を含む。）及び環境大臣は、法の施行に必要な限度において、登録再生利用事業者に対し、再生利用事業の実施状況を報告させ、又はその職員に、登録再生利用事業者の事務所、工場、事業場若しくは倉庫に立ち入り、帳簿、書類その他の物件を検査させることができる。

　なお、この場合、立入検査を行う職員は、「食品循環資源の再生利用等の促進に関する法律第24条第2項の規定による立入検査をする職員の携帯する身分を示す証明書の様式を定める省令」（平成13年農林水産省、経済産業省、環境省令第2号）で定められた身分証明書を携帯し、関係者に提示するものとする。

第十　その他

1　名称の使用制限

　登録再生利用事業者でない者は、登録再生利用事業者という名称又はこれに紛らわしい名称を用いてはならない。

2　標識の掲示

　登録再生利用事業者は、当該登録に係る再生利用事業を行う事業場ごとに、公衆の見やすい場所に、登録省令第8条に定める様式に従った標識を掲示しなければならない。

3　差別的取扱いの禁止

　登録再生利用事業者は、再生利用事業の実施に関し、特定の者に対し不当に差別的取扱いをしてはならない。

様式第1号

再生利用事業登録申請書

年　月　日

　　大臣　殿

　　　　　　　　　申請者
　　　　　　　　　住所
　　　　　　　　　氏名　　　　　　　　　　　　印
　　　　　　　　　（法人にあっては名称及び代表者の氏名）
　　　　　　　　　電話番号

　食品循環資源の再生利用等の促進に関する法律第11条第1項の規定により、下記の再生利用事業について登録を受けたいので、関係書類及び図面を添えて申請します。

記

再生利用事業の内容		
再生利用事業を行う事業場	名称	
	所在地	
特定肥飼料等の製造の用に供する施設	種類	
	規模	トン／日（うち食品循環資源　トン／日）
特定肥飼料等を保管する施設の所在地		
特定肥飼料等を販売する事業場の所在地		
再生利用事業により得られる特定肥飼料等	種類	
	名称	
	製造開始年月日	
	販売開始年月日	
特定肥飼料等の製造に使用される食品循環資源の種類		
特定肥飼料等の製造に使用される食品循環資源以外の原材料の種類		

| 添付書類及び図面 | 1　当該申請をしようとする者が法人である場合には、その定款、登記事項証明書並びに直前３年の各事業年度における貸借対照表、損益計算書並びに法人税の納付すべき額及び納付済額を証する書類
2　当該申請をしようとする者が個人である場合には、その住民票の写し（外国人にあっては、外国人登録証明書の写し）、資産に関する調書並びに直前３年の所得税の納付すべき額及び納付済額を証する書類
3　特定肥飼料等の製造の用に供する施設（以下「特定肥飼料等製造施設」という。）への食品循環資源の搬入に関する計画書
4　受け入れる食品循環資源が一般廃棄物（廃棄物の処理及び清掃に関する法律（昭和45年法律第137号。以下「廃棄物処理法」という。）第２条第２項に規定する一般廃棄物をいう。）に該当する場合には、再生利用事業を行う者が廃棄物処理法第７条第６項の許可（当該許可に係る廃棄物処理法第７条の２第１項の許可を受けなければならない場合にあっては、同項の許可）を受け、又は廃棄物の処理及び清掃に関する法律施行規則（昭和46年厚生省令第35号。以下「廃棄物処理法施行規則」という。）第２条の３第１号若しくは第２号の規定に該当して、当該食品循環資源の処分を行うことができる者であることを証する書類
5　受け入れる食品循環資源が産業廃棄物（廃棄物処理法第２条第４項に規定する産業廃棄物をいう。）に該当する場合には、再生利用事業を行う者が廃棄物処理法第14条第６項の許可（当該許可に係る廃棄物処理法第14条の２第１項の許可を受けなければならない場合にあっては、同項の許可）を受け、又は廃棄物処理法施行規則第10条の３第２号の規定に該当して、当該食品循環資源の処分を行うことができる者であることを証する書類
6　特定肥飼料等の利用方法並びに価格及び需要の見込みを記載した書類
7　特定肥飼料等製造施設の構造を明らかにする平面図、立面図、断面図、構造図、処理工程図及び設計計算書
8　特定肥飼料等製造施設の付近の見取図
9　特定肥飼料等製造施設を設置しようとする場合には、工事の着工から当該施設の使用開始に至る具体的な計画書
10　特定肥飼料等製造施設の維持管理に関する計画書
11　特定肥飼料等製造施設が廃棄物処理法第８条第１項に規定する一般廃棄物処理施設である場合には当該特定肥飼料等製造施設について同項の許可（当該許可に係る廃棄物処理法第９条第１項の許可を受けなければならない場合にあっては、同項の許可）を、特定肥飼料等製造施設が廃棄物処理法第15条第１項に規定する産業廃棄物処理施設である場合には当該特定肥飼料等製造施設につ |

	いて同項の許可（当該許可に係る廃棄物処理法第15条の2の4第1項の許可を受けなければならない場合にあっては、同項の許可）を受けていることを証する書類
	12　肥料取締法（昭和25年法律第127号）第2条第2項に規定する普通肥料を生産する場合には同法第10条の登録証若しくは仮登録証の写し又は同法第16条の2第1項の届出（当該届出に係る同条第3項の届出をしなければならない場合にあっては、同項の届出を含む。）をしていることを証する書類、当該普通肥料を販売する場合には同法第23条第1項の届出（当該届出に係る同条第2項の届出をしなければならない場合にあっては、同項の届出を含む。）をしていることを証する書類
	13　使用の経験のない飼料を製造する場合にあっては、動物試験の成績を記載した書類
	14　特定肥飼料等の含有成分量に関する分析試験の結果を記載した書類

【備考】
1　この用紙の大きさは、日本工業規格Ａ４とする。
2　複数の事業場について登録の申請をする場合は、事業場ごとに本申請書を作成することとする。
3　欄内にその記載事項の全てを記載することができないときは、同欄に「別紙のとおり」と記載し、別紙を添付すること。

様式第2号

登録再生利用事業変更届出書

年　月　日

　　　大臣　殿

　　　　　　　　　　届出者
　　　　　　　　　　住所
　　　　　　　　　　氏名　　　　　　　　　　印
　　　　　　　　　　（法人にあっては名称及び代表者の氏名）
　　　　　　　　　　電話番号

　　年　　月　　日付けで登録を受けた下記の再生利用事業について、下記のとおり変更したいので、食品循環資源の再生利用等の促進に関する法律第11条第5項の規定により、関係書類及び図面を添えて届け出ます。

記

登録番号	
登録年月日	
変更の内容	
変更の年月日	
変更の理由	

【備考】
1　この用紙の大きさは、日本工業規格Ａ４とする。
2　複数の事業場について登録の変更の届出をする場合は、事業場ごとに本届出書を作成すること。
3　登録の申請の際に添付した書類及び図面についても変更が生じる場合は、変更後の書類又は図面を添付すること。
4　欄内にその記載事項の全てを記載することができないときは、同欄に「別紙のとおり」と記載し、別紙を添付すること。

様式第3号

登録再生利用事業廃止届出書

年　月　日

　　大臣　殿

　　　　　　　　届出者
　　　　　　　　住所
　　　　　　　　氏名　　　　　　　　　　印
　　　　　　　　（法人にあっては名称及び代表者の氏名）
　　　　　　　　電話番号

　年　月　日付けで登録を受けた下記の再生利用事業について、当該登録再生利用事業を廃止したので、食品循環資源の再生利用等の促進に関する法律第11条第5項の規定により、下記のとおり届け出ます。

記

登録番号	
登録年月日	
廃止の年月日	
廃止の理由	

【備考】
1　この用紙の大きさは、日本工業規格Ａ４とする。
2　複数の事業場について登録再生利用事業の廃止の届出をする場合は、事業場ごとに本届出書を作成すること。
3　欄内にその記載事項の全てを記載することができないときは、同欄に「別紙のとおり」と記載し、別紙を添付すること。

様式第4号

登録再生利用事業更新申請書

年　月　日

　　　大臣　殿

申請者
住所
氏名　　　　　　　　　印
（法人にあっては名称及び代表者の氏名）
電話番号

　年　月　日付けで登録を受けた下記の再生利用事業について、登録の更新を受けたいので、食品循環資源の再生利用等の促進に関する法律第12条第1項の規定により、関係書類及び図面を添えて申請します。

記

登録番号			登録年月日	
再生利用事業の内容				
再生利用事業を行う事業場	名称			
	所在地			
特定肥飼料等の製造の用に供する施設	種類			
	規模		トン／日（うち食品循環資源　トン／日）	
特定肥飼料等を保管する施設の所在地				
特定肥飼料等を販売する事業場の所在地				
再生利用事業により得られる特定肥飼料等	種類			
	名称			
	製造開始年月日			
	販売開始年月日			
特定肥飼料等の製造に使用される食品循環資源の種類				
特定肥飼料等の製造に使用される食品循環資源以外の原材料の種類				
添付書類及び図面	1　当該申請をしようとする者が法人である場合には、その定款、登記事項証明書並びに直前3年の各事業年度における貸借対照表、損益計算書並びに法人税の納付すべき額及び納付済額を証する書類			

2　当該申請をしようとする者が個人である場合には、その住民票の写し（外国人にあっては、外国人登録証明書の写し）、資産に関する調書並びに直前３年の所得税の納付すべき額及び納付済額を証する書類
3　特定肥飼料等の製造の用に供する施設（以下「特定肥飼料等製造施設」という。）への食品循環資源の搬入に関する計画書
4　受け入れる食品循環資源が一般廃棄物（廃棄物の処理及び清掃に関する法律（昭和45年法律第137号。以下「廃棄物処理法」という。）第２条第２項に規定する一般廃棄物をいう。）に該当する場合には、再生利用事業を行う者が廃棄物処理法第７条第６項の許可（当該許可に係る廃棄物処理法第７条の２第１項の許可を受けなければならない場合にあっては、同項の許可）を受け、又は廃棄物の処理及び清掃に関する法律施行規則（昭和46年厚生省令第35号。以下「廃棄物処理法施行規則」という。）第２条の３第１号若しくは第２号の規定に該当して、当該食品循環資源の処分を行うことができる者であることを証する書類
5　受け入れる食品循環資源が産業廃棄物（廃棄物処理法第２条第４項に規定する産業廃棄物をいう。）に該当する場合には、再生利用事業を行う者が廃棄物処理法第14条第６項の許可（当該許可に係る廃棄物処理法第14条の２第１項の許可を受けなければならない場合にあっては、同項の許可）を受け、又は廃棄物処理法施行規則第10条の３第２号の規定に該当して、当該食品循環資源の処分を行うことができる者であることを証する書類
6　特定肥飼料等の利用方法並びに価格及び需要の見込みを記載した書類
7　特定肥飼料等製造施設の構造を明らかにする平面図、立面図、断面図、構造図、処理工程図及び設計計算書
8　特定肥飼料等製造施設の付近の見取図
9　特定肥飼料等製造施設を設置しようとする場合には、工事の着工から当該施設の使用開始に至る具体的な計画書
10　特定肥飼料等製造施設の維持管理に関する計画書
11　特定肥飼料等製造施設が廃棄物処理法第８条第１項に規定する一般廃棄物処理施設である場合には当該特定肥飼料等製造施設について同項の許可（当該許可に係る廃棄物処理法第９条第１項の許可を受けなければならない場合にあっては、同項の許可）を、特定肥飼料等製造施設が廃棄物処理法第15条第１項に規定する産業廃棄物処理施設である場合には当該特定肥飼料等製造施設について同項の許可（当該許可に係る廃棄物処理法第15条の２の４第１項の許可を受けなければならない場合にあっては、同項の許可）を受けていることを証する書類

	12　肥料取締法（昭和25年法律第127号）第2条第2項に規定する普通肥料を生産する場合には同法第10条の登録証若しくは仮登録証の写し又は同法第16条の2第1項の届出（当該届出に係る同条第3項の届出をしなければならない場合にあっては、同項の届出を含む。）をしていることを証する書類、当該普通肥料を販売する場合には同法第23条第1項の届出（当該届出に係る同条第2項の届出をしなければならない場合にあっては、同項の届出を含む。）をしていることを証する書類 13　使用の経験のない飼料を製造する場合にあっては、動物試験の成績を記載した書類 14　特定肥飼料等の含有成分量に関する分析試験の結果を記載した書類

【備考】
1　この用紙の大きさは、日本工業規格Ａ4とする。
2　複数の事業場について登録の申請をする場合は、事業場ごとに本申請書を作成することとする。
3　欄内にその記載事項の全てを記載することができないときは、同欄に「別紙のとおり」と記載し、別紙を添付すること。

様式第5号

　　　　　　　　　登録再生利用事業に係る料金の届出書

　　　　　　　　　　　　　　　　　　　　　　　　　年　　月　　日

　　　　大臣　殿

　　　　　　　　　　届出者
　　　　　　　　　　住所
　　　　　　　　　　氏名　　　　　　　　　　　　　印
　　　　　　　　　　（法人にあっては名称及び代表者の氏名）
　　　　　　　　　　電話番号

　　　年　月　日付けで登録を受けた再生利用事業について、食品循環資源の再生利用等の促進に関する法律第15条第1項の規定により、下記のとおり再生利用事業に係る料金を定めたので届け出ます。

　　　　　　　　　　　　　　　　記

登録番号	
登録年月日	
料金の額	
事業の内容	
料金の算出根拠	

【備考】
1　この用紙の大きさは、日本工業規格Ａ４とする。
2　複数の事業場について料金の届出をする場合は、事業場ごとに本届出書を作成すること。
3　複数の料金を定める場合は、その全てを記載すること。
4　事業の内容は、当該料金により提供される役務の内容を記載すること。
5　欄内にその記載事項の全てを記載することができないときは、同欄に「別紙のとおり」と記載し、別紙を添付すること。
6　その他必要な書類がある場合は添付すること。

様式第6号

再生利用事業登録証明書

年　月　日

住　所
氏　名
（法人にあっては名称及び代表者の氏名）

　食品循環資源の再生利用等の促進に関する法律第11条第1項の登録を受けた事業場であることを証する。

大臣　　　　印

登　録　番　号		登録年月日	
登録の有効期限			
再生利用事業の内容			
再生利用事業を行う事業場の所在地			
再生利用事業を行う事業場の名称			

様式第7号

再生利用事業の登録に係る登録免許税納付書

年　月　日

大臣　殿

　　　　　　　　　住所

　　　　　　　　　氏名　　　　　　　　　印
　　　　　　　　　（法人にあっては名称及び代表者の氏名）
　　　　　　　　　電話番号

　年　月　日付けで登録を受けた再生利用事業について、登録免許税を納付したので、下記により領収証書を提出します。

記

領収証書はり付け欄

【備考】この用紙の大きさは、日本工業規格Ａ４とする。

○食品循環資源の再生利用等の促進に関する法律に基づく再生利用事業計画の認定事務等取扱要領

［平成14年3月5日付け13総合第3533号、環廃企第55号、課酒
1－7、健発0305001号
平成13・12・27産局第3号、国総観振第135号］

農林水産省総合食料局長
農林水産省生産局長
環境省大臣官房
廃棄物・リサイクル対策部長　　連名通知
国税庁審議官
厚生労働省健康局長
経済産業省産業技術環境局長
国土交通省総合政策局長

第一　制度の趣旨

　食品循環資源の再生利用等の促進に関する法律（平成12年法律第116号。以下「法」という。）第19条第1項において、食品関連事業者又は食品関連事業者を構成員とする事業協同組合その他食品循環資源の再生利用等の促進に関する法律施行令（平成13年政令第176号。以下「政令」という。）で定める法人（以下「事業協同組合等」という。）は、食品循環資源を原材料とする肥料、飼料その他政令で定める製品（以下「特定肥飼料等」という。）の製造を業として行う者及び農林漁業者その他の者で特定肥飼料等を利用するもの（以下「農林漁業者等」という。）又は農林漁業者等を構成員とする農業協同組合その他政令で定める法人（以下「農業協同組合等」という。）と共同して、特定肥飼料等の製造の事業（以下「再生利用事業」という。）の実施、当該再生利用事業により得られた特定肥飼料等の利用及び当該特定肥飼料等の利用により生産された農畜水産物、当該農畜水産物を原料又は材料として製造され、又は加工された食品その他の食品循環資源の再生利用等の促進に関する法律に基づく再生利用事業計画の認定に関する省令（平成13年財務省、厚生労働省、農林水産省、経済産業省、国土交通省、環境省令第2号。以下「認定省令」という。）で定めるもの（以下「特定農畜水産物等」という。）の利用に関する計画（以下「再生利用事業計画」という。）を作成し、当該再生利用事業計画が適当である旨の主務大臣（農林水産大臣、環境大臣及び申請者である食品関連事業者の事業を所管する大臣をいう。以下同じ。）の認定を受けることができ、その認定を受けた場合については、廃棄物の処理及び清掃に関する法律（昭和45年法律第137号。以下「廃棄物処理法」という。）等の特例措置が講じられることとされている。

これは、主務大臣が農畜水産物等の利用までを含めた計画的な再生利用への取組を認定することにより、食品循環資源の再生利用の促進にかかわる関係者の連携を促進するとともに、認定に係る再生利用事業計画（以下「認定計画」という。）を通じた認定事業者による的確な再生利用の実施、また、廃棄物処理法の許可手続等の簡素化による効率的な食品循環資源の再生利用の実施を確保すること等を目的としている。
第二　再生利用事業計画の認定
1　認定の申請
　(1)　申請者
　　　食品関連事業者又は食品関連事業者を構成員とする事業協同組合等は、特定肥飼料等の製造を業として行う者及び農林漁業者等又は農林漁業者等を構成員とする農業協同組合等と共同して、再生利用事業計画を作成し、当該再生利用事業計画が適当である旨の認定を受けるための申請を行うことができる。
　　　なお、定型的な約款に基づき継続的に、商品を販売し、又は販売をあっせんし、かつ、経営に関する指導を行う事業を行う食品関連事業者は、加盟者を代理して申請することができるものとする。この場合においては、代理する加盟者の市町村ごとの数を参考資料として添付するものとする。
　　　また、再生利用事業計画を作成する者のうち、食品関連事業者については、複数の事業者であっても差し支えなく、特に、全ての食品関連事業者が食品循環資源を排出し、一部の食品関連事業者が特定農畜水産物等を引き取る計画又は一部の食品関連事業者が食品循環資源を排出し、一部の食品関連事業者が特定農畜水産物等を引き取る計画であっても差し支えない。
　　　さらに、再生利用事業計画の申請者となる食品関連事業者が申請者以外の食品関連事業者等から加工食品として引き取る計画であっても差し支えない。
　(2)　申請書及び添付書類
　　　再生利用事業計画の認定の申請をしようとする者は、様式第1号により認定の申請書を作成し、主務大臣あてに、それぞれ1部ずつ提出するものとする。

また、申請書には、認定省令第1条に定める書類及び図面を添付しなければならない。
(3)　申請書の記載上の留意事項
　申請書の各欄の記載に当たっては、以下の点に留意するものとする。
① 　再生利用事業の内容の欄については、事業の内容として、肥料化事業、飼料化事業及び油脂化事業の別並びに食品循環資源の収集先市町村名を記載する。なお、認定を受けようとする再生利用事業が複数の事業に該当する場合には、該当する事業を全て記載する。
② 　再生利用事業の実施期間の欄については、再生利用事業計画に基づく、再生利用事業の終期を記載する。
③ 　特定肥飼料等の利用に関する事項の欄については、具体的な特定肥飼料等の利用方法、特定肥飼料等の生産見込量と需要見込量、需要先を記載する。
④ 　特定農畜水産物等の食品関連事業者による利用に関する事項の欄については、食品関連事業者による具体的な特定農畜水産物等の利用方法を記載する。
　なお、複数の食品関連事業者が作成した再生利用事業計画であって、食品関連事業者の一部のみが特定農畜水産物等を引き取る計画となっている場合は、その理由も記載する。
⑤ 　再生利用事業を行う事業場の名称の欄については、工場名を記載する。なお、事業場の一般の名称がない場合は、事業場を特定する名称（例、本社工場）を記載する。
⑥ 　特定肥飼料等の製造の用に供する施設の種類の欄については、特定肥飼料等の製造に使用する主たる設備について、機器の名称、製造メーカー名、型式等を具体的に記載する。
⑦ 　特定肥飼料等の製造の用に供する施設の規模の欄については、施設全体における一日あたり処理能力及び当該処理能力のうち食品循環資源の処理能力を記載する。
⑧ 　特定肥飼料等を保管する施設の所在地の欄については、自らの施設の所在地のほか、他業者の倉庫等を恒常的に利用しているときは、当該倉庫等の所在地についても記載する。
⑨ 　再生利用事業に利用する食品循環資源の収集又は運搬を行う者の欄

については、当該収集又は運搬を行う者の氏名又は名称及び住所並びに法人にあっては、その代表者の氏名を記載する。
⑩ 再生利用事業に利用する食品循環資源の収集又は運搬の用に供する施設の欄については、保冷車、パッカー車、平ボデー車、コンテナ車等収集運搬車両の種別及び積替保管施設の有無を記載する。
⑪ 再生利用事業により得られる特定肥飼料等の種類の欄については、以下の内容を記載する。

　ア　肥料化事業の場合

　　肥料取締法（昭和25年法律第127号）第2条第2項に定める普通肥料（同法第4条第1項に定める指定配合肥料に該当する場合はその旨も併せて記載）又は特殊肥料の別を記載する。

　　また、当該肥料が普通肥料に該当し、かつ、肥料取締法第3条に基づく公定規格が定められている場合については、肥料取締法に基づき普通肥料の公定規格を定める等の件（昭和61年農林水産省告示第284号）の肥料の種類の項に掲げる名称を、特殊肥料に該当する場合は、特殊肥料等の指定（昭和25年農林省告示第177号）に定められた肥料の種類を併せて記載する。

　イ　飼料化事業の場合

　　次に掲げるところにより記載する。

　　a　飼料の安全性の確保及び品質の改善に関する法律（昭和28年法律第35号。以下「飼料安全法」という。）第26条に基づく公定規格の定められている飼料

　　　飼料の公定規格を定める等の件（昭和51年農林省告示第756号。以下「飼料規格告示」という。）の飼料の種類の項に掲げる名称。

　　b　a以外の飼料

　　　a）単体飼料にあっては、飼料規格告示の備考の3の別表の原料名の欄に掲げる名称、同欄に該当しないものは原料の一般的な名称。

　　　b）混合飼料にあっては、動物性たん白質混合飼料、動植物性たん白質混合飼料、フィッシュソリュブル吸着飼料等そのものの特性又は製法が明らかとなる名称。

　　　c）配合飼料にあっては、飼料規格告示の1の表の種類の項に掲

げる名称に準じた名称。
　　ウ　油脂化事業の場合
　　　飼料として利用する場合に飼料添加油脂と記載する。
⑫　再生利用事業により得られる特定肥飼料等の名称の欄については、商品名、銘柄名等を記載する。なお、名称については、文字のみをもって表示し、図形又は記号等を用いてはならない。また、用途、原材料等を誤認させる等の不適切な名称を用いてはならない。
⑬　特定肥飼料等の製造に使用される食品循環資源の種類の欄については、一般廃棄物（廃棄物処理法第2条第2項に規定する一般廃棄物をいう。以下同じ。）、産業廃棄物（廃棄物処理法第2条第4項に規定する産業廃棄物をいう。以下同じ。）の別及び、動物性残さ、植物性残さ、無機性残さ、廃油等食品循環資源の内容を記載する。なお、使用する食品循環資源の種類が複数ある場合は、該当する全ての種類を記載する。
⑭　特定肥飼料等の製造に使用される食品循環資源の量の欄については、当該食品循環資源の種類ごとの重量を記載する。
⑮　特定肥飼料等の製造に使用される食品循環資源以外の原材料の種類の欄については、使用される具体的な副原料等を記載する。なお、飼料化事業にあっては、⑪のイに準じて原材料として使用する飼料の名称を記載し、飼料添加物については、飼料及び飼料添加物の成分規格等に関する省令（昭和51年農林省令第35号）の別表第2の7の各条に規定する名称を記載する。
⑯　特定肥飼料等の製造に使用される食品循環資源以外の原材料の量の欄については、使用される副原料等ごとの重量を記載する。
⑰　特定肥飼料等の利用により得られる特定農畜水産物等の種類の欄については、具体的な特定農畜水産物等の名称を記載する。
⑱　特定肥飼料等の利用により得られる特定農畜水産物等の生産量の欄については、当該特定農畜水産物等の種類ごとの生産量を記載する。
⑲　特定肥飼料等の利用により得られる特定農畜水産物等の利用者の欄については、特定農畜水産物等を利用する食品関連事業者名を記載する。
⑳　特定肥飼料等の利用により得られる特定農畜水産物等の利用量の欄

については、特定農畜水産物等を利用する食品関連事業者ごとの利用量を記載する。
㉑　特定農畜水産物等の種類ごとのその生産に使用される特定肥飼料等の種類の欄については、特定農畜水産物等の種類ごとに、当該特定農畜水産物等の生産に使用される特定肥飼料等の種類を記載する。
㉒　特定農畜水産物等の種類ごとのその生産に使用される特定肥飼料等の量の欄については、特定農畜水産物等の種類ごとに、当該特定農畜水産物等の生産に使用される特定肥飼料等ごとの重量を記載する。
㉓　特定農畜水産物等の種類ごとのその生産に使用される特定肥飼料等以外の肥料、飼料その他法第2条第5項第1号の政令に定める製品の種類の欄については、特定農畜水産物等の種類ごとに、当該特定農畜水産物等の生産に使用される特定肥飼料等以外の肥料、飼料及び飼料添加油脂の種類を記載する。
㉔　特定農畜水産物等の種類ごとのその生産に使用される特定肥飼料等以外の肥料、飼料その他法第2条第5項第1号の政令に定める製品の量の欄については、特定農畜水産物等の種類ごとに、当該特定農畜水産物等の生産に使用される特定肥飼料等以外の肥料、飼料及び飼料添加油脂の種類ごとの重量を記載する。
(4)　添付書類及び図面の留意事項
　添付書類及び図面の作成に当たっては、以下の点に留意するものとする。
①　再生利用事業に利用する食品循環資源の収集又は運搬を行う者が認定省令第6条各号に適合することを証する書類については、次に掲げる書類を添付する。
　なお、エ、カ、キの書類の記載例を、参考様式に示す。
ア　廃棄物処理法施行規則第17条に規定する技術管理者の資格を有していることを証明する書類や当該収集又は運搬若しくはそれに相当する行為の業務経歴を記載した書類等、当該収集又は運搬を的確に行うに足りる知識及び技能を有することを合理的に示す書類
イ　収集又は運搬を行う者が法人である場合には、その定款、登記事項証明書並びに直前3年の各事業年度における貸借対照表及び損益計算書並びに法人税の納付すべき額及び納付済額を証する書類又は

これらに準ずる書類
　　ウ　収集又は運搬を行う者が個人である場合には、その住民票の写し（外国人にあっては、外国人登録証明書の写し）、資産に関する調書、直前3年の所得税の納付すべき額及び納付済額を証する書類又はこれらに準ずる書類
　　エ　当該再生利用事業に利用する食品循環資源が一般廃棄物に該当する場合には、廃棄物処理法第7条第5項第4号イからヌまでのいずれにも該当しない旨を記載した書類
　　オ　当該再生利用事業に利用する食品循環資源が産業廃棄物に該当する場合には、廃棄物処理法第14条第1項の許可（当該許可に係る廃棄物処理法第14条の2第1項の許可を受けなければならない場合にあっては、同項の許可）証の写し、又は廃棄物処理法施行規則第9条第2号に該当して、当該食品循環資源の収集又は運搬を業として行うことができる者であることを証する書類（都道府県知事の指定証の写し等）
　　カ　廃棄物処理法、浄化槽法又は廃棄物処理法施行令第4条の6に規定する法令の規定による不利益処分を受け、その不利益処分のあった日から5年を経過しない者に該当しない旨を記載した書類
　　キ　当該再生利用事業に利用する食品循環資源の収集又は運搬を自ら行う者である旨を記載した書類
　②　再生利用事業に利用する食品循環資源の収集又は運搬の用に供する施設が認定省令第7条各号に適合することを証する書類については、次に掲げる書類を添付する。
　　ア　運搬車、運搬船、運搬容器その他の運搬施設の構造を明らかにする写真
　　イ　積替保管施設の構造を明らかにする平面図、立面図、断面図、構造図、保管量の計算書及び当該施設の付近の見取図
　　ウ　当該収集又は運搬の用に供する施設について、異物、病原微生物その他の食品循環資源の再生利用上の危害の原因となる物質の混入を防止するために講ずることとする措置を記載した書類
　　エ　当該収集又は運搬の用に供する施設について、食品循環資源の腐敗防止のための温度管理その他の品質管理を行うために講ずること

とする措置を記載した書類
③ 特定肥飼料等の製造の用に供する施設（以下「特定肥飼料等製造施設」という。）への食品循環資源の収集、運搬及び搬入に関する計画書については、原料となる食品循環資源の収集範囲（収集先市町村ごとの収集対象事業場（定型的な約款に基づき継続的に、商品を販売し、又は販売をあっせんし、かつ、経営に関する指導を行う事業を行う食品関連事業者であって加盟者を含めて申請している場合は、収集対象加盟店）の名称等）、食品関連事業者において食品循環資源の品質を保持するための施設を設置している場合の当該施設の名称、搬入を行う車両等の種類ごとの台数、搬入を行う時間帯、搬入を行う食品循環資源の見込量等を具体的に記載する。
④ 特定肥飼料等製造施設の構造を明らかにする平面図、立面図、断面図、構造図、処理工程図及び設計計算書のうち、処理工程図については、特定肥飼料等の製造の工程について、原料の搬入、前処理、再生処理等の各段階ごと、その具体的な処理の内容を図示する。
⑤ 特定肥飼料等製造施設の維持管理に関する計画書については、具体的な管理者の設置等の維持管理の体制、施設の保守管理の計画等を具体的に記載する。
⑥ 動物試験の成績を記載した書類については、製造する飼料が飼料安全法第23条第3号に規定する使用経験が少ないため、有害でない旨の確証がないと認められる飼料に該当する可能性があると認められる場合に、飼料の安全性評価基準の制定について（昭和63年4月12日付け63畜B第617号畜産局長通知）及び養殖水産動物用飼料の安全性評価基準の制定について（平成3年2月13日付け2畜B第2103号畜産局長、水産庁長官通知）に基づく試験成績を添付する。

なお、動物試験及び分析試験の実施に当たっては、事前に農林水産省消費・安全局畜水産安全管理課に照会を行うものとする。
⑦ 特定肥飼料等の含有成分量に関する分析試験の結果を記載した書類については、特定肥飼料等の種類に応じた有効成分の含有量及び有害成分の含有量の検査結果を添付する。

なお、飼料化事業であって、⑥に基づき動物試験の成績を記載した書類を提出する場合においては、同書類において、含有成分量に関す

る分析結果が記載されているため不要とする。
(5) その他
　申請を受理した主務大臣は、再生利用事業を行う事業場の所在地を管轄する都道府県の関係部局に申請の内容について必要に応じ意見照会を行うものとする。
　また、申請を受理した農林水産大臣は、技術的な面で疑問が生じたときは、必要に応じ、農業に関する試験研究・検査検定等を行う独立行政法人又は都道府県の試験研究機関の学識経験者の意見を聴取するものとする。
2　認定の基準
　主務大臣は、申請内容の検討の結果、申請に係る再生利用事業計画が次に掲げる基準のすべてに適合していると認められる場合は、その申請に基づき認定を行うものとする。
(1) 食品循環資源の再生利用等の促進に関する基本方針（平成19年11月30日財務大臣、厚生労働大臣、農林水産大臣、経済産業大臣、国土交通大臣、環境省大臣公表）に照らして適切なものであり、かつ、食品循環資源の再生利用等の促進に関する食品関連事業者の判断の基準になるべき事項を定める省令（平成13年財務省、厚生労働省、農林水産省、経済産業省、国土交通省、環境省令第4号）に適合していること。
(2) 特定肥飼料等の製造を業として行う者が、再生利用事業を確実に実施することができると認められること。
(3) 再生利用事業により得られた特定肥飼料等の製造量に見合う利用を確保する見込みが確実であること。
(4) 特定農畜水産物等の生産量のうち、食品関連事業者が利用すべき量として次の算式により算定される量に見合う利用を確保する見込みが確実であること。
　なお、特定農畜水産物等を加工食品として利用する場合は、当該加工食品の原料又は材料となる農林漁業者等が生産した特定農畜水産物等の利用量に相当する量の当該加工食品の利用を確保すること。
　　（A－B）×｛(C÷D)×(E÷F)｝×0.5
　Aは、当該再生利用事業計画に従って農林漁業者等が生産する特定農畜水産物等の量

Bは、当該特定農畜水産物等のうち、当該農林漁業者等が当該食品関連事業者以外にその販売先を確保しているものの量

　　Cは、当該特定肥飼料等の製造に使用される食品循環資源のうち、当該食品関連事業者が排出するものの量

　　Dは、当該特定肥飼料等の製造に使用される原材料の量

　　Eは、当該農林漁業者等が当該特定農畜水産物等の生産に使用する特定肥飼料等（当該再生利用事業計画に従って製造されるものに限る。）の量

　　Fは、当該特定農畜水産物等の生産に使用される肥料、飼料その他政令第2条各号に定める製品の総量

(5) 再生利用事業に利用する食品循環資源の収集又は運搬を行う者が、次に掲げる基準に適合すること。

　① 再生利用事業に利用する食品循環資源の収集又は運搬を的確に行うに足りる知識及び技能を有すること。

　② 当該再生利用事業に利用する食品循環資源の収集又は運搬を的確に、かつ、継続して行うに足りる経理的基礎を有すること。

　③ 当該再生利用事業に利用する食品循環資源が一般廃棄物に該当する場合には、廃棄物処理法第7条第5項第4号イからヌまでのいずれにも該当しないこと。

　④ 当該再生利用事業に利用する食品循環資源が産業廃棄物に該当する場合には、廃棄物処理法第14条第1項の許可（当該許可に係る廃棄物処理法第14条の2第1項の許可を受けなければならない場合にあっては、同項の許可）を受け、又は廃棄物の処理及び清掃に関する法律施行規則（昭和46年厚生省令第35号）第9条第2号に該当して、当該食品循環資源の収集又は運搬を業として行うことができる者であること。

　⑤ 廃棄物処理法、浄化槽法（昭和58年法律第43号）又は廃棄物の処理及び清掃に関する法律施行令（昭和46年政令第300号）第4条の6に規定する法令の規定による不利益処分（行政手続法（平成5年法律第88号）第2条第4号に規定する不利益処分をいう。以下同じ。）を受け、その不利益処分のあった日から5年を経過しない者に該当しないこと。

⑥　当該再生利用事業に利用する食品循環資源の収集又は運搬を自ら行う者であること。
(6)　再生利用事業に利用する食品循環資源の収集又は運搬の用に供する施設が、次に掲げる基準に適合すること。
　①　当該再生利用事業に利用する食品循環資源が飛散し、及び流出し、並びに悪臭が漏れるおそれのない運搬車、運搬船、運搬容器その他の運搬施設を有すること。
　②　積替施設を有する場合には、当該再生利用事業に利用する食品循環資源が飛散し、流出し、及び地下に浸透し、並びに悪臭が発散しないように必要な措置を講じたものであること。
　③　異物、病原微生物その他の食品循環資源の再生利用上の危害の原因となる物質の混入を防止するために必要な措置を講じたものであること。
　④　食品循環資源の腐敗防止のための温度管理その他の品質管理を行うために必要な措置を講じたものであること。
3　認定の通知
　主務大臣は、再生利用事業計画の認定を行ったときは、その旨を申請者（申請者が食品関連事業者、特定肥飼料等製造業者及び特定肥飼料等の利用者ごとに複数である場合は、それぞれその代表者）に通知するとともに、再生利用事業計画に係る食品関連事業者の事業場及び再生利用事業を行う事業場の所在地を管轄する都道府県知事（事業場の所在地を管轄する特別区長、及び市町村長を含む。以下「都道府県知事等」という。）に通知するものとする。

第三　再生利用事業計画の変更の認定
1　変更の認定の申請
(1)　再生利用事業計画の変更の申請書及び添付書類
　再生利用事業計画の認定を受けた者（以下「認定事業者」という。）は、法第19条第2項各号に掲げる事項を変更しようとする場合は、共同して、様式第2号により再生利用事業計画の変更の申請書を作成し、当該認定を受けた大臣あてに、それぞれ1部ずつ、提出するものとする。ただし、認定事業者は、収集先市町村の変更を伴わない食品関連事業者に係る収集対象事業所の変更をした場合は、当該変更が生じた年度の翌

年度4月10日までに当該年度末日時点における第二の1(4)③の収集、運搬及び搬入に関する計画書を主務大臣に報告するものとする。

また、再生利用事業計画の変更に伴い、再生利用事業計画の認定の申請の際に添付した書類又は図面についても変更が生じる場合は、変更後の書類又は図面を申請書に添付するものとする。

なお、変更の内容が、計画の策定主体の追加を伴うものであり、かつ、認定を受けるべき大臣の追加を伴う場合は、改めて第一の認定の申請の手続きを行うものとする。

(2) その他

申請を受理した主務大臣は、第二の1(5)に準じて意見照会を行い、又は意見を聴取するものとする。

2 変更の認定の基準

主務大臣は、再生利用事業計画の変更の申請の内容が、第二の2に掲げる基準に適合すると認めるときは、再生利用事業計画の変更の認定を行うものとする。

3 変更の認定の通知

主務大臣は、再生利用事業計画の変更の認定を行ったときは、その旨を第二の3に準じて通知するものとする。

第四 再生利用事業計画の認定の取消し

1 主務大臣は、次のいずれかに該当すると認めるときは、当該認定を取り消すことができる。

(1) 認定事業者が、認定計画(変更の認定があったときは、その変更後のもの。以下同じ。)に従って再生利用事業を実施していないとき。

(2) 認定事業者が、認定計画に従って再生利用事業により得られた特定肥飼料等を利用していないとき。

(3) 認定事業者が、認定計画に従って特定農畜水産物等を利用していないとき。

(4) 再生利用事業に利用する食品循環資源の収集又は運搬を行う者が、第二の2(5)の基準に適合しなくなったとき。

(5) 再生利用事業に利用する食品循環資源の収集又は運搬の用に供する施設が、第二の2(6)の基準に適合しなくなったとき。

2 主務大臣は、再生利用事業計画の認定の取消しを行ったときは、その旨

を第二の3に準じて通知するものとする。
第五 報告徴収・立入検査
　主務大臣は、法の施行に必要な限度において、認定事業者に対し、食品循環資源の再生利用の実施状況を報告させ、又はその職員に、認定事業者の事務所、工場、事業場若しくは倉庫に立ち入らせ、帳簿、書類その他の物件を検査させることができる。
　なお、この場合、立入検査を行う職員は、食品循環資源の再生利用等の促進に関する法律第24条第1項及び第3項の規定による立入検査をする職員の携帯する身分を示す証明書の様式を定める省令（平成13年財務省、厚生労働省、農林水産省、経済産業省、国土交通省、環境省令第3号）で定められた身分証明書を携帯し、関係者に提示しなければならない。

様式第1号

再生利用事業計画認定申請書

年　月　日

大臣　殿

申請者（食品関連事業者）
住所
氏名　　　　　　　　　　　印
（法人にあっては名称及び代表者の氏名）
電話番号

申請者（特定肥飼料等製造業者）
住所
氏名　　　　　　　　　　　印
（法人にあっては名称及び代表者の氏名）
電話番号

申請者（特定肥飼料等の利用者）
住所
氏名　　　　　　　　　　　印
（法人にあっては名称及び代表者の氏名）
電話番号

　食品循環資源の再生利用等の促進に関する法律第19条第1項の規定により、下記の再生利用事業計画の認定を受けたいので、関係書類及び図面を添えて申請します。

記

再生利用事業の内容		
再生利用事業の実施期間		
特定肥飼料等の利用に関する事項		
特定農畜水産物等の食品関連事業者による利用に関する事項		
再生利用事業を行う事業場	名称	
	所在地	
特定肥飼料等の製造の用に供する施設	種類	
	規模	トン/日（うち食品循環資源　トン/日）

特定肥飼料等を保管する施設の所在地			
特定肥飼料等を販売する事業場の所在地			
再生利用事業に利用する食品循環資源の収集又は運搬を行う者			
再生利用事業に利用する食品循環資源の収集又は運搬の用に供する施設			
再生利用事業により得られる特定肥飼料等	種類		
	名称		
	製造量		
	製造開始年月日		
	販売開始年月日		
特定肥飼料等の製造に使用される食品循環資源	種類		
	量		
特定肥飼料等の製造に使用される食品循環資源以外の原材料	種類		
	量		
特定肥飼料等の利用により得られる特定農畜水産物等	種類		
	生産量		
	利用者		
	利用量		
	販売開始年月日		
特定農畜水産物等の種類ごとのその生産に使用される特定肥飼料等及びそれ以外の肥料、飼料その他法第2条第5項第1号の政令に定める製品の種類及び量	特定農畜水産物等の種類		
	特定肥飼料等	種類	
		量	
	特定肥飼料等以外の肥料、飼料その他法第2条第5項第1号の政令に定める製品	種類	
		量	

第3編●法令等　263

添付書類及び図面	1　当該申請をしようとする者が法人である場合には、その定款、登記事項証明書の抄本 2　当該申請をしようとする者が個人である場合には、その住民票の写し（外国人にあっては、外国人登録証明書の写し） 3　再生利用事業に利用する食品循環資源の収集又は運搬を行う者が食品循環資源の再生利用等の促進に関する法律に基づく再生利用事業計画の認定に関する省令（平成13年財務省、厚生労働省、農林水産省、経済産業省、国土交通省、環境省令第2号。以下「認定省令」という。）第6条各号に適合することを証する書類 4　再生利用事業に利用する食品循環資源の収集又は運搬の用に供する施設が認定省令第7条各号に適合することを証する書類 5　特定肥飼料等の製造の用に供する施設（以下「特定肥飼料等製造施設」という。）への食品循環資源の収集、運搬及び搬入に関する計画書 6　特定肥飼料等製造施設において受け入れる食品循環資源が一般廃棄物（廃棄物の処理及び清掃に関する法律（昭和45年法律第137号。以下「廃棄物処理法」という。）第2条第2項に規定する一般廃棄物をいう。）に該当する場合には、再生利用事業を行う者が廃棄物処理法第7条第6項の許可（当該許可に係る廃棄物処理法第7条の2第1項の許可を受けなければならない場合にあっては、同項の許可）を受け、又は廃棄物の処理及び清掃に関する法律施行規則（昭和46年厚生省令第35号。以下「廃棄物処理法施行規則」という。）第2条の3第1号若しくは第2号の規定に該当して、当該食品循環資源の処分を行うことができる者であることを証する書類 7　特定肥飼料等製造施設において受け入れる食品循環資源が産業廃棄物（廃棄物処理法第2条第4項に規定する産業廃棄物をいう。）に該当する場合には、再生利用事業を行う者が廃棄物処理法第14条第6項の許可（当該許可に係る廃棄物処理法第14条の2第1項の許可を受けなければならない場合にあっては、同項の許可）を受け、又は廃棄物処理法施行規則第10条の3第2号の規定に該当して、当該食品循環資源の処分を行うことができる者であることを証する書類 8　特定肥飼料等製造施設の構造を明らかにする平面図、立面図、断面図、構造図、処理工程図及び設計計算書 9　特定肥飼料等製造施設の付近の見取図 10　特定肥飼料等製造施設を設置しようとする場合には、工事の着工から当該施設の使用開始に至る具体的な計画書 11　特定肥飼料等製造施設の維持管理に関する計画書 12　特定肥飼料等製造施設が廃棄物処理法第8条第1項に規定する一般廃棄物処理施設である場合には当該特定肥飼料等製造施設に

	ついて同項の許可（当該許可に係る廃棄物処理法第9条第1項の許可を受けなければならない場合にあっては、同項の許可）を、特定肥飼料等製造施設が廃棄物処理法第15条第1項に規定する産業廃棄物処理施設である場合には当該特定肥飼料等製造施設について同項の許可（当該許可に係る廃棄物処理法第15条の2の4第1項の許可を受けなければならない場合にあっては、同項の許可）を受けていることを証する書類
	13　肥料取締法（昭和25年法律第127号）第2条第2項に規定する普通肥料を生産する場合には同法第10条の登録証若しくは仮登録証の写し又は同法第16条の2第1項の届出（当該届出に係る同条第3項の届出をしなければならない場合にあっては、同項の届出を含む。）をしていることを証する書類、当該普通肥料を販売する場合には同法第23条第1項の届出（当該届出に係る同条第2項の届出をしなければならない場合にあっては、同項の届出を含む。）をしていることを証する書類
	14　使用の経験のない飼料を製造する場合にあっては、動物試験の成績を記載した書類
	15　特定肥飼料等の含有成分量に関する分析試験の結果を記載した書類

【備考】
1　この用紙の大きさは、日本工業規格A4とする。
2　複数の再生利用事業計画について認定を申請する場合は、計画ごとに本申請書を作成すること。
3　欄内にその記載事項のすべてを記載することができないときは、同欄に「別紙のとおり」と記載し、別紙を添付すること。
4　申請者については、食品関連事業者、特定肥飼料等製造業者、特定肥飼料等の利用者ごとに代表者を1名、又は1法人のみ記載することとし、その他の者については、別紙に整理し、申請書に添付すること。

様式第2号

再生利用事業計画変更認定申請書

年　月　日

　　大臣　殿

　　　　　　　　　　　申請者（食品関連事業者）
　　　　　　　　　　　　住所
　　　　　　　　　　　　氏名　　　　　　　　　　　　　印
　　　　　　　　　　　　（法人にあっては名称及び代表者の氏名）
　　　　　　　　　　　　電話番号

　　　　　　　　　　　申請者（特定肥飼料等製造業者）
　　　　　　　　　　　　住所
　　　　　　　　　　　　氏名　　　　　　　　　　　　　印
　　　　　　　　　　　　（法人にあっては名称及び代表者の氏名）
　　　　　　　　　　　　電話番号

　　　　　　　　　　　申請者（特定肥飼料等の利用者）
　　　　　　　　　　　　住所
　　　　　　　　　　　　氏名　　　　　　　　　　　　　印
　　　　　　　　　　　　（法人にあっては名称及び代表者の氏名）
　　　　　　　　　　　　電話番号

　年　月　日付けで認定を受けた再生利用事業計画について、下記のとおり変更したいので、食品循環資源の再生利用等の促進に関する法律第20条第1項の規定により、関係書類及び図面を添えて申請します。

記

計画の変更の内容	
計画の変更の年月日	
計画の変更の理由	

【備考】
　1　この用紙の大きさは、日本工業規格Ａ4とする。
　2　複数の再生利用事業計画について変更の認定を申請する場合は、計画ごとに本申請書を作成すること。
　3　再生利用事業計画の認定の申請の際に添付した書類及び図面についても変更が生じる場合は、変更後の書類又は図面を添付すること。
　4　欄内にその記載事項のすべてを記載することができないときは、同欄に「別紙のとおり」と記載し、別紙を添付すること。

参考様式（記載例）

大臣　殿

誓約・保証書

　本申請書に添付する再生利用事業計画に記載した再生利用事業に利用する食品循環資源の収集又は運搬を行う者の全てについて、
1　廃棄物の処理及び清掃に関する法律第7条第5項第4号イからヌまでのいずれにも該当しないことを保証します。
2　廃棄物の処理及び清掃に関する法律、浄化槽法又は廃棄物の処理及び清掃に関する法律施行令第4条の6に規定する法令の規定による不利益処分（行政手続法第2条第4号に規定する不利益処分をいう。）を受け、その不利益処分のあった日から5年を経過しない者に該当しないことを保証します。
3　本申請において利用する食品循環資源の収集又は運搬を自ら行う者であることを保証します。
4　当該者が1～3に適合しなくなった時は、その者に本申請において利用する食品循環資源の収集又は運搬を委託しないこととするとともに、その旨を農林水産大臣、環境大臣、○○大臣に遅滞なく報告を行うことを誓約します。

申請者（食品関連事業者）
住所
氏名　　　　　　　　　　　　　印
（法人にあっては名称及び代表者の氏名）

○各省地方部局一覧

省庁名	地方部局名	管轄区域	住所	電話番号	FAX番号
農林水産省	東北農政局生産経営流通部食品課	青森県、岩手県、宮城県、秋田県、山形県、福島県	宮城県仙台市青葉区本町3-3-1仙台第1合同庁舎	022-263-1111 内線4337	022-217-4180
	関東農政局生産経営流通部食品課	茨城県、栃木県、群馬県、埼玉県、千葉県、東京都、神奈川県、山梨県、長野県、静岡県	埼玉県さいたま市中央区新都心2-1さいたま新都心合同庁舎2号館	048-600-0600 内線3131	048-740-0081
	北陸農政局生産経営流通部食品課	新潟県、富山県、石川県、福井県	石川県金沢市広坂2-2-60金沢広坂合同庁舎	076-263-2161 内線3397	076-232-5824
	東海農政局生産経営流通部食品課	愛知県、岐阜県、三重県	愛知県名古屋市中区三の丸1-2-2	052-201-7271 内線2349	052-219-2670
	近畿農政局生産経営流通部食品課	滋賀県、京都府、大阪府、兵庫県、奈良県、和歌山県	京都府京都市上京区西洞院通下長者町下ル丁子風呂町京都農林水産総合庁舎	075-451-9161 内線2391	075-414-7345
	中国四国農政局生産経営流通部食品課	鳥取県、島根県、岡山県、広島県、山口県、香川県、徳島県、愛媛県、高知県	岡山県岡山市下石井1-4-1岡山第2合同庁舎	086-224-4511 内線2152	086-232-7225
	九州農政局生産経営流通部食品課	福岡県、佐賀県、長崎県、熊本県、大分県、宮崎県、鹿児島県	熊本県熊本市二の丸1-2熊本合同庁舎	096-353-3561 内線4282	096-324-1439
	沖縄総合事務局農林水産部食料流通課	沖縄県	沖縄県那覇市おもろまち2-1-1那覇第2地方合同庁舎2号館	098-866-0031	098-860-1179
環境省	北海道地方環境事務所	北海道	北海道札幌市中央区北1条西10丁目1番地ユー	011-251-8702	011-219-7072

			ネットビル9F		
	東北地方環境事務所	青森県、岩手県、宮城県、秋田県、山形県、福島県	宮城県仙台市青葉区本町3-2-23仙台第2合同庁舎6F	022-722-2871	022-724-4311
	関東地方環境事務所	茨城県、栃木県、群馬県、埼玉県、千葉県、東京都、神奈川県、新潟県、山梨県、静岡県	埼玉県さいたま市中央区新都心11-2明治安田生命さいたま新都心ビル18F	048-600-0814	048-600-0517
	中部地方環境事務所	富山県、石川県、福井県、長野県、岐阜県、愛知県、三重県	愛知県名古屋市中区錦3-4-6桜通大津第一生命ビル4F	052-955-2132	052-951-8889
	近畿地方環境事務所	滋賀県、京都府、大阪府、兵庫県、奈良県、和歌山県	大阪府大阪市中央区大手前1-7-31大阪マーチャンダイズマートビル8F	06-4792-0702	06-4790-2800
	中国四国地方環境事務所	鳥取県、島根県、岡山県、広島県、山口県	岡山県岡山市桑田町18-28明治安田生命岡山桑田町ビル1、4F	086-223-1584	086-224-2081
	中国四国地方環境事務所高松事務所	徳島県、香川県、愛媛県、高知県	香川県高松市寿町2-1-1高松第一生命ビル新館6F	087-811-7240	087-822-6203
	九州地方環境事務所	福岡県、佐賀県、長崎県、熊本県、大分県、宮崎県、鹿児島県、沖縄県	熊本県熊本市尾ノ上1-6-22	096-214-0328	096-214-0354
財務省（国税庁）	札幌国税局課税第2部酒税課	北海道	北海道札幌市中央区大通西10丁目	011-231-5011	―
	仙台国税局課税第2部酒税課	青森県、岩手県、宮城県、秋田県、山形県、福島県	宮城県仙台市青葉区本町3丁目3番1号	022-263-1111	―

	関東信越国税局課税第2部酒税課	茨城県、栃木県、群馬県、埼玉県、新潟県、長野県	埼玉県さいたま市中央区新都心1番地1	048-600-3111	—
	東京国税局課税第2部酒税課	千葉県、東京都、神奈川県、山梨県	東京都千代田区大手町1丁目3番3号	03-3216-6811	—
	金沢国税局課税部酒税課	富山県、石川県、福井県	石川県金沢市広坂2丁目2番60号	076-231-2131	—
	名古屋国税局課税第2部酒税課	岐阜県、静岡県、愛知県、三重県	愛知県名古屋市中区三の丸3丁目3番2号	052-951-3511	—
	大阪国税局課税第2部酒税課	滋賀県、京都府、大阪府、兵庫県、奈良県、和歌山県	大阪府大阪市中央区大手前1丁目5番63号	06-6941-5331	—
	広島国税局課税第2部酒税課	鳥取県、島根県、岡山県、広島県、山口県	広島県広島市中区上八丁堀6番30号	082-221-9211	—
	高松国税局課税部酒税課	徳島県、香川県、愛媛県、高知県	香川県高松市天神前2番10号	087-831-3111	—
	福岡国税局課税第2部酒税課	福岡県、佐賀県、長崎県	福岡県福岡市博多区博多駅東2丁目11番1号	092-411-0031	—
	熊本国税局課税部酒税課	熊本県、大分県、宮崎県、鹿児島県	熊本県熊本市二の丸1番2号	096-354-6171	—
	沖縄国税事務所間税課	沖縄県	沖縄県那覇市旭町9番地	098-867-3601	—
	※この他に税務署があります。				
厚生労働省	北海道厚生局健康福祉部健康課	北海道	北海道札幌市北区北8条西2丁目1番1号札幌第1合同庁舎8F	011-709-2311	011-709-2705
	東北厚生局健康福祉部健康課	青森県、岩手県、宮城県、秋田県、山形県、福島県	宮城県仙台市青葉区花京院1-1-20花京院スクエア21F	022-726-9261	022-726-9267

	関東信越厚生局健康福祉部健康課	茨城県、栃木県、群馬県、埼玉県、千葉県、東京都、神奈川県、新潟県、山梨県、長野県	埼玉県さいたま市中央区新都心1番地1さいたま新都心合同庁舎1号館7F	048-740-0734	048-601-1332
	東海北陸厚生局健康福祉部健康課	富山県、石川県、岐阜県、静岡県、愛知県、三重県	愛知県名古屋市東区白壁1-15-1名古屋合同庁舎第3号館3F	052-959-2061	052-971-8861
	近畿厚生局健康福祉部健康課	福井県、滋賀県、京都府、大阪府、兵庫県、奈良県、和歌山県	大阪府大阪市中央区大手前4丁目1番76号大阪合同庁舎第4号館3F	06-6942-2268	06-6942-2249
	中国四国厚生局健康福祉部健康課	鳥取県、島根県、岡山県、広島県、山口県、徳島県、香川県、愛媛県、高知県	広島県広島市中区上八丁堀6-30広島合同庁舎4号館2F	082-223-8264	082-223-7889
	四国厚生支局総務課	徳島県、香川県、愛媛県、高知県	香川県高松市サンポート3番33号高松サンポート合同庁舎4F	087-851-9565	087-822-6299
	九州厚生局健康福祉部健康課	福岡県、佐賀県、長崎県、熊本県、大分県、宮崎県、鹿児島県、沖縄県	福岡県福岡市博多区博多駅東2丁目10番7号福岡第二合同庁舎2F	092-432-6781	092-413-5208
経済産業省	北海道経済産業局資源エネルギー環境部環境対策課	北海道	北海道札幌市北区北8条西2丁目札幌第1合同庁舎	011-709-2311	011-726-7474
	東北経済産業局資源エネルギー環境部循環型産業振興課	青森県、岩手県、宮城県、秋田県、山形県、福島県	宮城県仙台市青葉区本町3丁目3番1号	022-263-1206	022-213-0757

	関東経済産業局資源エネルギー環境部環境・リサイクル課	東京都、茨城県、群馬県、栃木県、埼玉県、千葉県、神奈川県、山梨県、新潟県、長野県、静岡県	埼玉県さいたま市中央区新都心1番地1	048-600-0293	048-601-1290
	中部経済産業局資源エネルギー環境部環境・リサイクル課	岐阜県、愛知県、三重県、富山県、石川県	愛知県名古屋市中区三の丸2丁目5番地2号	052-951-2768	052-951-2568
	近畿経済産業局資源エネルギー環境部環境・リサイクル課	滋賀県、京都府、大阪府、兵庫県、奈良県、和歌山県、福井県	大阪府大阪市中央区大手前1丁目5番地44号	06-6966-6041	06-6966-6089
	中国経済産業局資源エネルギー環境部環境・リサイクル課	鳥取県、島根県、岡山県、広島県、山口県	広島県広島市中区上八丁堀6番30号	082-224-5676	082-224-5647
	四国経済産業局資源エネルギー環境部環境・リサイクル課	徳島県、香川県、愛媛県、高知県	香川県高松市番町1丁目10番6号	087-811-8534	087-811-8559
	九州経済産業局資源エネルギー環境部リサイクル推進課	福岡県、佐賀県、長崎県、熊本県、大分県、宮崎県、鹿児島県	福岡県福岡市博多区博多駅東2丁目11番1号	092-482-5471	092-482-5554
	沖縄総合事務局経済産業部環境資源課	沖縄県	沖縄県那覇市おもろまち2-1-1那覇第2地方合同庁舎2号館	098-866-0068	098-860-3710
国土交通省	北海道運輸局企画観光部観光地域振興課※1	北海道	北海道札幌市中央区大通西10丁目札幌第2合同庁舎	011-290-2722	011-290-2702
	海事振興部旅客・船舶産業課※2		北海道小樽市港町5-3小樽港湾合同庁舎	0134-27-7176	0134-23-4264
	東北運輸局企画観光部観光地域振興課※1	青森県、岩手県、宮城県、秋田県、山形県、福島県	宮城県仙台市宮城野区鉄砲町1番地仙台第4合同庁舎	022-380-1001	022-791-7538

海事振興部海事産業課※2			022-791-7512	022-299-8875
関東運輸局 企画観光部観光地域振興課※1	茨城県、栃木県、群馬県、埼玉県、千葉県、東京都、神奈川県、山梨県	神奈川県横浜市中区北仲通5-57横浜第2合同庁舎	045-211-7265	045-201-8807
海事振興部旅客課※2			045-211-7214	045-201-8788
北陸信越運輸局 企画観光部観光地域振興課※1	新潟県、長野県、富山県、石川県	新潟県新潟市中央区万代2丁目2番1号	025-244-6118	025-244-6119
海事振興部海事産業課※2			025-244-6113	025-248-7271
中部運輸局 企画観光部観光地域振興課※1	愛知県、静岡県、岐阜県、三重県、福井県	愛知県名古屋市中区三の丸2-2-1名古屋合同庁舎第1号館	052-952-8009	052-952-8085
海事振興部旅客課※2			052-952-8013	052-952-8084
近畿運輸局 企画観光部観光地域振興課※1	大阪府、京都府、奈良県、滋賀県、和歌山県、兵庫県（※1のみ）	大阪府大阪市中央区大手前4-1-76大阪合同庁舎4号館12F	06-6949-6411	06-6949-6135
海事振興部旅客課※2			06-6949-6416	06-6949-6457
神戸運輸監理部 海事振興部旅客課※2	兵庫県（※2のみ）	兵庫県神戸市中央区波止場町1番1号神戸第2地方合同庁舎5F・6F	078-321-3146	078-321-7026
中国運輸局 企画観光部観光地域振興課※1	鳥取県、島根県、岡山県、広島県、山口県	広島県広島市中区上八丁堀6番30号広島合同庁舎4号館	082-228-3434	082-228-9412
海事振興部旅客課※2			082-228-3679	082-228-7309

	四国運輸局 企画観光部観光地域振興課※1	徳島県、香川県、愛媛県、高知県	香川県高松市松島町1丁目17番33号	087-835-6357	087-835-6373
	海事振興部旅客課※2		香川県高松市朝日新町1丁目30番高松港湾合同庁舎	087-825-1183	087-821-6319
	九州運輸局 企画観光部観光地域振興課※1	福岡県、長崎県、大分県、佐賀県、熊本県、宮崎県、鹿児島県	福岡県福岡市博多区博多駅東2-11-1	092-472-2920	092-472-2334
	海事振興部旅客課※2			092-472-3155	092-472-3301
	沖縄総合事務局 運輸部企画室※1	沖縄県	沖縄県那覇市おもろまち2-1-1那覇第2地方合同庁舎2号館	098-866-0031	098-860-2369
	運輸部総務運航課※2			098-866-0064	同上

※1 旅館業（但し、国際観光ホテル整備法の登録ホテル・旅館に限る。）
※2 沿海旅客海運業、内陸水運業

○食品循環資源の再生利用等の促進に関する法律の一部を改正する法律案に対する附帯決議

[平成19年5月22日 衆議院環境委員会]

　政府は、本法の施行に当たり、次の事項について適切な措置を講ずべきである。
一　食品廃棄物等の発生抑制は、循環型社会を形成する上で極めて重要であることにかんがみ、売れ残り等の食品残さを削減するため、発生抑制のみで達成すべき目標を設定するなど、食品関連事業者等の取組をさらに促進する方策を講ずること。
二　食品循環資源の再生利用を促進するため、リサイクルコストの低減、食品循環資源を原材料とする肥飼料等の安全性を含む品質の確保・向上を図るとともに、その肥飼料を利用して生産された農畜水産物の食品関連事業者等による着実な引取や利用を確保させる措置を講ずること。
三　食品循環資源のリサイクル・ループの構築を飛躍的に推進するため、肥飼料に関する農林漁業者等のニーズを的確に把握し、再生利用に関する技術開発の動向、関係主体間の連携体制等について広く情報を収集・蓄積して公開するとともに、各主体間の連携を推進するコーディネーター等の人材の育成について施策を講ずること。
四　家庭から排出される食品廃棄物等の有効利用が不十分である状況にかんがみ、一般廃棄物に該当する食品循環資源の市町村による再生利用を促進するため、施設整備等への財政的支援も含めた市町村の取組を促す措置を講ずること。また、家庭から排出される食品廃棄物等の発生抑制及び再生利用を推進するため、食べ残しの削減やごみの分別の徹底など国民の理解と取組を促進するよう普及・啓発等により一層努めるとともに、生ごみを粉砕処理するディスポーザーの利用に伴う諸課題について、多角的な検討・評価を行うこと。
五　事業系一般廃棄物についても、再生利用を促進する仕組となるよう、市町村の取組を促す措置を講ずること。
六　熱回収については、食品循環資源の再生利用が困難な場合等に限ること

を原則として安易な実施を抑制し、再生利用を行う事業者の取組や再生利用事業への今後の投資を阻害することとならないよう、再生利用等について優先順位を明確にする等適切な実施基準を策定すること。

七　バイオエタノールへの利活用等食品循環資源の柔軟で合理的な再生利用等を促進するため、再生利用手法等の調査・研究・開発を主体的かつ積極的に推進し、その多様化を図ることにより、食品循環資源の再生利用率の大幅引き上げを早期に実現すること。

八　食品循環資源の再生利用等の促進に当たっては、バイオマス利活用推進施策及び食育推進施策等の関連施策と密接に連携し、重層的かつ一体的な展開を図ること。

○食品循環資源の再生利用等の促進に関する法律の一部を改正する法律案に対する附帯決議

[平成19年6月5日 参議院環境委員会]

政府は、本法の施行に当たり、次の事項について適切な措置を講ずべきである。

一 循環型社会構築の観点から、食品廃棄物等の発生抑制により環境への負荷を低減することが極めて重要であることにかんがみ、発生抑制の必要性を食品関連事業者に広く周知するとともに、発生抑制のみで達成すべき目標の設定など必要な措置を講ずること。

二 新たに再生利用等の手法として認められる熱回収については、これが安易に行われることにより熱回収より上位の取組である再生利用の取組が抑制されないよう、再生利用等についての優先順位の下、その要件を厳格にすること。

三 食品循環資源の再生利用等実施率目標の達成が図られるよう、食品関連事業者に対する指導・助言、食品廃棄物等多量発生事業者に対する勧告・公表等を適切に行うこと。なお、フランチャイズチェーン事業者も含め、食品廃棄物等多量発生事業者に該当する食品関連事業者の適切な把握に努めること。

四 食品関連事業者ごとの取組の格差が見られることから、食品関連事業者の優良な取組を評価し、国民や食品関連事業者に情報提供する制度を設けるなど、食品関連事業者の自主的取組を促す施策を積極的に講ずること。

五 再生利用事業計画の認定制度普及のため、再生利用に関する技術開発状況、取組事例など、各主体を結びつけるために必要な情報の提供等に努めること。また、食品廃棄物等の不適正処理の防止を図るとともに、特定肥飼料等及び特定農畜水産物等の利用を促進するため、安全性を含む品質の確保・向上などに万全の対策を講ずること。

六 中小・零細規模の食品関連事業者による食品循環資源の再生利用等を促進するためには、食品関連事業者が共同して再生利用等を行うことが効率的であることから、こうした取組の促進に向けて、必要な支援策を積極的

に講ずること。
七　現行制度で認められている再生利用手法のみでは、再生利用率の向上には限界があるため、再生利用手法等の調査・研究・開発を積極的に推進し、食品関連事業者の負担のより少ない手法を導入することにより再生利用率の向上を図ること。また、地球温暖化対策の観点からもバイオエタノールの利活用など、再生利用手法の多様化を積極的に推進すること。
八　一般家庭からは、食品関連事業者から発生する食品廃棄物等とほぼ同量の生ごみが発生していることから、食べ残しの削減など、発生抑制の必要性について学校教育を含め普及啓発を行うとともに、地方公共団体と連携して、分別の徹底や再生利用の促進が行われるよう必要な措置を積極的に講ずること。

法律・政令・省令（三段対照式）

巻末より始まります。

（登録免許税法の一部改正）

第八条　登録免許税法（昭和四十二年法律第三十五号）の一部を次のように改正する。

別表第一第九十号中「第十条第一項」を「第十一条第一項」に改める。

（環境基本法の一部改正）

第九条　環境基本法（平成五年法律第九十一号）の一部を次のように改正する。

第四十一条第二項第三号中「(平成十二年法律第百十号)」の下に「、食品循環資源の再生利用等の促進に関する法律（平成十二年法律第百十六号）」を加える。

（施行前にされた再生利用事業計画の認定の申請に関する経過措置）
第四条　この法律の施行前にされた旧法第十八条第一項の認定の申請であって、この法律の施行の際、認定をするかどうかの処分がされていないものに係る認定については、なお従前の例による。
　（罰則の適用に関する経過措置）
第五条　この法律の施行前にした行為及び附則第三条の規定によりなお従前の例によることとされる場合におけるこの法律の施行後にした行為に対する罰則の適用については、なお従前の例による。
　（政令への委任）
第六条　この附則に定めるもののほか、この法律の施行に関し必要な経過措置は、政令で定める。
　（検討）
第七条　政府は、この法律の施行後五年を経過した場合において、新法の施行の状況を勘案し、必要があると認めるときは、新法の規定について検討を加え、その結果に基づいて必要な措置を講ずるものとする。

並びに附則第六条及び第九条の規定は、公布の日から施行する。

（定期の報告に関する経過措置）
第二条　この法律による改正後の食品循環資源の再生利用等の促進に関する法律（附則第七条において「新法」という。）第九条第一項に規定する食品廃棄物等多量発生事業者は、同項の規定にかかわらず、この法律の施行の日の属する年度に係る食品廃棄物等の発生量及び食品循環資源の再生利用等の状況に関し、報告することを要しない。

（再生利用事業計画に関する経過措置）
第三条　この法律による改正前の食品循環資源の再生利用等の促進に関する法律（次条において「旧法」という。）第十八条第一項の認定を受けた再生利用事業計画及びこの法律の施行後に次条の規定に基づきなお従前の例により認定を受けた再生利用事業計画に関する計画の変更の認定及び取消し、廃棄物の処理及び清掃に関する法律（昭和四十五年法律第百三十七号）、肥料取締法（昭和二十五年法律第百二十七号）及び飼料の安全性の確保及び品質の改善に関する法律（昭和二十八年法律第三十五号）の特例並びに法人に関する法律の施行の日から施行する。

　　　附　則（平成一九年一一月一六日政令第三五号）

この政令は、食品循環資源の再生利用等の促進に関する法律の一部を改正する法律の施行の日（平成十九年十二月一日）から施行する。

附　則　(平成一五年六月一一日法律第七四号)抄

(施行期日)

第一条　この法律は、公布の日から起算して三月を超えない範囲内において政令で定める日から施行する。

附　則　(平成一五年六月一八日法律第九三号)抄

(施行期日)

第一条　この法律は、平成十五年十二月一日から施行する。

附　則　(平成一九年六月二三日法律第八三号)抄

(施行期日)

第一条　この法律は、公布の日から起算して六月を超えない範囲内において政令で定める日から施行する。ただし、第三条第三項の改正規定、第七条第三項の改正規定、第九条第三項の改正規定(「食料・農業・農村政策審議会」の下に「及び中央環境審議会」を加える部分に限る。)、

規定により環境大臣に対してした申請、届出その他の行為(この政令による改正後のそれぞれの政令の規定により地方環境事務所長に委任された権限に係るものに限る。以下「申請等」という。)は、相当の地方環境事務所長に対してした申請等とみなす。

2　この政令の施行前に法律の規定により環境大臣に対し報告、届出、提出その他の手続をしなければならない事項(この政令による改正後のそれぞれの政令の規定により地方環境事務所長に委任された権限に係るものに限る。)で、この政令の施行前にその手続がされていないものについては、これを、当該法律の規定により地方環境事務所長に対して報告、届出、提出その他の手続をしなければならない事項についてその手続がされていないものとみなして、当該法律の規定を適用する。

(罰則に関する経過措置)

第十七条　この政令の施行前にした行為に対する罰則の適用については、なお従前の例による。

附　則　(平成一九年三月二日政令第三九号)

この政令は、一般社団法人及び一般財団

違反行為をしたときは、行為者を罰するほか、その法人又は人に対しても、各本条の刑を科する。

　　　附　則

（施行期日）
第一条　この法律は、公布の日から起算して一年を超えない範囲内において政令で定める日から施行する。
（検討）
第二条　政府は、この法律の施行後五年を経過した場合において、この法律の施行の状況について検討を加え、その結果に基づいて必要な措置を講ずるものとする。
（経過措置）
第三条　この法律の施行の際現に登録再生利用事業者という名称又はこれに紛らわしい名称を用いている者については、第十二条の規定は、この法律の施行後六月間は、適用しない。
第四条　食料・農業・農村基本法の一部改正
　食料・農業・農村基本法（平成十一年法律第百六号）の一部を次のように改正する。
　第四十条第三項中「及び主要食糧の需給及び価格の安定に関する法律（平成六

　　　附　則　（平成一四年六月七日政令第二〇〇号）抄

（施行期日）
第一条　この政令は、法の施行の日（平成十三年五月一日）から施行する。

　　　附　則

（施行期日）
第一条　この政令は、平成十四年七月一日から施行する。

　　　附　則　（平成一七年六月二九日政令第二三八号）抄

（施行期日）
第一条　この政令は、平成十七年十月一日から施行する。
（処分、申請等に関する経過措置）
第十六条　この政令の施行前に環境大臣が法律の規定によりした登録その他の処分又は通知その他の行為（この政令による改正後のそれぞれの政令の規定により地方環境事務所長に委任された権限に係るものに限る。以下「処分等」という。）等とみなし、相当の地方環境事務所長がした処分等とみなし、この政令の施行前に法律の

に処する。

第二十八条　次の各号のいずれかに該当する者は、三十万円以下の罰金に処する。
一　第十一条第五項又は第十五条第一項の規定による届出をせず、又は虚偽の届出をした者
二　第十三条の規定に違反した者
三　第十四条の規定による標識を掲示しなかった者
四　第十五条第三項の規定による公示をせず、又は虚偽の公示をした者
五　第二十四条第二項の規定による報告をせず、又は虚偽の報告をした者
六　第二十四条第二項の規定による検査を拒み、妨げ、又は忌避した者

第二十九条　次の各号のいずれかに該当する者は、二十万円以下の罰金に処する。
一　第九条第一項又は第二十四条第一項若しくは第三項の規定による報告をせず、又は虚偽の報告をした者
二　第二十四条第一項又は第三項の規定による検査を拒み、妨げ、又は忌避した者

第三十条　法人の代表者又は法人若しくは人の代理人、使用人その他の従業者が、その法人又は人の業務に関し、前三条の

四号から第六号までの主務省令については、農林水産大臣、環境大臣及び当該食品関連事業者の事業を所管する大臣の発する命令

三　第十一条第二項並びに第三項第一号及び第二号（これらの規定を第十二条第二項において準用する場合を含む。）、第十四条、第十五条第三項並びに第十八条の主務省令については、農林水産大臣、環境大臣及び当該特定肥飼料等の製造の事業を所管する大臣の発する命令

3　この法律に規定する主務大臣の権限は、政令で定めるところにより、その一部を地方支分部局の長に委任することができる。

（経過措置）

第二十六条　この法律の規定に基づき命令を制定し、又は改廃する場合においては、その命令で、その制定又は改廃に伴い合理的に必要と判断される範囲内において、所要の経過措置（罰則に関する経過措置を含む。）を定めることができる。

第七章　罰則

第二十七条　第十条第三項の規定による命令に違反した者は、五十万円以下の罰金

査に関する事項については、農林水産大臣、環境大臣及び当該食品関連事業者の事業を所管する大臣

三　第十一条第一項に規定する登録、同条第二項(第十二条第二項において準用する場合を含む。)の規定による申請書の受理、第十一条第五項(第十二条第二項において準用する場合を含む。)の規定による届出の受理、第十一条第六項(第十二条第二項及び第十七条第二項において準用する場合を含む。)の規定による届出の受理、第十七条第一項の規定による指示、第十七条第一項の規定による登録の取消し並びに前条第二項の規定による報告徴収及び立入検査に関する事項については、農林水産大臣、環境大臣及び当該特定肥飼料等の製造の事業を所管する大臣

2　この法律における主務省令は、次のとおりとする。

一　第二条第六項各号及び第七項の主務省令については、農林水産大臣及び環境大臣の発する命令

二　第七条第一項、第九条並びに第十九条第一項、第二項第九号及び第三項第

（主務大臣等）
第二十五条　この法律における主務大臣は、次のとおりとする。
一　第三条第一項の規定による基本方針の策定、同条第三項の規定による基本方針の改定及び同条第四項の規定による公表に関する事項については、農林水産大臣、環境大臣、財務大臣、厚生労働大臣、経済産業大臣及び国土交通大臣
二　第七条第一項の規定による判断の基準となるべき事項の策定、同条第二項の規定による当該事項の改定、第八条に規定する指導及び助言、第九条第一項の規定による報告の受理、第十条第一項に規定する勧告、同条第二項の規定による公表、同条第三項の規定による命令、第十九条第一項に規定する認定、同条第四項（第二十条第三項において準用する場合を含む。）の規定による通知、第二十条第一項に規定する変更の認定、同条第二項の規定による認定の取消し並びに前条第一項及び第三項の規定による報告徴収及び立入検

分の間、これを取り繕って使用することができる。

附　則（平成一七年九月二〇日農林水産省・経済産業省・環境省令第二号）

（施行期日）
1　この省令は、平成十七年十月一日から施行する。

（経過措置）
2　この省令の施行の際現にあるこの省令による改正前の別記様式により調製した用紙は、この省令の施行後においても当分の間、これを取り繕って使用することができる。

附　則（平成一九年一一月三〇日農林水産省、経済産業省、環境省令第二号）

（施行期日）
1　この省令は、食品循環資源の再生利用等の促進に関する法律の一部を改正する法律（平成十九年法律第八十三号）の施行の日（平成十九年十二月一日）から施行する。

（経過措置）
2　この省令の施行の際現にあるこの省令による改正前の別記様式により調製した用紙は、この省令の施行後においても当

書は、別記様式によるものとする。
この省令は、公布の日から施行する。

第3編●法令等　289

（施行期日）
1　この省令は、食品循環資源の再生利用等の促進に関する法律の一部を改正する法律（平成十九年法律第八十三号）の施行の日（平成十九年十二月一日）から施行する。

（経過措置）
2　この省令の施行の際現にあるこの省令による改正前の別記様式により調製した用紙は、この省令の施行後においても当分の間、これを取り繕って使用することができる。

○食品循環資源の再生利用等の促進に関する法律第二十四条第二項の規定による立入検査をする職員の携帯する身分を示す証明書の様式を定める省令

〔平成十三年五月一日
農林水産省
経済産業省令第二号
環境省〕

最終改正　平成一九年一二月三〇日経済産業省令第二号農林水産省環境省

食品循環資源の再生利用等の促進に関する法律第二十四条第二項の規定により立入検査をする職員の携帯する身分を示す証明

ち入り、帳簿、書類その他の物件を検査させることができる。

4 前三項の規定により立入検査をする職員は、その身分を示す証明書を携帯し、関係者に提示しなければならない。

5 第一項から第三項までの規定による立入検査の権限は、犯罪捜査のために認められたものと解釈してはならない。

　　附　則　（平成一四年六月二八日財務省・厚生労働省・農林水産省・経済産業省・国土交通省・環境省令第一号）

（施行期日）
1 この省令は、平成十四年七月一日から施行する。

（経過措置）
2 この省令の施行の際現にあるこの省令による改正前の別記様式により調製した用紙は、この省令の施行後においても当分の間、これを取り繕って使用することができる。

　　附　則　（平成一七年九月二〇日財務省・厚生労働省・農林水産省・経済産業省・国土交通省・環境省令第三号）

（施行期日）
1 この省令は、平成十七年十月一日から施行する。

（経過措置）
2 この省令の施行の際現にあるこの省令による改正前の別記様式により調製した用紙は、この省令の施行後においても当分の間、これを取り繕って使用することができる。

　　附　則　（平成一九年一一月三〇日財務省、厚生労働省、農林水産省、経済産業省、国土交通省、環境省令第五号）

ればならない事項について第十一条第五項の届出をし、又は第二十条第一項の変更の認定を受けたときは、飼料安全法第五十条第四項の届出があったものとみなす。

（報告徴収及び立入検査）

第二十四条　主務大臣は、この法律の施行に必要な限度において、食品関連事業者に対し、食品廃棄物等の発生量及び食品循環資源の再生利用等の状況に関し報告をさせ、又はその職員に、これらの者の事務所、工場、事業場若しくは倉庫に立ち入り、帳簿、書類その他の物件を検査させることができる。

2　主務大臣は、この法律の施行に必要な限度において、登録再生利用事業者に対し、再生利用事業の実施状況に関し報告をさせ、又はその職員に、登録再生利用事業者の事務所、工場、事業場若しくは倉庫に立ち入り、帳簿、書類その他の物件を検査させることができる。

3　主務大臣は、この法律の施行に必要な限度において、認定事業者に対し、食品循環資源の再生利用等の状況に関し報告をさせ、又はその職員に、これらの者の事務所、工場、事業場若しくは倉庫に立

○食品循環資源の再生利用等の促進に関する法律第二十四条第一項及び第三項の規定による立入検査をする職員の携帯する身分を示す証明書の様式を定める省令

〔平成十三年五月一日
財務省
厚生労働省
農林水産省
経済産業省
国土交通省
環境省
令第三号〕

最終改正　平成一九年一二月三〇日〔財務省厚生労働省農林水産省経済産業省国土交通省環境省令第五号〕

食品循環資源の再生利用等の促進に関する法律第二十四条第一項及び第三項の規定により立入検査をする職員の携帯する身分を示す証明書は、別記様式によるものとする。

附　則

この省令は、公布の日から施行する。

であって、飼料安全法第五十条第一項又は第二項の届出をしているもの（前項の規定により当該届出をしたものとみなされる者を除く。）が、第十一条第一項の登録又は第十九条第一項の認定を受けて再生利用事業を行おうとする場合であり、かつ、当該再生利用事業を行うに当たり飼料安全法第五十条第四項の規定による届出をしなければならない場合において、その者が第十一条第一項の登録を受け、又は第十九条第一項の認定を受けたときは、飼料安全法第五十条第四項の届出があったものとみなす。

3　登録再生利用事業者又は認定事業者が再生利用事業を行っている場合（次項に規定する場合を除く。）において、飼料安全法第五十条第一項又は第二項の規定による届出をしなければならない事項について第十一条第五項の届出をし、又は第二十条第一項の変更の認定を受けたときは、飼料安全法第五十条第一項又は第二項の届出があったものとみなす。

4　登録再生利用事業者又は認定事業者が第一項に規定する飼料の製造又は販売を行っている場合において、飼料安全法第五十条第四項の規定による届出をしなけ

4 登録再生利用事業者又は認定事業者が特殊肥料の生産又は販売を行っている場合において、肥料取締法第二十二条第二項又は第二十三条第二項の規定による届出をしなければならない事項について第十一条第五項の届出をし、又は第二十条第一項の変更の認定を受けたときは、同法第二十二条第二項又は第二十三条第二項の届出があったものとみなす。

(飼料安全法の特例)

第二十三条　特定肥飼料等の製造を業として行う者であって、飼料の安全性の確保及び品質の改善に関する法律(昭和二十八年法律第三十五号。以下「飼料安全法」という。)第五十条第一項又は第二項の届出をしなければならないものが、第十一条第一項の登録又は第十九条第一項の認定を受けて飼料安全法第三条第一項の規定により基準又は規格が定められた飼料の製造又は販売を行おうとする場合において、その者が第十一条第一項の登録を受け、又は第十九条第一項の認定を受けたときは、飼料安全法第五十条第一項又は第二項の届出があったものとみなす。

2　特定肥飼料等の製造を業として行う者

条第一項の届出があったものとみなす。

2　特定肥飼料等の製造を業として行う者であって、肥料取締法第二十二条第一項又は第二十三条第一項の届出をしているもの（前項の規定により当該届出をしたものとみなされる者を除く。）が、第十一条第一項の登録又は第十九条第一項の認定を受けて再生利用事業を行おうとする場合であり、かつ、当該再生利用事業を行うに当たり同法第二十二条第二項又は第二十三条第二項の規定による届出をしなければならない場合において、その者が第十一条第一項の登録を受け、又は第十九条第一項の認定を受けたときは、同法第二十二条第二項又は第二十三条第二項の届出があったものとみなす。

3　登録再生利用事業者又は認定事業者が再生利用事業を行っている場合（次項に規定する場合を除く。）において、肥料取締法第二十二条第一項又は第二十三条第一項の規定による届出をしなければならない事項について第十一条第五項の届出をし、又は第二十条第一項の変更の認定を受けたときは、同法第二十二条第一項又は第二十三条第一項の届出があったものとみなす。

適用については、一般廃棄物収集運搬業者とみなす。

4　第一項の規定により一般廃棄物収集運搬業者が行う食品循環資源の運搬又は廃棄物処理法第七条第六項の許可を受けた登録再生利用事業者が食品関連事業者の委託を受けて行う再生利用事業（一般廃棄物に該当する食品循環資源を原材料とするものに限る。以下この項において同じ。）若しくは同条第六項の許可を受けた認定事業者が認定計画に従って行う再生利用事業については、同条第十二項の規定は、適用しない。

　（肥料取締法の特例）

第二十二条　特定肥飼料等の製造を業として行う者であって、肥料取締法（昭和二十五年法律第百二十七号）第二十二条第一項又は第二十三条第一項の届出をしなければならないものが、第十一条第一項の登録又は第十九条第一項の認定を受けて特殊肥料（同法第二条第二項に規定する特殊肥料をいう。以下同じ。）の生産又は販売を行おうとする場合において、その者が第十一条第一項の登録を受け、又は第十九条第一項の認定を受けたときは、同法第十九条第一項又は第二十二条第一項又は第二十三

2　認定事業者である食品関連事業者(認定事業者が第十九条第一項の事業協同組合その他の政令で定める法人である場合にあっては、当該法人及びその構成員である食品関連事業者)の委託を受けて食品循環資源の収集又は運搬(一般廃棄物の収集又は運搬に該当するものに限る。以下この項において同じ。)を業として行う者(同条第二項第八号に規定する者であるに限る。)は、廃棄物処理法第七条第一項の規定にかかわらず、同項の規定による許可を受けないで、認定計画に従って行う再生利用事業に利用する食品循環資源の収集又は運搬を業として行うことができる。

3　前項に規定する者は、廃棄物処理法第七条第十三項、第十五項及び第十六項、第七条の五並びに第十九条の三の規定(これらの規定に係る罰則を含む。)の

第六章　雑則

（廃棄物処理法の特例）
第二十一条　一般廃棄物収集運搬業者（廃棄物の処理及び清掃に関する法律（昭和四十五年法律第百三十七号。以下「廃棄物処理法」という。）第七条第十二項に規定する一般廃棄物収集運搬業者をいう。以下同じ。）は、同条第一項の規定にかかわらず、食品関連事業者の委託を受けて、同項の運搬の許可を受けた市町村（都の特別区の存する区域にあっては、特別区）の区域から第十一条第一項の登

び第百二十八号に掲げる事務並びに同条第八十六号及び第二十二号に掲げる事務に係る同条第十九号及び第二十二号に掲げる事務に係る権限については、運輸監理部長を含む。以下この項において同じ。）に委任するものとする。ただし、国土交通大臣が自らその権限を行うことを妨げない。

一　法第九条第一項の規定による権限　食品関連事業者の主たる事務所の所在地を管轄する地方運輸局長

二　法第二十四条第一項及び第三項の規定による権限　食品関連事業者又は認定事業者の事務所、工場、事業場又は倉庫の所在地を管轄する地方運輸局長

5　次の各号に掲げる経済産業大臣の権限は、当該各号に定める経済産業局長に委任するものとする。ただし、経済産業大臣が自らその権限を行うことを妨げない。

一　法第九条第一項の規定による権限　食品関連事業者の主たる事務所の所在地を管轄する経済産業局長

二　法第十一条第一項、第二項、第五項及び第六項、第十五条第一項及び第二項並びに第十七条第一項の規定による権限　再生利用事業者の事務所、工場、事業場又は倉庫の所在地を管轄する経済産業局長

三　法第二十四条第一項から第三項までの規定による権限　食品関連事業者、登録再生利用事業者又は認定事業者の事務所、工場、事業場又は倉庫の所在地を管轄する経済産業局長

6　次の各号に掲げる国土交通大臣の権限は、当該各号に定める地方運輸局長（国土交通省設置法（平成十一年法律第百号）第四条第十五号、第十八号、第八十六号、第八十七号、第九十二号、第九十三号及

第3編●法令等　299

ち、国税庁の所掌に係るものについては、当該各号に定める国税局長（沖縄国税事務所長を含む。以下この項において同じ。）又は税務署長に委任するものとする。ただし、財務大臣が自らその権限を行うことを妨げない。

一 法第九条第一項の規定による権限 食品関連事業者の主たる事務所の所在地を管轄する国税局長又は税務署長

二 法第二十四条第一項及び第三項の規定による権限 食品関連事業者の事務所、工場、事業場又は倉庫の所在地を管轄する国税局長又は税務署長

4 次の各号に掲げる厚生労働大臣の権限は、当該各号に定める地方厚生局長（四国厚生支局の管轄する区域にあっては、四国厚生支局長。以下この項において同じ。）に委任するものとする。ただし、厚生労働大臣が自らその権限を行うことを妨げない。

一 法第九条第一項の規定による権限 食品関連事業者の主たる事務所の所在地を管轄する地方厚生局長

二 法第二十四条第一項及び第三項の規定による権限 食品関連事業者又は

1 法第九条第一項の規定による権限　食品関連事業者の主たる事務所の所在地を管轄する地方環境事務所長

2 法第十一条第一項、第二項、第五項及び第六項、第十五条第一項及び第二項並びに第十七条第一項の規定による権限　再生利用事業を行う事業場の所在地を管轄する地方環境事務所長

3 法第二十四条第一項から第三項までの規定による権限　食品関連事業者、登録再生利用事業者又は認定事業者の事務所、工場、事業場又は倉庫の所在地を管轄する地方環境事務所長

2 次の各号に掲げる環境大臣の権限は、当該各号に定める地方環境事務所長に委任するものとする。ただし、環境大臣が自らその権限を行うことを妨げない。

一 法第九条第一項の規定による権限　食品関連事業者の主たる事務所の所在地を管轄する地方環境事務所長

二 法第十一条第一項、第二項、第五項及び第六項、第十五条第一項及び第二項並びに第十七条第一項の規定による権限　再生利用事業を行う事業場の所在地を管轄する地方環境事務所長

三 法第二十四条第一項から第三項までの規定による権限　食品関連事業者、登録再生利用事業者又は認定事業者の事務所、工場、事業場又は倉庫の所在地を管轄する地方環境事務所長

3 次の各号に掲げる財務大臣の権限のう

Eは、当該農林漁業者等が当該特定農畜水産物等の生産に使用する特定肥飼料等（当該再生利用事業計画に従って製造されるものに限る。）の量

Fは、当該特定農畜水産物等の生産に使用される肥料、飼料その他の令第二条各号に定める製品の総量

（権限の委任）

第七条　次の各号に掲げる農林水産大臣の権限は、当該各号に定める地方農政局長に委任するものとする。ただし、農林水産大臣が自らその権限を行うことを妨げない。

一　法第九条第一項の規定による権限　食品関連事業者の主たる事務所の所在地を管轄する地方農政局長

二　法第十一条第一項、第二項（法第十二条第二項において準用する場合を含む。次項第二号及び第五項第二号において同じ。）、第五項（法第十二条第二項において準用する場合を含む。次項第二号及び第五項第二号において同じ。）及び第六項（法第十二条第二項及び第十七条第二項において準用する場合を含む。次項第二号及び第五項第二号において同じ。）、第十五条第一項第二号において同じ。）、

附 則　(平成一九年一一月三〇日財務省、厚生労働省、農林水産省、経済産業省、国土交通省、環境省令第四号)

この省令は、不動産登記法の施行に伴う関係法律の整備等に関する法律の施行の日(平成十七年三月七日)から施行する。

附 則

この省令は、食品循環資源の再生利用等の促進に関する法律の一部を改正する法律(平成十九年法律第八十三号)の施行の日(平成十九年十二月一日)から施行する。

付録 (第五条関係)

$(A-B) \times \{(C \div D) \times (E \div F)\} \times 0.5$

Aは、当該再生利用事業計画に従って農林漁業者等が生産する特定農畜水産物等の量

Bは、当該特定農畜水産物等のうち、当該農林漁業者等が当該食品関連事業者以外にその販売先を確保しているものの量

Cは、当該特定肥飼料等の製造に使用される食品循環資源のうち、当該食品関連事業者が排出するものの量

Dは、当該特定肥飼料等の製造に使用される原材料の量

環資源が飛散し、及び流出し、並びに悪臭が漏れるおそれのない運搬車、運搬船、運搬容器その他の運搬施設を有すること。
二　積替施設を有する場合には、当該再生利用事業に利用する食品循環資源が飛散し、流出し、及び地下に浸透し、並びに悪臭が発散しないように必要な措置を講じたものであること。
三　異物、病原微生物その他の食品循環資源の再生利用上の危害の原因となる物質の混入を防止するために必要な措置を講じたものであること。
四　食品循環資源の腐敗防止のための温度管理その他の品質管理を行うために必要な措置を講じたものであること。

　　附　則
この省令は、公布の日から施行する。
　　附　則
　　　　（平成一五年一一月二八日財務省・厚生労働省・農林水産省・経済産業省・国土交通省・環境省令第一号）
この省令は、平成十五年十二月一日から施行する。
　　附　則
　　　　（平成一七年三月七日財務省・厚生労働省・農林水産省・経済産業省・国土交通省・環境省令第一号）

四条の二第一項の許可を受けなければならない場合にあっては、同項の許可)を受け、又は廃棄物処理法施行規則第九条第二号に該当して、当該食品循環資源の収集又は運搬を業として行うことができる者であること。

五　廃棄物処理法、浄化槽法(昭和五十八年法律第四十三号)又は廃棄物の処理及び清掃に関する法律施行令(昭和四十六年政令第三百号)第四条の六に規定する法令の規定による不利益処分(行政手続法(平成五年法律第八十八号)第二条第四号に規定する不利益処分をいう。以下この号において同じ。)を受け、その不利益処分のあった日から五年を経過しない者に該当しないこと。

六　当該再生利用事業に利用する食品循環資源の収集又は運搬を自ら行う者であること。

(食品循環資源の収集運搬の用に供する施設の基準)

第七条　法第十九条第三項第六号の規定による主務省令で定める基準は、次のとおりとする。

一　当該再生利用事業に利用する食品循

よる利用量）

第五条　法第十九条第三項第四号の主務省令で定めるところにより算定される量は、付録の算式により算定される量とする。

（食品循環資源の収集運搬を行う者の基準）

第六条　法第十九条第三項第五号の規定による主務省令で定める基準は、次に掲げるとおりとする。

一　当該再生利用事業に利用する食品循環資源の収集又は運搬を的確に行うに足りる知識及び技能を有すること。

二　当該再生利用事業に利用する食品循環資源の収集又は運搬を的確に、かつ、継続して行うに足りる経理的基礎を有すること。

三　当該再生利用事業に利用する食品循環資源が一般廃棄物に該当する場合には、廃棄物処理法第七条第五項第四号イからヌまでのいずれにも該当しないこと。

四　当該再生利用事業に利用する食品循環資源が産業廃棄物に該当する場合には、廃棄物処理法第十四条第一項の許可（当該許可に係る廃棄物処理法第十

第三条　法第二十条第一項の変更に係る認定を受けようとする認定事業者は、次に掲げる事項を記載した申請書を主務大臣に提出しなければならない。この場合において、当該変更が第一条各号に掲げる書類又は図面の変更を伴うときは、当該変更前の書類又は図面を添付しなければならない。

一　認定年月日
二　氏名又は名称及び住所並びに法人にあっては、その代表者の氏名
三　変更の内容
四　変更の年月日
五　変更の理由

（特定農畜水産物等）
第四条　法第十九条第一項の主務省令で定めるものは、次に掲げるものとする。
一　特定肥飼料等の利用により生産された農畜水産物
二　前号に掲げる農畜水産物を原料又は材料として製造され、又は加工された食品であって、当該食品の原料又は材料として使用される農畜水産物に占める前号に掲げる農畜水産物の重量の割合が五十パーセント以上のもの
（特定農畜水産物等の食品関連事業者に

（申請書の記載事項）

第二条　法第十九条第二項第九号の主務省令で定める事項は、次のとおりとする。
一　特定肥料飼料等の種類、名称及び製造量
二　特定肥料飼料等の製造及び販売の開始年月日
三　特定肥料飼料等の製造に使用される食品循環資源及びそれ以外の原材料の種類及び量
四　特定農畜水産物等の種類、生産量及び当該特定農畜水産物等を利用する食品関連事業者ごとの利用量
五　特定農畜水産物等の販売の開始年月日
六　特定農畜水産物等の種類ごとの生産に使用される特定肥料飼料等（当該再生利用事業計画に従って製造されるものに限る。）の種類及び量
七　特定農畜水産物等の種類ごとのその生産に使用される特定肥料飼料等以外の肥料、飼料その他食品循環資源の再生利用等の促進に関する法律施行令（以下「令」という。）第二条各号に定める製品の種類及び量

（変更に係る認定の申請）

四 前条第二項第八号に規定する者が、同条第三項第五号の主務省令で定める基準に適合しなくなったとき。

五 前条第二項第八号に規定する施設が、同条第三項第六号の主務省令で定める基準に適合しなくなったとき。

3 前条第三項及び第四項の規定は第一項の規定による変更の認定について、同条第四項の規定は前項の規定による認定の取消しについて準用する。

定農畜水産物等を利用していないとき。

には当該特定肥飼料等製造施設について同項の許可（当該許可に係る同法第十五条の二の五第一項の許可を受けなければならない場合にあっては、同項の許可）を受けていることを証する書類

十三 当該再生利用事業により肥料取締法（昭和二十五年法律第百二十七号）第二条第二項に規定する普通肥料を生産する場合には同法第十条に規定する登録証若しくは仮登録証の写し又は同法第十六条の二第一項の届出（当該届出に係る同条第三項の届出をしなければならない場合にあっては、同項の届出を含む。）をしていることを証する書類、当該普通肥料を販売する場合には同法第二十三条第一項の届出（当該届出に係る同条第二項の届出をしなければならない場合にあっては、同項の届出を含む。）をしていることを証する書類

十四 当該再生利用事業により使用の経験のない飼料を製造する場合にあっては、動物試験の成績を記載した書類

十五 特定肥飼料等の含有成分量に関する分析試験の結果を記載した書類

六　前項第八号に規定する基準に適合する施設が、主務省令で定める基準に適合すること。

4　主務大臣は、第一項の認定をしたときは、遅滞なく、その旨を第二項第五号の事業場の所在地を管轄する都道府県知事に通知しなければならない。

（計画の変更等）

第二十条　前条第一項の認定を受けた者（以下「認定事業者」という。）は、当該認定に係る再生利用事業計画を変更しようとするときは、共同して、主務大臣の認定を受けなければならない。

2　主務大臣は、次の各号のいずれかに該当すると認めるときは、前条第一項の認定を取り消すことができる。

一　認定事業者が、前条第一項の認定に係る再生利用事業計画（前項の規定による変更の認定があったときは、その変更後のもの。以下「認定計画」という。）に従って再生利用事業を実施していないとき。

二　認定事業者が、認定計画に従って再生利用事業により得られた特定肥飼料等を利用していないとき。

三　認定事業者が、認定計画に従って特

棄物処理法第十四条の二第一項の許可を受けなければならない場合にあっては、同項の許可）を受け、又は廃棄物処理法施行規則第十条の三第二号の規定に該当して、当該食品循環資源の処分を行うことができる者であることを証する書類

八　特定肥飼料等製造施設の構造を明らかにする平面図、立面図、断面図、構造図、処理工程図及び設計計算書

九　特定肥飼料等製造施設の付近の見取図

十　特定肥飼料等製造施設を設置しようとする場合には、工事の着工から当該施設の使用開始に至る具体的な計画書

十一　特定肥飼料等製造施設の維持管理に関する計画書

十二　特定肥飼料等製造施設が廃棄物処理法第八条第一項に規定する一般廃棄物処理施設である場合には当該特定肥飼料等製造施設についての同項の許可（当該許可に係る同法第九条第一項の許可を受けなければならない場合にあっては、同項の許可）を、特定肥飼料等製造施設が同法第十五条第一項に規定する産業廃棄物処理施設である場合

八 再生利用事業に利用する食品循環資源の収集又は運搬の用に供する施設
九 その他主務省令で定める事項
3 主務大臣は、第一項の認定の申請があった場合において、その再生利用事業計画が次の各号のいずれにも適合するものであると認めるときは、その認定をするものとする。
一 基本方針に照らして適切なものであり、かつ、第七条第一項に規定する判断の基準となるべき事項に適合するものであること。
二 特定肥飼料等の製造を業として行う者が、再生利用事業を確実に実施することができると認められること。
三 再生利用事業により得られた特定肥飼料等の製造量に見合う利用を確保する見込みが確実であること。
四 特定農畜水産物等の生産量のうち、食品関連事業者が利用すべき量として特定肥飼料等の利用の状況その他の事情を勘案して主務省令で定めるところにより算定される量に見合う利用を確保する見込みが確実であること。
五 前項第八号に規定する者が、主務省

三 漁業協同組合及び漁業協同組合連合会
四 森林組合及び森林組合連合会
五 消費生活協同組合及び消費生活協同組合連合会
六 事業協同組合、事業協同小組合及び協同組合連合会
七 協業組合、商工組合及び商工組合連合会
八 民法第三十四条の規定により設立された社団法人

注 第八号は、平成一九年三月政令第三九号により改正後、一般社団法人及び一般財団法人に関する法律の施行の日〔平成二〇年十二月一日〕から施行

八 一般社団法人

合連合会及びたばこ耕作組合中央会

六 特定肥飼料等製造施設において受け入れる食品循環資源が一般廃棄物（廃棄物の処理及び清掃に関する法律（昭和四十五年法律第百三十七号。以下「廃棄物処理法」という。）第二条第二項に規定する一般廃棄物をいう。第六条第三号において同じ。）に該当する場合には、再生利用事業を行う者が廃棄物処理法第七条第六項の許可（当該許可に係る廃棄物の処分を行うことができる場合にあっては、同項の許可）を受け、又は廃棄物処理法第七条の二第一項の許可を受けなければならない場合にあっては、同項の許可）を受け、又は廃棄物処理法第七条の二第一項の許可を受けなければならない場合にあっては、同項の許可）を受けていることを証する書類
七 特定肥飼料等製造施設において受け入れる食品循環資源が産業廃棄物（廃棄物処理法第二条第四項に規定する産業廃棄物をいう。第六条第四号において同じ。）に該当する場合には、再生利用事業を行う者が廃棄物処理法第十四条第六項の許可（当該許可に係る廃

料又は材料として製造され、又は加工された食品その他の主務省令で定めるもの（以下「特定農畜水産物等」という。）の利用に関する計画（以下「再生利用事業計画」という。）を作成し、主務省令で定めるところにより、これを主務大臣に提出して、当該再生利用事業計画が適当である旨の認定を受けることができる。

2 再生利用事業計画には、次に掲げる事項を記載しなければならない。
一 再生利用事業計画を作成する者の氏名又は名称及び住所並びに法人にあっては、その代表者の氏名
二 再生利用事業の内容及び実施期間
三 再生利用事業により得られた特定肥飼料等の農林漁業者等による利用に関する事項
四 特定農畜水産物等の食品関連事業者による利用に関する事項
五 再生利用事業を行う事業場の名称及び所在地
六 特定肥飼料等の製造の用に供する施設の種類及び規模
七 特定肥飼料等を保管する施設及びこれを販売する事業場の所在地

連合会
六 生活衛生同業組合、生活衛生同業小組合及び生活衛生同業組合連合会
七 消費生活協同組合連合会
八 農業協同組合連合会
九 漁業協同組合連合会、水産加工業協同組合及び水産加工業協同組合連合会
十 森林組合連合会
十一 民法（明治二十九年法律第八十九号）第三十四条の規定により設立された社団法人

　注 第一二号は、平成一九年三月政令第三九号により改正され、一般社団法人及び一般財団法人に関する法律の施行の日（平成二〇年十二月一日）から施行

　┌─────────────┐
　│ 十一　一般社団法人 │
　└─────────────┘

第六条　法第十九条第一項の農業協同組合その他の政令で定める法人は、次のとおりとする。
一 農業協同組合、農業協同組合連合会及び農事組合法人
二 地区たばこ耕作組合、たばこ耕作組

（申請書に添付すべき書類及び図面）
第一条　食品循環資源の再生利用等の促進に関する法律（以下「法」という。）第十九条第一項の規定により再生利用事業計画の認定を受けようとする者は、申請書に次に掲げる書類及び図面を添付しなければならない。
一 当該申請をしようとする者が法人である場合には、その定款及び登記事項証明書
二 当該申請をしようとする者が個人である場合には、その住民票の写し（外国人にあっては、外国人登録証明書の写し）
三 再生利用事業に利用する食品循環資源の収集又は運搬を行う者が第六条各号に適合することを証する書類
四 再生利用事業に利用する食品循環資源の収集又は運搬の用に供する施設が第七条各号に適合することを証する書類
五 食品循環資源を発生させる事業場から特定肥飼料等の製造の用に供する施設（以下「特定肥飼料等製造施設」という。）への食品循環資源の収集、運搬及び搬入に関する計画書

第五章　再生利用事業計画

（再生利用事業計画の認定）

第十九条　食品関連事業者又は食品関連事業者を構成員とする事業協同組合その他の政令で定める法人は、特定肥料等の製造を業として行う者及び農林漁業者等（農林漁業者その他の者で特定肥料等を利用するものをいう。以下同じ。）又は農林漁業者等を構成員とする農業協同組合その他の政令で定める法人と共同して、再生利用事業の実施、当該再生利用事業により得られた特定肥料等の利用及び当該特定肥料等の利用により生産された農畜水産物、当該農畜水産物を原

（再生利用事業計画に係る事業協同組合その他の法人）

第五条　法第十九条第一項の事業協同組合その他の政令で定める法人は、次のとおりとする。

一　事業協同組合、事業協同小組合及び協同組合連合会

二　協業組合、商工組合及び商工組合連合会

三　商工会議所及び日本商工会議所

四　商工会及び商工会連合会

五　商店街振興組合及び商店街振興組合

○食品循環資源の再生利用等の促進に関する法律に基づく再生利用事業計画の認定に関する省令

（平成十三年五月一日
　財務省
　厚生労働省
　農林水産省
　経済産業省
　国土交通省
　環境省
　令第二号）

最終改正　平成一九年一一月三〇日
　　財務省
　　厚生労働省
　　農林水産省
　　経済産業省
　　国土交通省
　　環境省
　　令第四号

　　　附　則
（平成一七年三月七日農林水産省・経済産業省・環境省令第一号）

この省令は、平成十五年十二月一日から施行する。

　　　附　則
（平成一七年三月七日農林水産省・経済産業省・環境省令第一号）

この省令は、不動産登記法の施行に伴う関係法律の整備等に関する法律の施行の日（平成十七年三月七日）から施行する。

　　　附　則
（平成一九年一一月三〇日農林水産省、経済産業省、環境省令第一号）

この省令は、食品循環資源の再生利用等の促進に関する法律の一部を改正する法律（平成十九年法律第八十三号）の施行の日（平成十九年十二月一日）から施行する。

第3編●法令等　　313

及び図面を添えて、主務大臣に提出しなければならない。

2　前項の登録の更新の申請があった場合において、その登録の有効期間の満了の日までにその申請について処分がされないときは、従前の登録は、その有効期間の満了後もその処分がされるまでの間は、なおその効力を有する。

3　前項の場合において、登録の更新がされたときは、その登録の有効期間は、従前の登録の有効期間の満了の日の翌日から起算するものとする。

（標識の様式）

第八条　法第十四条の主務省令で定める様式は、別記様式のとおりとする。

（料金の公示方法）

第九条　法第十五条第三項の規定による再生利用事業に係る料金の公示は、法第十一条第一項の登録に係る再生利用事業を行う事業場ごとに、公衆の見やすい場所に掲示することにより行わなければならない。

　　　附　則

この省令は、公布の日から施行する。

　　　附　則

（平成一五年一一月二八日農林水産省・経済産業省・環境省令第一号）

（廃止に係る届出）

第六条　法第十一条第五項の廃止に係る届出をしようとする登録再生利用事業者は、次に掲げる事項を記載した届出書を主務大臣に提出するとともに、その所持する登録証明書を返納しなければならない。

一　登録番号及び登録年月日
二　氏名又は名称及び住所並びに法人にあっては、その代表者の氏名
三　廃止の年月日
四　廃止の理由

（登録の更新）

第七条　法第十二条第一項の登録の更新を受けようとする登録再生利用事業者は、その者が現に受けている登録の有効期間の満了の日の二月前までに、同条第二項において準用する法第十一条第二項に規定する申請書に第一条各号に掲げる書類

が前条第三号から第五号までのいずれかに該当するときは、当該登録再生利用事業者は、その所持する登録証明書を返納しなければならない。この場合において、主務大臣は、新たな登録証明書を作成し、当該登録再生利用事業者に対し、交付するものとする。

第３編●法令等　315

の登録の更新をしたときは、登録再生利用事業者に対し、次に掲げる事項を記載した登録証明書を交付するものとする。
一　登録番号及び登録年月日
二　登録の有効期限
三　氏名又は名称及び住所並びに法人にあっては、その代表者の氏名
四　再生利用事業の内容
五　再生利用事業を行う事業場の名称及び所在地

（変更に係る届出）
第五条　法第十一条第五項の変更に係る届出をしようとする登録再生利用事業者は、次に掲げる事項を記載した届出書を主務大臣に提出しなければならない。この場合において、当該変更が第一条各号に掲げる書類又は図面の変更を伴うときは、当該変更後の書類又は図面を添付しなければならない。
一　登録番号及び登録年月日
二　氏名又は名称及び住所並びに法人にあっては、その代表者の氏名
三　変更の内容
四　変更の年月日
五　変更の理由
2　前項の場合において、当該変更の内容

七 肥料取締法第二条第二項に規定する普通肥料を生産する場合には同法第四条第一項の登録若しくは同法第五条第一項の仮登録を受けていること又は同法第十六条の二第一項の届出(当該届出に係る同条第三項の届出をしなければならない場合にあっては、同項の届出を含む。)をしていること、当該普通肥料を販売する場合には同法第二十三条第一項の届出(当該届出に係る同条第二項の届出をしなければならない場合にあっては、同項の届出を含む。)をしていること。

2 法第十一条第三項第二号の主務省令で定める基準は、特定肥飼料等製造施設の一日当たりの食品循環資源の処理能力が五トン以上であることとする。

(登録証明書の交付)
第四条　主務大臣は、法第十一条第一項の登録をしたとき、又は法第十二条第一項

は当該特定肥飼料等製造施設について同項の許可(当該許可に係る廃棄物処理法第十五条の二の五第一項の許可を受けなければならない場合にあっては、同項の許可)を受けていること。

して、当該食品循環資源の処分を行うことができる者であること。

四　再生利用事業により得られる特定肥飼料等の品質、需要の見込み等に照らして、当該特定肥飼料等が利用されずに廃棄されるおそれが少ないと認められること。

五　受け入れる食品循環資源及び再生利用事業により得られる特定肥飼料等の性状の分析及び管理を適切に行うこと。

六　特定肥飼料等製造施設については、次によること。

イ　運転を安定的に行うことができ、かつ、適正な維持管理を行うことができるものであること。

ロ　特定肥飼料等製造施設が廃棄物処理法第八条第一項に規定する一般廃棄物処理施設である場合には当該特定肥飼料等製造施設について同項の許可（当該許可に係る廃棄物処理法第九条第一項の許可を受けなければならない場合にあっては、同項の許可）を、特定肥飼料等製造施設が廃棄物処理法第十五条第一項に規定する産業廃棄物処理施設である場合に

類

（登録の基準）

第三条 法第十一条第三項第一号の主務省令で定める基準は、次のとおりとする。

一 受け入れる食品循環資源の大部分を特定肥飼料等製造施設に投入すること。

二 受け入れる食品循環資源が一般廃棄物に該当する場合には、再生利用事業を行う者が廃棄物処理法第七条第六項の許可（当該許可に係る廃棄物処理法第七条の二第一項の許可を受けなければならない場合にあっては、同項の許可）を受け、又は廃棄物処理法施行規則第二条の三第一号若しくは第二号の規定に該当して、当該食品循環資源の処分を行うことができる者であること。

三 受け入れる食品循環資源が産業廃棄物に該当する場合には、再生利用事業を行う者が廃棄物処理法第十四条第六項の許可（当該許可に係る廃棄物処理法第十四条の二第一項の許可を受けなければならない場合にあっては、同項の許可）を受け、又は廃棄物処理法施行規則第十条の三第二号の規定に該当

第3編●法令等　　319

めるところにより、第一項の料金を公示しなければならない。

（差別的取扱いの禁止）

第十六条　登録再生利用事業者は、再生利用事業の実施に関し、特定の者に対し不当に差別的取扱いをしてはならない。

（登録の取消し）

第十七条　主務大臣は、登録再生利用事業者が次の各号のいずれかに該当するときは、第十一条第一項の登録を取り消すことができる。

一　不正な手段により第十一条第一項の登録又はその更新を受けたとき。

二　第十一条第三項各号に掲げる要件に適合しなくなったとき。

三　第十五条第二項の規定による指示に違反したとき。

四　この章の規定は当該規定に基づく命令の規定に違反したとき。

2　第十一条第六項の規定は、前項の規定による登録の取消しについて準用する。

（主務省令への委任）

第十八条　この法律に定めるもののほか、登録再生利用事業者の登録に関し必要な事項は、主務省令で定める。

百二十七号）第二条第二項に規定する普通肥料を生産する場合には同法第十条の登録証若しくは仮登録証の写し又は同法第十六条の二第一項の届出（当該届出に係る同条第三項の届出をしなければならない場合にあっては、同項の届出を含む。）をしていることを証する書類、当該普通肥料を販売する場合には同法第二十三条第一項の届出（当該届出に係る同条第二項の届出をしなければならない場合にあっては、同項の届出を含む。）をしていることを証する書類

十三　使用の経験のない飼料を製造する場合にあっては、動物試験の成績を記載した書類

十四　特定肥飼料等の含有成分量に関する分析試験の結果を記載した書類

（申請書の記載事項）

第二条　法第十一条第二項第六号の主務省令で定める事項は、次のとおりとする。

一　特定肥飼料等の種類及び名称

二　特定肥飼料等の製造及び販売の開始年月日

三　特定肥飼料等の製造に使用される食品循環資源及びそれ以外の原材料の種

経過によって、その効力を失う。

2 前条第二項から第六項までの規定は、前項の更新について準用する。

（名称の使用制限）

第十三条 登録再生利用事業者でない者は、登録再生利用事業者という名称又はこれに紛らわしい名称を用いてはならない。

（標識の掲示）

第十四条 登録再生利用事業者は、当該登録に係る再生利用事業を行う事業場ごとに、公衆の見やすい場所に、主務省令で定める様式の標識を掲示しなければならない。

（料金）

第十五条 登録再生利用事業者は、再生利用事業の実施前に、当該再生利用事業に係る料金を定め、主務大臣に届け出なければならない。これを変更しようとするときも、同様とする。

2 主務大臣は、前項の料金が食品循環資源の再生利用の促進上不適当であり、特に必要があると認めるときは、登録再生利用事業者に対し、その変更を指示することができる。

3 登録再生利用事業者は、主務省令で定

七 特定肥料等製造施設の構造を明らかにする平面図、立面図、断面図、構造図、処理工程図及び設計計算書

八 特定肥料等製造施設の付近の見取図

九 特定肥料等製造施設を設置しようとする場合には、工事の着工から当該施設の使用開始に至る具体的な計画書

十 特定肥料等製造施設の維持管理に関する計画書

十一 特定肥料等製造施設が廃棄物処理法第八条第一項に規定する一般廃棄物処理施設である場合には当該特定肥料等製造施設について同項の許可（当該許可に係る廃棄物処理法第九条第一項の許可を受けなければならない場合にあっては、同項の許可）を、特定肥料等製造施設が廃棄物処理法第十五条第一項に規定する産業廃棄物処理施設である場合には当該特定肥料等製造施設について同項の許可（当該許可に係る廃棄物処理法第十五条の二の五第一項の許可を受けなければならない場合にあっては、同項の許可）を受けていることを証する書類

十二 肥料取締法（昭和二十五年法律第

一 この法律の規定により罰金以上の刑に処せられ、その執行を終わり、又はその執行を受けることがなくなった日から二年を経過しない者

二 第十七条第一項の規定により登録を取り消され、その取消しの日から二年を経過しない者

三 法人であって、その業務を行う役員のうちに前二号のいずれかに該当する者があるもの

5 第一項の登録を受けた者（以下「登録再生利用事業者」という。）は、第二項各号に掲げる事項を変更したとき、又は第一項の登録に係る再生利用事業を廃止したときは、遅滞なく、その旨を主務大臣に届け出なければならない。

6 主務大臣は、第一項の登録をしたとき、又は前項の届出を受理したとき（第十七条第一項の規定により第一項の登録を取り消す場合を除く。）は、遅滞なく、その旨を第二項第三号の事業場の所在地を管轄する都道府県知事に通知しなければならない。

（登録の更新）

第十二条　前条第一項の登録は、五年ごとにその更新を受けなければ、その期間の

五 受け入れる食品循環資源が産業廃棄物（廃棄物処理法第二条第四項に規定する産業廃棄物をいう。第三条第一項第三号において同じ。）に該当する場合にあっては、再生利用事業を行う者が廃棄物処理法第十四条第六項の許可（当該許可に係る廃棄物処理法施行規則第十条の三第二号の規定に該当して、当該食品循環資源の処分を行うことができる者であることを証する書類

六 特定肥飼料等の利用方法並びに価格及び需要の見込みを記載した書類

322

二　再生利用事業（特定肥飼料等の製造の事業をいう。以下同じ。）の内容
三　再生利用事業を行う事業場の名称及び所在地
四　特定肥飼料等の製造の用に供する施設の種類及び規模
五　特定肥飼料等を保管する施設及びこれを販売する事業場の所在地
六　その他主務省令で定める事項

3　主務大臣は、第一項の登録の申請が次の各号のいずれにも適合していると認めるときは、その登録をしなければならない。
一　再生利用事業の内容が、生活環境の保全上支障のないものとして主務省令で定める基準に適合するものであること。
二　前項第四号に掲げる事項が、再生利用事業を効率的に実施するに足りるものとして主務省令で定める基準に適合するものであること。
三　当該申請をした者が、再生利用事業を適確かつ円滑に実施するのに十分な経理的基礎を有するものであること。

4　次の各号のいずれかに該当する者は、第一項の登録を受けることができない。

る者は、申請書に次に掲げる書類及び図面を添付しなければならない。
一　当該申請をしようとする者が法人である場合には、その定款、登記事項証明書並びに直前三年の各事業年度における貸借対照表、損益計算書並びに法人税の納付すべき額及び納付済額を証する書類
二　当該申請をしようとする者が個人である場合には、その住民票の写し（外国人にあっては、外国人登録証明書の写し）、資産に関する調書並びに直前三年の所得税の納付すべき額及び納付済額を証する書類
三　特定肥飼料等の製造の用に供する施設（以下「特定肥飼料等製造施設」という。）への食品循環資源の搬入に関する計画書
四　受け入れる食品循環資源が一般廃棄物（廃棄物の処理及び清掃に関する法律（昭和四十五年法律第百三十七号）以下「廃棄物処理法」という。）第二条第三項に規定する一般廃棄物をいう。第三条第一項第二号において同じ。）に該当する場合には、再生利用事業を行う者が廃棄物処理法第七条第

3 主務大臣は、第一項に規定する勧告を受けた食品廃棄物等多量発生事業者が、前項の規定によりその勧告に従わなかった旨を公表された後においても、なお、正当な理由がなくてその勧告に係る措置をとらなかった場合において、食品循環資源の再生利用等の促進を著しく害すると認めるときは、食料・農業・農村政策審議会及び中央環境審議会の意見を聴いて、当該食品廃棄物等多量発生事業者に対し、その勧告に係る措置をとるべきことを命ずることができる。

第四章 登録再生利用事業者

（登録）

第十一条 食品循環資源を原材料とする肥料、飼料その他第二条第五項第一号の政令で定める製品（以下「特定肥飼料等」という。）の製造を業として行う者は、その事業場について、主務大臣の登録を受けることができる。

2 前項の登録の申請をしようとする者は、主務省令で定めるところにより、次に掲げる事項を記載した申請書を主務大臣に提出しなければならない。

一 氏名又は名称及び住所並びに法人にあっては、その代表者の氏名

○食品循環資源の再生利用等の促進に関する法律に基づく再生利用事業を行う者の登録に関する省令

平成十三年五月一日　農林水産省
　　　　　　　　　　経済産業省令第一号
　　　　　　　　　　環境省

最終改正平成一九年一一月三〇日農林水産省・経済産業省・環境省

（申請書に添付すべき書類及び図面）

第一条 食品循環資源の再生利用等の促進に関する法律（以下「法」という。）第十一条第一項の登録の申請をしようとす

324

（勧告及び命令）

第十条　主務大臣は、食品廃棄物等多量発生事業者の食品循環資源の再生利用等が第七条第一項に規定する判断の基準となるべき事項に照らして著しく不十分であると認めるときは、当該食品廃棄物等多量発生事業者に対し、その判断の根拠を示して、食品循環資源の再生利用等に関し必要な措置をとるべき旨の勧告をすることができる。

2　主務大臣は、前項に規定する勧告を受けた食品廃棄物等多量発生事業者がその勧告に従わなかったときは、その旨を公表することができる。

五　食品廃棄物等の処理に関し、法に基づき食品循環資源の再生利用等を推進するための措置を講ずる旨記載された、本部事業者が定めたマニュアルを遵守するものとする定め

載され、当該環境方針又は行動規範を遵守するものとする定め

　　附　則

この省令は、食品循環資源の再生利用等の促進に関する法律の一部を改正する法律（平成十九年法律第八十三号）の施行の日（平成十九年十二月一日）から施行する。

十　法第七条第一項に規定する判断の基準となるべき事項の遵守状況その他の食品循環資源の再生利用等の促進のために実施した取組

十一　定型的な約款による契約に基づき継続的に、商品を販売し、又は販売をあっせんし、かつ、経営に関する指導を行う事業を行う食品関連事業者（次条において「本部事業者」という。）にあっては、次条各号のいずれかに該当することの有無

（約款の定め）

第三条　法第九条第二項の主務省令で定めるものは、次の各号に掲げるものとする。

一　食品廃棄物等の処理に関し本部事業者が加盟者を指導又は助言する旨の定め

二　食品廃棄物等の処理に関し本部事業者及び加盟者が連携して取り組む旨の定め

三　本部事業者と加盟者との間で締結した約款以外の契約書に第一号又は前号の定めが記載され、当該契約書を遵守するものとする定め

四　本部事業者が定めた環境方針又は行動規範に第一号又は第二号の定めが記

算式の符号
F 平成十九年度における食品循環資源の再生利用の実施量
G 平成十九年度における食品循環資源の熱回収の実施量
H 平成十九年度における食品廃棄物等の減量の実施量
I 平成十九年度における食品循環資源の再生利用等以外の実施量
J 平成十九年度における食品廃棄物等の廃棄物としての処分の実施量

五 食品循環資源の再生利用の実施量
六 食品循環資源の熱回収の実施量
七 食品廃棄物等の減量の実施量
八 食品循環資源の再生利用等の実施率
（第四号、第五号及び前号に掲げる量並びに第六号に掲げる量の合計量を第一号及び第四号に掲げる量の合計量で除して得た率をいう。）
九 食品循環資源の再生利用により得られた特定肥飼料等の製造量及び食品循環資源の熱回収により得られた熱量（その熱を電気に変換した場合にあつては、当該電気の量）

第3編●法令等　327

された食品循環資源の量及び特定肥飼料等以外の製品の原材料として利用するために譲渡された食品循環資源の量の合計量をいう。)

E 食品廃棄物等の廃棄物としての処分の実施量(第四号Iにおいて同じ。)

二 売上高、製造数量その他の事業活動に伴い生ずる食品廃棄物等の発生量と密接な関係をもつ値

三 食品廃棄物等の発生原単位(第一号に掲げる量を前号に掲げる値で除して得た値をいう。)

四 食品廃棄物等の発生抑制の実施量(平成十九年度における食品廃棄物等の発生量(次の算式によって算出される値をいう。)を同年度における売上高、製造数量その他の事業活動に伴い生ずる食品廃棄物等の発生量と密接な関係をもつ値(第二号に掲げる値と同じ種類の値に限る。)で除して得た値から前号に掲げる値を減じて得た値に第二号に掲げる値を乗じて得た量をいう。)

算式
F+G+H+I+J

328

源の量及び特定肥飼料等の原材料として利用するために譲渡された食品循環資源の量の合計量をいう。第四号F及び第五号において同じ。)

B 食品循環資源の熱回収の実施量(事業活動に伴い生じた食品廃棄物等のうち、法第二条第六項第一号に規定する基準に適合するものとして熱を得ることに利用された食品循環資源の量及び同項第二号に規定する基準に適合するものとして熱を得ることに利用するために譲渡された食品循環資源の量の合計量をいう。第四号G及び第六号において同じ。)

C 食品廃棄物等の減量の実施量(事業活動に伴い生じた食品廃棄物等のうち、法第二条第七項に規定する方法により減少した食品廃棄物等の量をいう。第四号H及び第七号において同じ。)

D 食品循環資源の再生利用等以外の実施量(事業活動に伴い生じた食品廃棄物等のうち、特定肥飼料等以外の製品の原材料として利用

○食品廃棄物等多量発生事業者の定期の報告に関する省令

〔平成十九年十一月三十日 財務省 厚生労働省 農林水産省 経済産業省 国土交通省 環境省 令第三号〕

（定期の報告）
第一条　食品循環資源の再生利用等の促進に関する法律（以下「法」という。）第九条第一項の規定による報告は、毎年度六月末日までに、別記様式による報告書を提出してしなければならない。
第二条　法第九条第一項の主務省令で定める事項は、前年度における次に掲げる事項とする。
一　食品廃棄物等の発生量（次の算式によって算出される値をいう。）

算式
　A＋B＋C＋D＋E

算式の符号
　A　食品循環資源の再生利用の実施量（事業活動に伴い生じた食品廃棄物等のうち、特定肥飼料等の原材料として利用された食品循環資

（食品関連事業者に係る発生量の要件）
第四条　法第九条第一項の政令で定める要件は、当該年度の前年度において生じた食品廃棄物等の発生量が百トン以上であることとする。

2　前項に規定する食品関連事業者の事業活動に伴い生ずる食品廃棄物等の発生量には、定型的な約款による契約に基づき継続的に、商品を販売し、又は販売をあっせんし、かつ、経営に関する指導を行う事業であって、当該事業に係る約款に当該事業に加盟する者（以下この項において「加盟者」という。）の事業活動について主務省令で定めるものがあるものを行う食品関連事業者にあっては、加盟者の事業活動に伴い生ずる食品廃棄物等の発生量を含むものとする。

資源の再生利用等について必要な指導及び助言をすることができる。

（定期の報告）
第九条　食品関連事業者であって、その事業活動に伴い生ずる食品廃棄物等の発生量が政令で定める要件に該当するもの（次条において「食品廃棄物等多量発生事業者」という。）は、毎年度、主務省令で定めるところにより、食品廃棄物等の発生量及び食品循環資源の再生利用等の状況に関し、主務省令で定める事項を主務大臣に報告しなければならない。

(指導及び助言)
第八条　主務大臣は、食品循環資源の再生利用等の適確な実施を確保するため必要があると認めるときは、食品関連事業者に対し、前条第一項に規定する判断の基準となるべき事項を勘案して、食品循環

パーセント未満	五十パーセント以上八十	パーセント未満

備考
1　平成十九年度における基準実施率は、平成十九年度における食品循環資源の再生利用等の実施率(次の算式によって算出される率をいう。)とし、当該実施率が二十パーセント未満の場合は、これを二十パーセントとして計算するものとする。

$$(K+L \times 0.95 + M) \div F \times 100$$

2　前年度における基準実施率が八十パーセント以上の場合は、当該実施率を維持向上させることを目標とする。

付録第三(第三条第二項関係)
$E \div H$

付録第二(第二条関係)

P+Q

Pは、当該年度の前年度における基準実施率

Qは、次の表の上欄に掲げる当該年度の前年度における基準実施率の区分に応じ、それぞれ同表の下欄に掲げる値

前年度における基準実施率	Qの値
二十パーセント以上五十	二

するために譲渡された食品循環資源の量の合計量をいう。Nにおいて「再生利用等以外の実施量」という。)。

Jは、当該年度における食品廃棄物等の廃棄物としての処分の実施量

Kは、平成十九年度における再生利用の実施量。付録第二において同じ。

Lは、平成十九年度における熱回収の実施量。付録第二において同じ。

Mは、平成十九年度における減量の実施量。付録第二において同じ。

Nは、平成十九年度における再生利用等以外の実施量

Oは、平成十九年度における食品廃棄物等の廃棄物としての処分の実施量

Dは、当該年度における食品廃棄物等の減量の実施量(事業活動に伴い生じた食品廃棄物等のうち、法第二条第七項に規定する方法により減少した食品廃棄物等の量をいう。Mにおいて「減量の実施量」という。)

Eは、当該年度における食品廃棄物等の発生量。付録第三において同じ。

Fは、平成十九年度における食品廃棄物等の発生量。付録第二において同じ。

Gは、平成十九年度における売上高、製造数量その他の事業活動に伴い生ずる食品廃棄物等の発生量と密接な関係をもつ値

Hは、当該年度における売上高、製造数量その他の事業活動に伴い生ずる食品廃棄物等の発生量と密接な関係をもつ値(平成十九年度における当該値と同じ種類の値に限る。)。付録第三において同じ。

Iは、当該年度における食品循環資源の再生利用等以外の実施量(事業活動に伴い生じた食品廃棄物等のうち、特定肥飼料等以外の製品の原材料として利用された食品循環資源の量及び特定肥飼料等以外の製品の原材料として利用

$+ E) \times 100$
$A = (F \div G - E \div H) \times H$
$E = B + C + D + I + J$
$F = K + L + M + N + O$

Rは、当該年度における食品循環資源の再生利用等の実施率

Aは、当該年度における食品廃棄物等の発生抑制の実施量

Bは、当該年度における食品循環資源の再生利用の実施量（事業活動に伴い生じた食品廃棄物等のうち、特定肥飼料等の原材料として利用された食品循環資源の量及び特定肥飼料等の原材料として利用するために譲渡された食品循環資源の量の合計量をいう。Kにおいて「再生利用の実施量」という。）。

Cは、当該年度における食品循環資源の熱回収の実施量（事業活動に伴い生じた食品廃棄物等のうち、法第二条第六項第一号に規定する基準に適合するものとして熱を得ることに利用された食品循環資源の量及び同項第二号に規定する基準に適合するものとして熱を得ることに利用するために譲渡された食品循環資源の量の合計量をいう。Lにおいて「熱回収の実施量」という。）。

ものとする。

（再生利用等の実施状況の把握及び管理体制の整備）

第十五条　食品関連事業者は、その事業活動に伴い生ずる食品廃棄物等の発生量及び食品循環資源の再生利用等の実施量その他食品循環資源の再生利用等の状況を適切に把握し、その記録を行うものとする。

2　食品関連事業者は、前項の規定による記録の作成その他食品循環資源の再生利用等に関する事務を適切に行うため、事業場ごとの責任者の選任その他管理体制の整備を行うものとする。

　　附　則

　　（平成一九年一一月三〇日財務省、厚生労働省、農林水産省、経済産業省、国土交通省、環境省令第二号）

この省令は、公布の日から施行する。

　　附　則

この省令は、食品循環資源の再生利用等の促進に関する法律の一部を改正する法律（平成十九年法律第八十三号）の施行の日（平成十九年十二月一日）から施行する。

付録第一（第二条関係）
R＝(A＋B＋C×0.95＋D)÷(A

第3編●法令等　335

（加盟者における食品循環資源の再生利用等の促進）

第十三条　定型的な約款に基づき継続的に、商品を販売し、又は販売をあっせんし、かつ、経営に関する指導を行う事業を行う食品関連事業者（次項において「本部事業者」という。）は、当該事業に加盟する者（以下この条において「加盟者」という。）の事業活動に伴い生ずる食品廃棄物等について、当該加盟者に対し、食品循環資源の再生利用等に関し必要な指導を行い、食品循環資源の再生利用等を促進するよう努めるものとする。

2　加盟者は、前項の規定により本部事業者が実施する食品循環資源の再生利用等の促進のための措置に協力するよう努めるものとする。

（教育訓練）

第十四条　食品関連事業者は、その従業員に対して、食品循環資源の再生利用等に関する必要な教育訓練を行うよう努める

び発熱量その他の性状
四　食品循環資源の熱回収により得られた熱量（その熱を電気に変換した場合にあっては、当該電気の量）
五　熱回収を行う施設の名称及び所在地
　（情報の提供）
第十条　食品関連事業者は、特定肥飼料等を利用する者（第八条第一項に規定する場合にあっては、委託先又は譲渡先）に対し、特定肥飼料等の原材料として利用する食品循環資源について、その発生の状況、含有成分その他の必要な情報を提供するものとする。
2　食品関連事業者は、毎年度、当該年度の前年度における食品廃棄物等の発生量及び食品循環資源の再生利用等の状況についての情報をインターネットの利用その他の方法により提供するよう努めるものとする。
　（食品廃棄物等の減量）
第十一条　食品関連事業者は、食品廃棄物等の減量を実施するに当たっては、その実施後に残存する食品廃棄物等について、適正な処理を行うものとする。
　（費用の低減）
第十二条　食品関連事業者は、食品循環資

譲渡先における特定肥飼料等の製造の実施状況を定期的に把握するとともに、当該委託先又は譲渡先における特定肥飼料等の製造が前条の基準に従って行われていないと認められるときは、委託先又は譲渡先の変更その他必要な措置を講ずるものとする。

（食品循環資源の熱回収）

第九条　食品関連事業者は、食品循環資源の熱回収を行うに当たっては、次に掲げる事項について適切に把握し、その記録を行うものとする。

一　事業活動に伴い食品廃棄物等を生ずる自らの工場又は事業場から七十五キロメートルの範囲内における特定肥飼料等の製造の用に供する施設（次号において「特定肥飼料等製造施設」という。）の有無

二　事業活動に伴い食品廃棄物等を生ずる自らの工場又は事業場から七十五キロメートルの範囲内に存する特定肥飼料等製造施設において、当該工場又は事業場において生ずる食品循環資源を受け入れて再生利用することが著しく困難であることを示す状況

三　熱回収を行う食品循環資源の種類及

を確保すること。

2 食品関連事業者は、前項の場合において肥料の製造を行うときは、その製造する肥料について、肥料取締法(昭和二十五年法律第百二十七号)及びこれに基づく命令により定められた規格に適合させるものとする。

3 食品関連事業者は、第一項の場合において飼料の製造を行うときは、その製造する飼料について、飼料の安全性の確保及び品質の改善に関する法律(昭和二十八年法律第三十五号)及びこれに基づく命令により定められた基準及び規格に適合させるものとする。

4 食品関連事業者は、第一項の場合において配合飼料の製造を行うときは、粉末乾燥処理を行うものとする。

(再生利用に係る特定肥飼料等の製造の委託及び食品循環資源の譲渡の基準)

第八条 食品関連事業者は、食品循環資源の再生利用として他人に特定肥飼料等の製造を委託し、又は食品循環資源を譲渡するに当たっては、委託先又は譲渡先として、前条の基準に従って特定肥飼料等の製造を行う者を選定するものとする。

2 食品関連事業者は、前項の委託先又は

四 食品循環資源の組成に応じた適切な用途、手法及び技術の選択により、食品循環資源を特定肥飼料等の原材料として最大限に利用すること。

五 特定肥飼料等の安全性を確保し、及びその品質を向上させるため、次に掲げる措置を講ずること。

イ 異物、病原微生物その他の特定肥飼料等を利用する上での危害の原因となる物質の混入の防止、機械装置の保守点検その他の工程管理を適切に行うこと。

ロ 特定肥飼料等の製造に使用される食品循環資源及びそれ以外の原材料並びに特定肥飼料等の性状の分析及び管理を適正に行い、特定肥飼料等の含有成分の安定化を図ること。

六 食品廃棄物等の飛散及び流出並びに悪臭の発散その他の生活環境の保全上の支障が生じないよう適切な措置を講ずること。

七 特定肥飼料等を他人に譲渡する場合には、当該特定肥飼料等が利用されずに廃棄されることのないよう、農林漁業者等との安定的な取引関係の確立その他の方法により特定肥飼料等の利用

る食品廃棄物等の収集又は運搬が前条の基準に従って行われていないと認められるときは、委託先の変更その他必要な措置を講ずること。

（再生利用に係る特定肥飼料等の製造の基準）

第七条　食品関連事業者は、食品循環資源の再生利用として自ら特定肥飼料等の製造を行うに当たっては、次に掲げる基準に従うものとする。

一　特定肥飼料等の需給状況を勘案して、農林漁業者等の需要に適合する品質を有する特定肥飼料等の製造を行うこと。

二　食品循環資源の再生利用により得ようとする特定肥飼料等の種類及びその製造の方法を勘案し、食品循環資源と容器包装、食器、楊枝その他の異物及び特定肥飼料等の原材料の用途に適さない食品廃棄物等とを適切に分別すること。

三　食品循環資源の品質を保持するため必要がある場合には、腐敗防止のための温度管理、腐敗した部分の速やかな除去その他の品質管理を適切に行うこと。

集又は運搬を行うに当たっては、次に掲げる措置を講ずること。
イ　異物、病原微生物その他の特定肥飼料等を利用する上での危害の原因となる物質の混入を防止すること。
ロ　食品循環資源の品質を保持するため必要がある場合には、腐敗防止のための温度管理、腐敗した部分の速やかな除去その他の品質管理を適切に行うこと。
二　食品廃棄物等の飛散及び流出並びに悪臭の発散その他による生活環境の保全上の支障が生じないよう適切な措置を講ずること。

（食品廃棄物等の収集又は運搬の委託の基準）
第六条　食品関連事業者は、他人に食品廃棄物等の収集又は運搬を委託するに当たっては、次に掲げる基準に従うものとする。
一　委託先として前条の基準に従って食品廃棄物等の収集又は運搬を行う者を選定すること。
二　前号の委託先における食品廃棄物等の収集又は運搬の実施状況を定期的に把握するとともに、当該委託先におけ

（食品循環資源の管理の基準）

第四条　食品関連事業者は、食品循環資源を特定肥飼料等の原材料として利用するに当たっては、次に掲げる基準に従って食品循環資源の管理を行うものとする。

一　食品循環資源の再生利用により得ようとする特定肥飼料等の種類及びその製造の方法を勘案し、食品循環資源と容器包装、食器、楊枝その他の異物及び特定肥飼料等の原材料の用途に適さない食品廃棄物等とを適切に分別すること。

二　異物、病原微生物その他の特定肥飼料等を利用する上での危害の原因となる物質の混入を防止すること。

三　食品循環資源の品質を保持するため必要がある場合には、腐敗防止のための温度管理、腐敗した部分の速やかな除去その他の品質管理を行うこと。

（食品廃棄物等の収集又は運搬の基準）

第五条　食品関連事業者は、自ら食品廃棄物等の収集又は運搬を行うに当たっては、次に掲げる基準に従うものとする。

一　特定肥飼料等の原材料として利用することを目的として食品循環資源の収

三 食品の販売の過程における食品の売れ残りを減少させるための仕入れ及び販売の方法の工夫を行うこと。

四 食品の調理及び食事の提供の過程における調理残さを減少させるための調理方法の改善及び食べ残しを減少させるためのメニューの工夫を行うこと。

五 売れ残り、調理残さその他の食品廃棄物等の発生形態ごとに定期的に発生量を計測し、その変動の状況の把握に努めること。

六 食品の販売を行う食品関連事業者にあっては売れ残りの、食事の提供を行う食品関連事業者にあっては食べ残しの量に関する削減目標を定める等必要に応じ細分化した実施目標を定め、計画的な食品廃棄物等の発生の抑制に努めること。

2 食品関連事業者は、食品廃棄物等の発生の抑制を促進するため、主務大臣が定める期間ごとに、当該年度における食品廃棄物等の発生原単位（付録第三の算式によって算出される値をいう。）が主務大臣が定める基準発生原単位以下になるよう努めるものとする。

四　食品廃棄物等の全部又は一部のうち、前二号の規定による再生利用及び熱回収を実施することができないものについては、減量を実施することにより、事業場外への排出を可能な限り抑制すること。

（食品循環資源の再生利用等の実施に関する目標）

第二条　食品関連事業者は、食品循環資源の再生利用等の実施に当たっては、毎年度、当該年度における食品循環資源の再生利用等の実施率（付録第一の算式によって算出される率をいう。）が同年度における基準実施率（付録第二の算式によって算出される率をいう。）以上となるようにすることを目標とするものとする。

（食品廃棄物等の発生の抑制）

第三条　食品関連事業者は、食品廃棄物等の発生の抑制を実施するに当たっては、主として次に掲げる措置を講ずるものとする。

一　食品の製造又は加工の過程における原材料の使用の合理化を行うこと。
二　食品の流通の過程における食品の品質管理の高度化その他配送及び保管の

第3編●法令等　345

2 食品関連事業者は、次に定めるところにより、食品循環資源の再生利用等を実施するものとする。この場合において、次に定めるところによらないことが環境への負荷の低減にとって有効であると認められるときは、この限りでない。

一 食品廃棄物等の発生を可能な限り抑制すること。

二 食品循環資源の全部又は一部のうち、再生利用を実施することができるものについては、特定肥飼料等の需給状況を勘案して、可能な限り再生利用を実施すること。この場合において、飼料の原材料として利用することができるものについては、可能な限り飼料の原材料として利用すること。

三 食品循環資源の全部又は一部のうち、前号の規定による再生利用を実施することができないものであって、熱回収を実施することができるものについては、可能な限り熱回収を実施すること。

つつ、その事業活動に伴い生ずる食品廃棄物等について、その事業の特性に応じて、食品循環資源の再生利用等を計画的かつ効率的に実施するものとする。

第三章 食品関連事業者の再生利用等の実施

(食品関連事業者の判断の基準となるべき事項)

第七条 主務大臣は、食品循環資源の再生利用等を促進するため、主務省令で、第三条第二項第二号の目標を達成するために取り組むべき措置その他の措置に関し、食品関連事業者の判断の基準となるべき事項を定めるものとする。

2 前項に規定する判断の基準となるべき事項は、食品循環資源の再生利用等の状況、食品循環資源の再生利用等の促進に関する技術水準その他の事情を勘案して定めるものとし、これらの事情の変動に応じて必要な改定をするものとする。

3 主務大臣は、第一項に規定する判断の基準となるべき事項を定め、又はこれを改定しようとするときは、食料・農業・農村政策審議会及び中央環境審議会の意見を聴かなければならない。

○食品循環資源の再生利用等の促進に関する食品関連事業者の判断の基準となるべき事項を定める省令

平成十三年五月三十日
{ 財務省
厚生労働省
農林水産省
経済産業省
国土交通省
環境省
令第四号 }

最終改正 平成一九年一二月三〇日 財務省厚生労働省農林水産省経済産業省国土交通省環境省令第三号

(食品循環資源の再生利用等の実施の原則)

第一条 食品関連事業者は、食品循環資源の再生利用等の促進に関する法律(以下「法」という。)第三条第一項の基本方針に定められた食品循環資源の再生利用等を実施すべき量に関する目標を達成するため、食品循環資源の再生利用等に関する技術水準及び経済的な状況を踏まえ

第四条　事業者及び消費者は、食品の購入又は調理の方法の改善により食品廃棄物等の発生の抑制に努めるとともに、食品循環資源の再生利用に努め、かつ、食品循環資源の再生利用により得られた製品の利用により食品循環資源の再生利用を促進するよう努めなければならない。

　（国の責務）

第五条　国は、食品循環資源の再生利用等を促進するために必要な資金の確保その他の措置を講ずるよう努めなければならない。

2　国は、食品循環資源に関する情報の収集、整理及び活用、食品循環資源の再生利用等の促進に関する研究開発の推進及びその成果の普及その他の必要な措置を講ずるよう努めなければならない。

3　国は、教育活動、広報活動等を通じて、食品循環資源の再生利用等の促進に関する国民の理解を深めるとともに、その実施に関する国民の協力を求めるよう努めなければならない。

　（地方公共団体の責務）

第六条　地方公共団体は、その区域の経済的社会的諸条件に応じて食品循環資源の再生利用等を促進するよう努めなければならない。

計画的に推進するため、政令で定めるところにより、食品循環資源の再生利用等の促進に関する基本方針（以下「基本方針」という。）を定めるものとする。

2　基本方針においては、次に掲げる事項を定めるものとする。
　一　食品循環資源の再生利用等の促進の基本的方向
　二　食品循環資源の再生利用等を実施すべき量に関する目標
　三　食品循環資源の再生利用等の促進のための措置に関する事項
　四　環境の保全に資するものとしての食品循環資源の再生利用等の促進の意義に関する知識の普及に係る事項
　五　その他食品循環資源の再生利用等の促進に関する重要事項

3　主務大臣は、基本方針を定め、又はこれを改定しようとするときは、関係行政機関の長に協議するとともに、食料・農業・農村政策審議会及び中央環境審議会の意見を聴かなければならない。

4　主務大臣は、基本方針を定め、又はこれを改定したときは、遅滞なく、これを公表しなければならない。

（事業者及び消費者の責務）

7 この法律において「減量」とは、脱水、乾燥その他の主務省令で定める方法により食品廃棄物等の量を減少させることをいう。

第二章　基本方針等

（基本方針）

第三条　主務大臣は、食品循環資源の再生利用及び熱回収並びに食品廃棄物等の発生の抑制及び減量（以下「食品循環資源の再生利用等」という。）を総合的かつ

する。

　　附　則

この省令は、公布の日から施行する。

　　附　則　（平成一九年一一月三〇日農林水産省、環境省令第六号）

この省令は、食品循環資源の再生利用等の促進に関する法律の一部を改正する法律（平成十九年法律第八十三号）の施行の日（平成十九年十二月一日）から施行する。

（基本方針）

第三条　法第三条第一項の基本方針は、おおむね五年ごとに、主務大臣が定める目標年度までの期間につき定めるものとす

○食品循環資源の再生利用等の促進に関する法律第二条第七項の方法を定める省令

〔平成十三年五月一日　農林水産省令第二号　環境省令第二号〕

最終改正　平成一九年一二月三〇日環境省、農林水産省令第六号

食品循環資源の再生利用等の促進に関する法律第二条第七項の主務省令で定める方法は、脱水、乾燥、発酵及び炭化とする。

　　附　則

この省令は、公布の日から施行する。

　　附　則　（平成一九年一一月三〇日農林水産省、環境省令第六号）

この省令は、食品循環資源の再生利用等の促進に関する法律の一部を改正する法律（平成十九年法律第八十三号）の施行の日（平成十九年十二月一日）から施行する。

二　食品循環資源を熱を得ることに利用するために譲渡すること（食品循環資源の有効な利用の確保に資するものとして主務省令で定める基準に適合するものに限る。）。

設において再生利用を行うことのできる食品循環資源の量の合計量を超える量に、当該超える量についてのみ行うものであること。

二　食品循環資源であって、廃食用油又はこれに類するもの（その発熱量が一キログラム当たり三十五メガジュール以上のものに限る。）を利用する場合には、一トン当たりの利用に伴い得られる熱の量が二万八千メガジュール以上となるように行い、かつ、当該得られた熱を有効に利用するものであること。

三　食品循環資源であって、前号に規定するもの以外のものを利用する場合には、一トン当たりの利用に伴い得られる熱又はその熱を変換して得られる電気の量が百六十メガジュール以上となるように行い、かつ、当該得られた熱又は電気を有効に利用するものであること。

（熱回収に係る食品循環資源の譲渡の基準）

第二条　法第二条第六項第二号の主務省令で定める基準は、前条に規定する基準を満たすことができる者に譲渡することと

第3編●法令等　　351

ロ 食品関連事業者の工場等において生ずる食品循環資源が次のいずれかに該当することにより当該食品関連事業者の工場等から七十五キロメートルの範囲内に存する特定肥飼料等製造施設(以下「範囲内特定肥飼料等製造施設」という。)において受け入れることが著しく困難である場合に、当該食品循環資源についてのみ行うものであること。

(1) いずれの範囲内特定肥飼料等製造施設においても再生利用に適さない種類のものであること。

(2) いずれの範囲内特定肥飼料等製造施設においても再生利用に適さない性状をあらかじめ有するものであること。

ハ 食品関連事業者の工場等において生ずる食品循環資源の量がその時点における範囲内特定肥飼料等製造施

○食品循環資源の再生利用等の促進に関する法律第二条第六項の基準を定める省令

〔平成十九年十一月三十日 農林水産省令第五号 環境省令〕

（熱回収に係る食品循環資源の利用の基準）

第一条　食品循環資源の再生利用等の促進に関する法律（以下「法」という。）第二条第六項の主務省令で定める基準は、次の各号のいずれにも該当することとする。

一　次のいずれかに該当するものであること。
　イ　事業活動に伴い食品廃棄物等を生ずる食品関連事業者の工場又は事業

源を肥料、飼料その他政令で定める製品の原材料として利用すること。

二　食品循環資源を肥料、飼料その他前号の政令で定める製品の原材料として利用するために譲渡すること。

6　この法律において「熱回収」とは、次に掲げる行為をいう。
一　自ら又は他人に委託して食品循環資源を熱を得ることに利用すること（食品循環資源の有効な利用の確保に資するものとして主務省令で定める基準に適合するものに限る。）。

める製品は、次のとおりとする。
一　炭化の過程を経て製造される燃料及び還元剤
二　油脂及び油脂製品
三　エタノール
四　メタン

（食事の提供を伴う事業）

第一条　食品循環資源の再生利用等の促進に関する法律（以下「法」という。）第二条第四項第二号の政令で定める事業は、次のとおりとする。
一　沿海旅客海運業
二　内陸水運業
三　結婚式場業
四　旅館業

（再生利用に係る製品）

第二条　法第二条第五項第一号の政令で定

2　この法律において「食品廃棄物等」とは、次に掲げる物品をいう。
一　食品が食用に供された後に、又は食用に供されずに廃棄されたもの
二　食品の製造、加工又は調理の過程において副次的に得られた物品のうち食用に供することができないもの

3　この法律において「食品循環資源」とは、食品廃棄物等のうち有用なものをいう。

4　この法律において「食品関連事業者」とは、次に掲げる者をいう。
一　食品の製造、加工、卸売又は小売を業として行う者
二　飲食店業その他食事の提供を伴う事業として政令で定めるものを行う者

5　この法律において「再生利用」とは、次に掲げる行為をいう。
一　自ら又は他人に委託して食品循環資

法　律	政　令	省　令
○食品循環資源の再生利用等の促進に関する法律 〔平成十二年六月七日　法律第百十六号〕 最終改正　平成一九年六月一三日　法律第八三号 第一章　総則 （目的） 第一条　この法律は、食品循環資源の再生利用及び熱回収並びに食品廃棄物等の発生の抑制及び減量に関し基本的な事項を定めるとともに、食品関連事業者による食品循環資源の再生利用を促進するための措置を講ずることにより、食品に係る資源の有効な利用の確保及び食品に係る廃棄物の排出の抑制を図るとともに、食品の製造等の事業の健全な発展を促進し、もって生活環境の保全及び国民経済の健全な発展に寄与することを目的とする。 （定義） 第二条　この法律において「食品」とは、飲食料品のうち薬事法（昭和三十五年法律第百四十五号）に規定する医薬品及び医薬部外品以外のものをいう。	○食品循環資源の再生利用等の促進に関する法律施行令 〔平成十三年四月二十五日　政令第百七十六号〕 最終改正　平成一九年一一月一六日　政令第三三五号	

第3編●法令等　　355

法律・政令・省令(三段対照式)は、巻末より始まります。

〈改訂〉解説　食品リサイクル法

2002年7月31日　第1版第1刷発行
2008年6月27日　第2版第1刷発行

編　著　末　松　広　行

発行者　松　林　久　行

発行所　株式会社 大成出版社
東京都世田谷区羽根木1—7—11
〒156-0042　電話03(3321)4131㈹
http://www.taisei-shuppan.co.jp/

©2008　末松広行　　　　　　　印刷　亜細亜印刷
落丁・乱丁はおとりかえいたします。
ISBN978-4-8028-0574-2

図書のご案内

飼料安全法のすべてがわかる唯一の書
飼料安全法令要覧

農林水産省畜産局流通飼料課/監修
A5判・加除式・全2巻・定価16,800円（本体16,000円）送料実費・図書コード4933

飼料安全法について法律から通達までを体系的にわかりやすい二段対照式にし、法律と政省令、関係告示等の相関関係が一目でわかるように編集。一問一答形式で解説した「質疑応答編」も併せて登載。

［改訂3版］飼料安全法の解説

飼料安全法研究会■編著
A5判・490頁・定価5460円（本体5200円）送料実費・図書コード1278

大幅改訂のポイント
○適正な品質管理等を行う製造業者に対する登録制度の導入
○飼料及び飼料添加物の安全性の確保の強化
○特定飼料等及び公定規格の検定機関の制定制度の見直し
○厚生労働大臣との連携の強化

［逐条解説］食品安全基本法解説

食品安全基本政策研究会/編著
A5判・230頁・上製・函入・定価3,675円（本体3,500円）送料実費・図書コード0503

国民の健康の保護という食品安全基本法の基本理念を実現するには、関係者が情報及び意見の交換を通じて、一体となって食品の安全性の確保に向けた取り組みを進めていくことが不可欠です。本書は、必要に応じて用語解説の欄を設け、条文に用いられている語句の具体的な内容について詳しく、わかりやすく解説しています。

Q＆A早わかり食育基本法

食育基本法研究会/編著
A5判・130頁・定価1,200円（本体1,143円）送料実費・図書コード0502

食育とは？ あなたの疑問にお答えします。食育基本法を条文ごとにQ＆Aでわかりやすく解説。

株式会社 大成出版社
〒156-0042　東京都世田谷区羽根木1―7―11
TEL 03(3321)4131(代)　FAX 03(3325)1888
http://www.taisei-shuppan.co.jp/
●定価変更の場合はご了承下さい。